制造技术导论

陈　领　李炎炎　俞晓红等　著

科学出版社
北京

内 容 简 介

本书第 1 章概述当前智能制造技术面临的内外环境；第 2 章和第 3 章阐述智能制造技术面向生产过程，在设计和制造两大方面的应用成果；第 4 章介绍智能传感及控制的内容，并采用典型案例的方式展示其在智能制造技术领域的应用成果；第 5 章介绍和智能制造技术密切相关的工业互联网技术及生产模式；第 6 章综合以上所有相关核心内容，形成智能制造示范应用的具体实操案例，展现先进制造技术的综合应用；第 7 章从继承和创新的视角阐述制造技术生存和发展的环境及基础设施。

本书可供工程行业从业者、管理者、跨学科交叉研究的各类高层次人才，以及希望快速掌握智能制造方法、构建智能制造框架的各类人员及高等院校研究生等学习参考。

图书在版编目（CIP）数据

制造技术导论 / 陈领等著. -- 北京：科学出版社，2024. 12.
ISBN 978-7-03-080351-1

Ⅰ. TH166

中国国家版本馆 CIP 数据核字第 2024UL1615 号

责任编辑：叶苏苏 / 责任校对：任云峰
责任印制：罗　科 / 封面设计：义和文创

科 学 出 版 社 出版
北京东黄城根北街 16 号
邮政编码：100717
http://www.sciencep.com
成都锦瑞印刷有限责任公司印刷
科学出版社发行　各地新华书店经销
*
2024 年 12 月第 一 版　开本：787×1092　1/16
2024 年 12 月第 一 次印刷　印张：13 1/4
字数：320 000
定价：**129.00 元**
（如有印装质量问题，我社负责调换）

前　言

随着制造业的快速发展，芯片制造、生物制药和信息科学等飞速进步，本书力求在兼顾时效性的前提下阐明制造业发展方向和模式，帮助读者全面而深入地理解社会生产制造的各种主题，包含机械制造、电子制造、生物制造、纳米制造，以及相关的技术和方法等。因此，本书可以为读者提供全面的制造知识，培养读者的工程思维能力，促进学生进行跨学科交叉融合的学习和研究。本书编写团队历经 11 年教学探索和科研实践，以国家智能制造转型为背景，结合国内外前沿，对制造技术整体进行较大幅度的改进和创新，按照国际工程师协会、美国制造业协会和国家发展纲要等最新理论框架，阐明制造技术的基本发展模式和发展趋势，并搭建制造技术体系构架，进而跳出传统制造技术时效性低的困境。

作为紧扣当代前沿技术的"智能制造"类著作，本书在内容上，针对"智能制造技术是不断发展更新的技术体系，没有固定模式，具有动态性和相对性"的特点，搭建并阐述具有包容性的智能制造技术的完整体系结构。该体系结构不仅囊括智能制造技术在不断发展过程中形成的多层次主体技术和支撑技术，还第一次从制造技术体系方面论述智能制造技术形成、生存和发展的客观原因及其内在规律。同时本书对智能制造进行最新和全面的总结，并采取化繁为简的手段进行专业的阐述。

本书编撰工作主要由陈领、李炎炎、俞晓红、蔡鹏、邓丁山、石小秋和林思建完成。本书所独具的制造系统理论视角，对专业术语与技术采用通俗易懂的语言组织，结合贴切实际的案例，不仅能帮助读者学习智能制造技术、全方位地丰富对其的认知，也能为相关的研究学者预测智能制造技术未来的发展和启发思维提供有益的参考。本书重点考虑文本风格和相关工程人员理解需求，对制造技术理论和术语进行详细的解释和流程介绍。另外，全书采用案例形式对核心内容和模型进行阐述，并且采用简明易懂的工程插图，降低本书阅读的难度，同时也增加可读性。

本课题组成员李迦南、李聪、何志强三位老师参与了相关内容的修订，借本书出版之际，向他们表示最真挚的谢意！

四川大学机械工程学院给予本书内容和资金上的帮助，同时本书的出版得到了四川大学 2022 年立项建设教材资助，在此向四川大学教材指导委员会、教务处表示真挚的谢意！

由于作者水平有限，书中难免会有疏漏之处，恳请读者批评指正。

作　者

2024 年 7 月 24 日

目　　录

第1章 先进制造技术概论

制造业是立国之本、兴国之器、强国之基，是实体经济的重要基础，也是大国博弈、国际产业竞争的焦点。而作为制造业中知识密集、创新活跃、成长性好、附加值高的关键领域，先进制造业近年来已然成为一国经济高质量发展的重要推动力和国家安全的重要支柱，引领未来产业发展方向。先进制造业作为先进生产力的代表、引领制造业未来发展方向的产业形态，是一国工业实力和现代化水平的重要体现、产业链韧性和国家安全的基础。

先进制造技术中的一部分是由传统制造技术通过吸收电子信息、计算机、机械、材料以及现代管理技术等方面的高新技术转化而来的，另一部分是伴随新兴技术应运而生的，例如，增量制造、生物制造、微纳制造等。随着先进制造技术融入研发设计、生产制造、在线检测、营销服务和管理的全过程，制造业产品实现了优质、高效、低耗、清洁、灵活生产，即实现信息化、自动化、智能化、柔性化、生态化生产，进而取得良好的经济收益和市场效果。

1.1 引　　言

人类所有的经济活动都依托于制造，历史发展和文明进步的动力也来源于制造。早在南朝时期，"制造"一词就已经出现，南朝梁简文帝在《大法颂》中写道"垂拱南面，克己岩廊，权舆教义，制造衣裳"，其中"制造"即将原材料加工成为器物的意思。经过千百年的发展，制造已经发展成为如今的先进制造技术，世界各国在制造技术方面的发展也不遗余力。

从狭义上讲，制造是机电产品的机械加工工艺过程；从广义上讲，制造是涉及制造工业中产品设计、物料选择、生产计划、生产过程、质量保证、经营管理、市场销售和服务的一系列相关活动和工作的总称。制造的学术定义为：一种将物料、能量、资金、人力资源、信息等有关资源，按照社会的需求，转变为新的、有更高应用价值的有形物质产品和无形、服务等产品资源的行为和过程。制造技术的学术定义为：按照人们所需的软件目的，运用知识和技能，利用客观的物资工具，将原材料转化为人们所需产品的工程技术，即将原材料转化为产品而使用的一系列技术的总称。

随着社会需求个性化、多样化，产品生产规模沿着"小批量-大批量-多品种变批量"的方向发展。同时，随着以计算机为代表的高科技和现代化管理技术的引入、渗透与融合，传统制造技术的面貌和内涵也在不断改变，形成了先进制造技术。目前，先进制造技术尚无统一、明确、公认的定义，但经过近年来对先进制造技术方面开展的发展工作，通过对其特征进行分析研究，将其定义为：先进制造技术是制造业不断吸收信息技术及现代化管理等方面的成果，并将其综合应用于产品设计、制造、检测、管理、销售、使用、服务以及回收的制造全过程，以实现优质、高效、低耗、清洁、灵活生产，提高对动态多变的产品市场的适应能力和竞争能力的制造技术的总称。

先进制造技术是高级、精密、尖端的制造技术，目前主要涉及纳米制造技术、超精加工制造技术、绿色生态制造技术等。先进制造技术是一个国家制造水平和创新能力的重要体现，世界主要发达国家美国、日本、德国、英国和法国等，都拥有世界一流的制造业，掌握了大量先进制造技术。先进制造技术水平代表着国家制造业的自主创新能力和核心竞争力，是每个国家重点发展和培育/提升的对象。

1.1.1 制造业发展与全球产业分布

制造业是将制造资源（物料、能源、设备、工具、资金、信息、人力等）利用制造技术，通过制造过程，转化为供人们使用或利用的工业品或生活消费品的行业，是所有与制造活动有关的实体或企业机构的总称。在商周时期，我国古代制造业就已步入世界前列，以包括冶铸在内的手工业为主。与世界其他国家相比，中国古代青铜器制造工艺复杂、制造水平高超、制品精美丰富。在 15 世纪以前，中国的制造业一直执世界之牛耳，在冶铸、纺织、制瓷等领域世界领先，历时千年的丝绸之路和海上丝绸之路，见证了中国制造业的崛起、繁荣和衰落；到了 18 世纪～20 世纪中期，中国制造处于落后地位；随着改革开放的开展，中国在制造业领域取得了举世瞩目的成就，建立了门类齐全的现代工业体系，跃升为世界第一制造大国。近 40 年来，我国制造业实力显著增强，制造业总量连续多年稳居世界第一，以前所未有的生机和活力快速发展，工业实力空前增强，产品竞争力显著提升，部分产业达到或接近国际先进水平，我国已成为名副其实的全球制造大国。

制造业发展和格局演化对世界经济具有重要影响。第二次世界大战以来，全球制造业经历多次转移，形成了"三大中心"主导的全球产业链供应链分工格局。当前，受逆全球化、贸易保护主义等多重因素影响，全球制造业产业链供应链正朝着区域化、本土化、多元化、数字化等方向加速调整。

工业革命以来，全球制造业先后经历了由英国、美国转移到日本、德国，之后又由欧美国家和日本转移到"亚洲四小龙"再转移到中国的发展历程，形成了以美国为中心的北美供应链、以德国为中心的欧洲供应链和以中国、日本与韩国为中心的亚洲供应链网络。全球制造业围绕美、德、中、日、韩等制造业大国，通过与周边国家产业链供应链合作，形成了各具特色和优势的全球制造业"三大中心"。从全球范围来看，制造业产业链供应链形成了不可分割、高度依赖的格局，主要表现在两个方面。一是全球制成品贸易超过 60%集中在欧洲和亚洲。2010～2021 年，东亚和太平洋地区、欧洲和中亚地区、北美地区制成品出口占全球制成品出口的比例虽然均呈现小幅下降趋势，分别从 2010 年的 28.8%、43.2%、12.7%降至 2021 年的 26.9%、39.5%、11.8%，但东亚和太平洋地区、欧洲和中亚地区两大区域合计占比仍保持在 60%以上。二是全球中间品贸易发展强劲。中间品贸易是制造业全球供应链稳健性的关键指标之一。麦肯锡研究报告显示，1993 年，全球中间品贸易额占全球贸易额的比例约为 1/4，而目前这一比例已超过 2/3，且排名前五位的国家中间品贸易额之和占全球中间品贸易总额的比例超过 1/3。世界贸易组织按季度发布的《全球中间产品出口报告》显示，2021 年各季度全球中间品出口都保持了 20%以上的增长，大多数主要出口国的中间品贸易超过了新冠疫情前的水平。

从行业规模以及影响来看，主要考虑全球各国在半导体设备、精密机床和工业机器人、医疗设备、航空发动机、通信设备、电力设备六大制造产业的领先情况。在半导体设备领域，美国、荷兰以及日本的实力最强。其中，美国是半导体产业的发源地，产业链的整体实力毋庸置疑；荷兰半导体设备企业虽然不多，但是 ASML（阿斯麦）生产的光刻机，垄断了全球 70%以上的光刻机市场；日本企业数量众多，各有优势，在电子束描画设备、涂布/显影设备、清洗设备、氧化炉、减压化学气相沉积（chemical vapor deposition，CVD）等重要前端半导体设备几乎垄断市场，日本的划片机和成形器、后端检测设备也占有相当大的市场份额。在精密机床、工业机器人领域，具备国际竞争力的国家很多，德国、瑞士、日本都有很强的实力。同样地，这三个国家在工业机器人设备防护方面也是全球领先，例如，日本的发那科和安川电机、德国的库卡、瑞士的 ABB 和史陶比尔。在医疗设备领域，全球三大设备生产国分别是美国、德国和荷兰，尤其是美国，其医疗器械市场约占全球的四成，从植入性电子设备、手术机器人，到包括磁共振设备在内的大型电子成像设备、远程设备等领域处于世界领先水平，达·芬奇手术机器人一直引领着行业发展，在市场上独占鳌头。在航空发动机领域，美国基本是一枝独秀，无论技术实力还是市场层面，代表性的企业就是两大发动机公司，包括普惠公司的军工产品，以及通用电气（含 CFM 国际）的民用发动机。除美国之外，英国的罗尔斯·罗伊斯公司、法国的赛峰集团，保证了两国的世界领先地位。通信设备领域，路由器、交换机等数据通信产品，基本上来自三个国家——美国（思科）、中国（华为）和芬兰（诺基亚）；而在 5G 基站及移动通信设备方面，中国企业优势明显，瑞典、芬兰紧随其后。整体来看，我国在通信设备领域拥有相对较大的优势。

其他方面，如电力设备，包括核电设备、天然气发电设备、水电和太阳能发电设备以及风力发电设备等，每个领域领先的企业各不相同。在核电市场，俄罗斯在海外建设核电站的规模最大，占据了约 1/2 的国际市场，其余少量项目来自法国和中国；在风力发电设备市场，中国参与的企业众多，整体规模领先，不过市场份额最大的两家企业分别是丹麦维斯塔斯和德国西门子。在天然气发电市场，拥有重型燃气轮机技术和市场优势的是来自美国、德国和日本的企业。整体来看，美国、中国、俄罗斯、德国、日本在电力设备领域均处于领先地位。

1.1.2　中国制造业发展挑战及优势

随着国际、国内政治经济环境变化，我国制造业发展有放缓趋势，面临的国内外约束日益增强，制造业高质量发展面临的挑战不断攀升[1]。

（1）制造业发展呈放缓趋势，实现制造业高质量发展恐受影响。

当前，我国已经步入工业化后期，制造业是我国实体经济的主体，是经济高质量发展的关键和动力。进一步分析显示，国内要素供给约束日益趋紧，国际竞争压力攀升，我国制造业发展持续放缓，影响其由大变强和高质量发展[2]。

（2）国内劳动力、土地要素供给约束增强，制造业竞争优势减弱。

充裕而相对低廉的劳动力一直是我国制造业国际竞争力的重要来源，但随着我国人口结构及产业结构加快转型，制造业发展正面临着劳动力供给总量不断下滑、成本加快上升的困扰。在劳动力供给总量方面，由于相关服务业企业快速崛起，用工需求大幅增长，随着我国劳动力总量持续下降，制造业用工方面面临逐渐加剧的困境。相关研究则显示，随着我国工资水平加快上升，我国制造业相对于欧美等发达国家和地区劳动力成本差距正日渐缩小，在考虑劳动生产率差距后，欧美发达国家和地区在部分制造业领域甚至正变得更具优势。土地成本是制造业企业成本中的重要组成部分，从用地成本看，各国水平不一。自2020年以来，我国制造业企业营收在生产和销售两方面受疫情影响明显。从生产方面看，受各地防疫政策影响，上下游企业复工复产情况参差不齐，货物运输受阻，供应链运转不畅，企业复工不达产的现象较为普遍。从销售方面看，受到疫情冲击和管控措施影响，国内居民消费水平有所下降，对内需增长形成了一定制约；同时，海外订单锐减、出口难度加大，内外需双重压力对企业打击较大。从需求端方面看，消费品和投资品需求的萎缩将逐步向制造业传导，部分行业如汽车、家用电器等复工复产后库存积压问题显现，下游订单减少还会向上游传导，如果不能有效扩大需求，库存的资金占用成本提高，部分企业资金链将承受更大压力。

（3）全球制造业竞赛趋于激化，国际竞争压力持续攀升，制造业出口面临发达国家和发展中国家双重挤压。

当前，世界主要国家对制造业发展关注度不断提升，并积极出台相关政策鼓励本国制造业发展，加大国际市场争夺，我国制造业正面临越来越大的国际竞争压力。在高端制造业领域，我国与欧美、日、韩等发达国家和地区在国际市场上正呈短兵相接态势；而在中低端制造业领域，我国相关产品出口则面临着相关发展中国家的激烈竞争。具体来看，与发达经济体相比，2017～2019年，我国除与德国出口商品相似度略有下降外，与美国、日本、韩国三国出口产品平均相似度分别由38.3%、46.9%和40.1%提高至39.6%、49.9%和42.2%。这表明，随着我国产业发展水平不断提高，我国与主要发达经济体的出口产品结构不断趋同，在国际市场的竞争正趋激烈。高端制造业发展受制于海外关键零配件及设备进口，产业技术升级面临来自发达国家的压力。技术创新是制造业实现高质量跨越发展的不竭动力。由于我国制造业对先进技术的利用水平不高、在产品研发和技术创新方面较弱，我国制造业劳动生产率和利润率较低。

（4）全球制造业产业回流发达国家，全球经济下行压力促使先进制造业发展不均衡加剧。

在全球区域化经济竞争不断激化的背景下，各个发达国家均实施产业再回流政策，同时，各个发达国家还有意降低对单一制造业经济主体（主要是一般贸易品）的依赖度，使中国制造产品在发达国家市场所占的份额部分被分散到其他国家。2018～2021年，中国制造产品在美国海外进口产品的占比从24.3%下降至20.3%，亚洲其他13个低成本国家和地区的占比从 12.6%上升至 17.4%。同时，全球通货膨胀和美元加息，全球主要经济体物价水平大幅上升，2022 年全球大部分国家和地区的通货膨胀都在飙升，地缘政治紧张局势正在引发能源成本高涨，而供应链的中断也在扭曲消费价格。与2021 年的平均水平相比，欧洲的天然气价格上涨了 6 倍。欧洲家庭实际电价上涨了78%，天然气价格涨幅更大，与 2020 年平均水平相比上涨了 144%。目前我国是为数不多的将通货膨胀控制在合理区间的国家，虽然全球通货膨胀会引发外币贬值，有利于进口，但同时会影响其他国家的消费水平，增加消费成本、降低购买力，从而不利于出口。如果出现全球性的经济衰退，将会影响全球资本市场和消费水平，从而导致我国制造业产品的进出口规模下降，乃至进一步影响我国本土的制造企业的生存。此外，美元加息会导致人民币贬值，所以中国人民银行在政策宽松方面也会有所顾虑，近期，中国人民银行采取了降低一年期和五年期贷款市场报价利率（loan prime rate，LPR），同时降低了大银行定期存款利率等措施，都是为了稳定经济增速，实现稳增长的目标[3,4]。

　　制造业的成功与否和生产要素成本的高低关系密切，虽然 2022 年来中国制造业向东南亚转移，能直观看到的是越南等国家有更廉价的劳动力、更年轻的人口结构，毕竟，劳动力和土地成本低也是中国制造业早期腾飞的基础条件。但是单凭要素成本低这一因素难以解释中国制造业过去的成功。我国制造业成功的原因主要归结为如下几点。

　　首先，我国制造业体量大。2012～2020 年，我国工业增加值由 20.9 万亿元增长到31.3 万亿元，其中制造业增加值由 16.98 万亿元增长到 26.6 万亿元（图 1.1），占全球比重由 22.5%提高到近 30%。其次，我国制造业体系完备。我国工业拥有 41 个大类、207 个中类、666 个小类，是世界上工业体系最健全的国家。在 500 种主要工业产品中，有 40%以上产品的产量居世界第一。同时，我国制造业产品竞争力强。目前，我国光伏、新能源汽车、家电、智能手机、消费级无人机等重点产业跻身世界前列，通信设备、工程机械、高铁等一大批高端品牌走向世界，制造业不断向高端跃升。最后，中国制造业总体规模已连续十多年位居全球第一，离不开我国的经济体制和有利于制造业发展的营商环境。改革开放以来，我国充分发挥比较优势，特别是发挥了人力资源优势以及我国经济和人口规模带来的产业配套优势。与此同时，我国在世界贸易组织框架下，在社会主义市场经济原则下，充分参与国际竞争，较好地统筹协调了国内外资源。

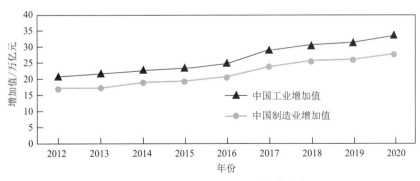

图 1.1　中国工业及制造业增加值变化

在未来相当长的一段时间内，中国对外资的吸引力仍然很大，这将在一定程度上缓解全球产业链"去中国化"的现象。中国在全球产业链中具有强大的影响力,市场优势突出。在华外资企业对中国市场的依赖度较高,市场优势在很大程度上制约了外资企业的产业链转移。我国制造业基础扎实雄厚,产业链集群优势短时间内不可替代。我国是全球重要的制造业中心,拥有最齐全的工业品部门门类,工业体系及基础设施具有配套齐全、综合成本较低的优势,具备支撑全球产业链变革的硬件基础。新冠疫情后,中国表现出来的管理能力让许多外资企业更理性地评估和制定供应链多元化策略。疫情形势促使行业在下一阶段更加重视数字化基础设施建设,中国在相关领域具有先发优势并在相关领域都实现了突破。目前,中国正在加快 6G 网络、数据中心、工业互联网、物联网等数字基础设施的布局,数字集群的优势对跨国企业非常有吸引力。

1.1.3 制造业的时代特征

现代化先进制造技术是以人为主体,以计算机技术为支柱,集合机械、电子、光学、声学、材料科学、激光学、信息科学、管理科学等学科知识和方法于一体的全方位多功能自动化技术。与传统制造技术相比,现代化先进制造技术具有四大显著特征。第一,以实现优质、高效、清洁、灵活生产,以及对动态多变市场的适应能力和竞争力为目标;第二,它不局限于制造工艺,还包括管理分析、生产制造、维修、回收再利用等多方面的覆盖;第三,强调技术、人、管理和信息的四维集成;第四,更加重视制造过程组织和管理的合理化和创新。

21 世纪以来,随着国家经济的快速发展,我国的制造业水平也在迅速发展,但由于传统制造技术所消耗的资源巨大,同时带来了严重的环境污染问题,在未来很长的一段时间内,环保和可持续发展将会是先进制造技术发展的主题,因此对机械制造技术提出了新的要求,高效节能、环保绿色、自动化程度高等特征同样是我国未来机械产品的发展趋势。各国在追求高经济发展的同时,在资源浪费和环保方面都做出了一定的妥协,进而加剧了地球的生态环境问题,致使地球生态环境日趋恶化。日趋严格的环境保护与资源约束,使绿色先进制造转变为技术型发展模式。绿色可持续发展是一个综合考虑环境影响和资源效率的现代化制造模式,其目标是使产品从设计、制造、包装、运输、使用到报废处理的整个产品生命周期中,实现对环境的影响降到最低,也是 21 世纪制造业关注的焦点和实现制造业可持续发展的关键。

同时,智能制造的发展为绿色可持续建设提供了充沛的发展潜力,也为智能制造下的产品和服务提供打破当今制造业格局的创新思路。智能产品的概念核心在于智能,不同领域对于智能的理解不尽相同。对于智能制造领域而言,智能主要指对象(器件、设备、终端)对客观事物进行合理分析、判断及有目的地行动和有效地处理周围环境事宜的综合能力。智能至少包括获取、采集与传输信息的能力,通过自我调节、诊断以适应环境,保证正常运行的能力;理解、分析数据和决策、执行以解决问题,并提供服务的能力;归纳推理能力和演绎推理的能力等。智能产品除履行传统功能外,还应具备自感知、自诊断、自优化、自学习等新特征,即智能产品应具备如下基本特征。第一,感知。基于自动识别、泛在互联与数据通信技术,能实现对自身状态、内部与外部环境变化的感知。第二，监测与监控。基于产品感知与适应优化的数据处理结果，对产品进行监测与监控的相关功能。第三，自适应与优化。能够根据感知的信息调整自身的运行模式，使装备（产品）处于最优状态。第四，互联互通。通过标准数据结构和开放数据接口等，实现产品各部件之间的数据传送和功能集成。第五，交互与协同。能够实现产品与产品、产品与系统、产品与用户之间的高效对话，快速、准确地满足用户信息交互需求，以及具备设备、产品接收与理解操作者、用户实现高效人机交互和人机协同的能力。第六，数据信息服务。面向产品全生命周期，采集智能产品在生产、使用各关键流程环节的数据与信息，实现基础零件配件、部件到成品、服务每个环节的信息可溯源、深度挖掘等增值管理[5]。第七，人工智能。智能产品基于其内部的软硬件组件或系统级的交互过程，模拟人的某些思维过程和智能行为（如学习、推理、决策、记忆等）。

除此之外，智能产品还具有个性化和多样化的特征，包括产品自身智能和生产定制化、模块化，满足不同消费者的喜好。最后，智能产品更加注重绿色环保，在制造生产的全生命周期中，它具有无污染、低资源消耗和可回收利用的特点。

1.1.4　先进制造技术的时代意义

自制造业发展以来，人们一直在努力提高效率。更快更好的产品会带来更大的利润和品牌忠诚度，利用其实用技术来提高效率也被称为先进制造。随着技术越来越具有创新性，先进制造技术也在改进，这不仅仅给我们创造了更好的产品，也给制造行业的生产工艺带来了改变。

先进制造是使用创新技术和方法来提高公司在制造业领域的竞争力的实践，优化价值链的各个方面，实现从概念到全生命周期结束的全过程创新设计和竞争力提升。这是通过使用信息通信技术（information and communication technology，ICT）来实现的，它集成了制造和商业活动，以实现更有效的运营。除了 ICT，先进制造业还利用自动化、计算机、软件、传感和网络来创造更高的效率。先进制造业的目的是在市场上获得竞争优势，它通过不同的方式来实现这一点。当然，发展先进制造业的主要原因之一是提高产出，但这并不意味着先进制造业就是要增加产量，也有可以减少的领域，这样做将提高效率，如流程优化。例如，先进制造业希望减少将产品推向市场所需的时间，减少单位数量、材料含量、材料库存和未充分利用的资本工厂。

传统制造业通常被认为是低技术含量的、低附加值的，往往应用于纺织品、食品、医药等行业；先进制造业通常被认为是高技术含量的、高附加值的，往往应用于更尖端的行业，如航空航天等行业。然而，随着传统制造业开始使用更多的高科技设备和系统，两者之间的差距正变得越来越小。

传统制造业与先进制造业之间存在一些差异。在生产策略方面，传统制造业的策略是大规模生产，而先进制造业则是定制化并以客户为中心的生产。在组织结构方面，传统制造业是分等级的，而先进制造业则遵循平坦、开放的信息流。在劳动方面，传统制造业通常有大量的劳动力，而先进制造业需要有技术知识的熟练劳动力。因此，传统制造业的专业人才可以通过在职培训或者是职业学校教育提升。先进制造业需要有较高教育水平和技术学位的人。在传统制造业中，每一个熟练工人就需要多名学员。在先进制造业中，情况几乎正好相反：每四个熟练工人对应一个学员，这是因为传统制造业的生产技术涉及铸造、焊接、成形、钎焊和机械加工等过程，技术含量相对较低，需要大量人工参与和经验积累，而先进技术包括 3D 打印、粉末床、材料沉积等，技术含量相对较高，不需要大量人工参与和经验积累。在投资方面，传统制造业投资于生产，而先进制造业将其收入用于研发。因此，传统制造业需要基础设施空间，而先进制造业更注重 IT 和数字基础设施。在物流方面，传统制造业通过公路、铁路等传统渠道向市场输送产品，先进制造业采用全球供应链管理，或者全球区域性供应链管理。

先进制造业工厂如图 1.2 所示。

图 1.2　先进制造业工厂

先进制造，主要是指运用新技术、新设备、新材料、新工艺、新流程、新生产组织方式对劳动对象进行安全、高效、清洁加工制造，从而形成社会所需要的高质量、高性能工业产品的过程。先进制造业是集现代科学技术之大成的产业领域，不仅体现为技术、工艺的先进性，也体现为制造模式、生产组织方式和供应链等的先进性，既包括依托先进技术形成的战略性新兴产业、高技术产业，也包括通过技术改造、工艺革新、商业模式和生产组织方式转型升级后的传统产业。先进制造业以创新为动力，以硬科技为核心，表现为全球领先的技术水平、生产效率和产品质量，是现代产业体系的重要组成部分[6]。构成先进制造业的企业不仅包括处于产业链价值链主导地位的行业龙头企业，也包括提供优质中间产品的单项冠军企业，还包括勇于探索新产品、新市场、新模式的高科技初创企业，大中小企业分工合作，形成融通发展的格局。

产业中的先进技术不是一成不变的，一个时期的先进技术会随着时间的推移被更新、更先进的技术所替代，前一个时期的先进制造业会变为当前的传统产业，因此先进制造业具有它所处时代的典型特征。21 世纪以来，新材料、生命科学、新能源等硬科技持续突破，催生新的先进制造业门类，以大数据、云计算、物联网、移动互联网、量子通信、人工智能等为代表的数智技术快速迭代、不断成熟，与制造业的融合日益加深，催生智能制造、虚拟制造、增材制造等新型制造模式，智能化、服务化、绿色化成为当前先进制造业的典型特征[7]。

（1）先进制造业是科技革命和产业变革的主要阵地。

当前，新一轮科技革命和产业变革突飞猛进，数字技术、新材料、新能源、生命科学等领域新技术的成熟和大规模产业化催生新产品、新产业，以数字技术为代表的新兴技术的扩散融合正在深入改变现有产业的要素组合、生产工艺、商业模式、组织模式等各个方面，推动传统产业改造升级并转向先进制造业。一方面，一些发达国家重点扶持前沿关键技术，例如，美国、日本等纷纷将机器人、微电子、生物医药、纳米技术、先进材料、新能源等新兴技术加以重点扶持；另一方面，中国等发展中国家利用新科技革命赋予先进制造业的历史机遇，加快关键核心技术、商业模式等方面的发展，迎头赶上。

（2）先进制造业是大国科技和产业博弈的重要战场。

当前，世界正经历百年未有之大变局，单边主义、保护主义思潮抬头，逆全球化趋势加剧，一些发达国家为了保持自己在先进制造业等高科技领域的科技领先优势和全球价值链掌控地位，不惜违反世界贸易组织等多边贸易规则，采取限制高技术出口等措施，对产业竞争对手进行打压遏制。由于其创新的活跃性、技术的先进性、产业发展的引领性、应用领域的广泛性、经济社会影响的深入性，先进制造业成为大国科技和产业竞争的焦点。在我国，一些与先进制造业相关的关键核心技术位于产业链价值链高端环节，如工业母机、高端芯片、基础元器件、基础材料等，仍然主要依赖进口，具有"卡脖子"风险。而实践反复告诉我们，关键核心技术是要不来、买不来、讨不来的，只有把关键核心技术牢牢掌握在自己手中，才能从根本上保障国家经济安全、国防安全和其他安全。要在大国科技与产业的博弈中立于不败之地，必须壮大我国的先进制造业，增强我国产业链的自主性，促进国内大循环的顺畅运行，同时，以先进技术和产品撬动全球供应链，促进国际大循环的顺畅运行及其与国内大循环的相互促进。

（3）先进制造业是传统产业转型升级的主要方向。

改革开放以来，我国充分发挥劳动力丰富的资源禀赋优势，承接发达国家的离岸外包和产业转移，迅速嵌入全球生产网络，成为世界最大的加工制造基地。不过，经济发展水平的不断提高等因素引起的生产要素价格上涨，削弱了我国制造业的低成本优势。而新冠疫情发生以来，供应链的本土化与多元化发展趋势日益明显，劳动密集型产业向低成本发展中国家转移的态势更加突出。为此，我国制造业需要朝着更高技术水平的产业链与价值链环节攀升，利用当代先进的数字技术、先进的制造装备和工艺，提升现有产业发展水平，改进生产效率、降低生产成本、提升产品质量，打造传统制造业特别是劳动密集型产业的国际竞争新优势。

先进制造业是推动经济绿色低碳发展的重要支撑。绿色低碳的经济发展，已经成为世界各国的共识。无论发达国家还是发展中国家，只有不断改善生态环境，才能更好地发展生产力，激发出蕴含其中的经济价值，源源不断地创造综合效益，实现经济社会的可持续发展。在传统制造业中，钢铁、化工、建材、造纸、印染等基础产业，经常面临高耗能、高排放、高污染的严峻挑战，迫切需要引进高效、绿色的生产工艺技术装备，改造升级传统制造流程。以新材料、新技术等为主的先进制造业，恰恰可以提供绿色、生态、环保的先进技术、工艺和设备，为制造业整体的节能、降耗、减碳提供重要支撑，开辟新的发展空间。

1.2　先进制造技术概述

1.2.1　制造系统与制造过程

1. 制造系统

人类所有的经济活动都依托于制造，人类历史发展和文明进步的动力来源也包括制造，其重要性对于人类不言而喻。

制造系统是指为达到预定制造目的而构建的物理组织系统，是由制造过程、硬件、软件和相关人员组成的，具有特定功能的一个有机整体。其中，制造过程包括产品的市场分析、设计开发、工艺规划、加工制造装配、控制管理以及检验出厂、产品销售、售后服务、报废、回收、再利用等过程，即产品生命周期的全过程；硬件包括厂房设施、生产设备、工具材料、能源、计算机以及各种辅助装置等；软件包括各种制造理论与技术、制造工艺方法、管理方法、控制技术、测量技术以及制造信息等；相关人员是指从事对物料准备、信息流监控以及对制造过程决策和调度等作业的人员。

在结构上，制造系统是由制造过程所涉及的硬件、软件以及相关人员所组成的一个统一整体；在功能上，制造系统是一个将制造资源转变为成品或半成品的输入输出系统；在过程上，制造系统包括市场分析、产品设计、工艺规划、制造实施、检验出厂、产品销售等制造产品生命周期全过程。

现在我们生活中的每一件物品都是通过"制造系统"实现"制造"功能而生产出来的产品，先进制造技术已经广泛应用于航空航天、水下装备等各个领域。制造系统所追求的目标从 20 世纪 60 年代的大规模生产、70 年代的低成本制造、80 年代的产品质量、90 年代的市场响应速度、21 世纪的知识和服务，到如今以德国"工业 4.0"而兴起的泛在感知和深入智能化，制造业已从传统的劳动和装备密集型，逐渐向信息、知识和服务密集型转变，新的工业革命即将到来。先进制造系统如图 1.3 所示。

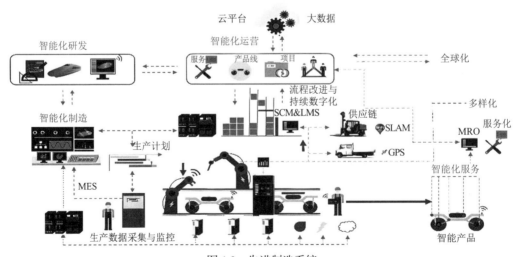

图 1.3　先进制造系统

2. 制造过程

制造过程是企业发展中重要的一环，制造过程管理也是近几年在工业领域得到大力推广应用的 IT 技术之一，也是增长最快的 IT 应用系统。我们需要了解其内涵，以便制造过程更智能、更先进、更绿色。狭义的制造过程是指机电产品的机械加工工艺过程，而广义上的制造过程是指制造生产的运行过程，包括市场分析、产品设计、工艺规划、制造装配、检验出厂、产品销售、售后服务、报废、回收、再利用等。如今，制造过程一般指产品从设计、生产、使用、维修、报废、回收等的全过程，也称为产品生命周期。

产品生命周期最早出现在经济管理领域，提出的目标是研究产品的市场战略问题[8,9]，经过 50 多年的发展，产品生命周期的概念和内涵也在不断发展变化[10]，最大的一次变化发生在 20 世纪 80 年代。并行工程的提出，首次将产品生命周期的概念从经济管理领域扩展到了工程领域[11]，将产品生命周期的范围从市场阶段扩展到了研制阶段，真正提出了覆盖从产品需求分析、概念设计、详细设计、制造、销售、售后服务，直到产品报废回收全过程的产品生命周期的概念[12]。

制造过程未来的发展主要表现为其内容上各方面的发展，即设计、生产、管理以及制造服务等方面。在产品设计方面，主要从信息科学的视角出发，研究将计算机辅助制造/设计（CAM/CAD）、网络化协同设计、模型知识库等各种智能化的设计手段和方法，并将这些手段和方法应用到企业的产品研发设计中，以支持设计过程的智能化提升和优化运行。在产品生产方面，主要从制造科学的视角，研究将分布式数控系统、柔性制造系统、无线传感器网络等智能装备、智能技术应用到生产过程中，从而支持企业生产过程的智能化，并将多智能体系统（multi-agent system）引入生产过程的仿真模拟中，进而适应智能制造生产环境的新要求。在管理方面，从管理科学的视角，研究智能供应链管理、外部环境的智能感知、生产设备的性能预测及智能维护、智能企业管理。在制造服务方面，从服务科学的视角研究智能制造服务，主要包含与生产相关的技术服务、信息服务、金融保险服务及物流服务等。

3. 先进制造技术

先进制造技术是指在传统制造技术基础上不断吸收机械、电子、信息、材料、能源和现代管理等方面的成果，并将其综合应用于产品设计、制造、检测、管理、销售、使用、服务的制造全过程，以实现优质、高效、低耗、清洁、灵活的生产，提高对动态多变市场的适应能力和竞争能力的制造技术总称，也是取得理想技术、经济效果的制造技术的总称。

先进制造技术的内涵是使原材料成为产品而采用的一系列先进技术，其外延则是一个不断发展更新的技术体系，不是固定模式，它具有动态性和相对性，因此，不能简单地理解为就是 CAD、CAM、柔性制造系统（flexible manufacturing system，FMS）、无人工厂等各项具体的技术。先进制造技术在不同发展水平的国家和同一国家的不同发展阶段，有不同的技术内涵和构成，对我国而言，它是一个多层次的技术群。先进制造技术主要有如下八个方面的特点。

（1）动态性。先进制造技术主要针对一定的应用目标，不断地吸收各种高新技术，因此先进制造技术本身的发展并非一成不变，而是随着其他相关技术的发展不断地更新自身的内容，反映在不同的时期先进制造技术有其自身的特点。

（2）广泛性。传统制造技术是将各种原材料变成成品的加工工艺，而先进制造技术是在传统制造技术的基础上，大量应用设计技术、自动化技术和系统管理技术等，涉及面更广泛。

（3）实用性。先进制造技术首先是一项面向工业应用、具有很强实用性的新技术，它是针对某一具体制造业的需求而发展起来的先进、适用的制造技术。

（4）集成性。传统制造技术的学科和专业比较单一，且界限分明，而先进制造技术是集机械、电子、信息、材料和管理技术于一体的新型交叉学科。

（5）系统性。先进制造技术包括信息的生成、采集、传递、反馈和调整，一项先进制造技术的产生要系统关注制造的全过程，在设计开始就考虑产品在整个生命周期中从概念形成到产品报废处理等所有因素，包括质量、成本、进度计划和用户要求等。

（6）高效灵活性。先进制造技术的核心是优质、高效、低耗及清洁等，运用全新的技术实现局部或系统的集成，根据市场需求实现灵活生产。

（7）先进性。先进制造技术是多项高新技术与传统制造技术相结合的产物，它代表着制造技术的发展趋势和方向，先进制造技术的最终目标是要提高对动态多变的产品市场的适应能力和竞争能力。

（8）人文性。目前的先进制造技术几乎囊括了迄今为止人类最新、最先进的技术成果。其体系具有开放包容、不断革新发展等特点。因此先进制造技术对人类文明发展所产生的持续影响，从深度和广度上来说都远超历史上任何一种单一技术。一方面，先进制造技术的产品和其衍生出的思维模式、文化特点渗透于人类社会的方方面面，形成更为先进高阶的社会人文观念；另一方面，先进制造技术又需要适宜的人文环境为其发展提供源源不断的动力。为此，建立适宜的人文环境，就成为推动先进制造技术长久、健康发展的客观必然。

先进制造技术有很多种，可以把先进制造技术的作用分为三大类。

（1）高效生产：这里的重点是同步而不是顺序工程，涉及设计、仿真、物理和计算机建模、先进的生产技术和控制技术。

（2）智能生产：使用 ICT 和相关物流系统来实施，以延长生产设施的寿命和优化使用。它通过有效的监控、定期维护和维修来做到这一点。

（3）有效组织：协调和开发生产资源，包括物质和知识资源。用于虚拟招标、共享设施和资源、知识管理以及交易和电子商务。

1.2.2　先进制造技术的体系结构

先进制造技术对于机械制造业而言具有至关重要的作用，是制造业迈向现代化、智能化的关键环节。先进制造技术可以有效地提高产品的质量，以更高效、更低耗、更绿色的方式进行生产。

1. 先进制造技术的两种技术体系

目前先进制造技术包含了诸多技术，例如，计算机辅助设计、并行设计、人工智能、清洁生产技术等，由于不同技术具有不同的技术特点，面向的对象也千差万别，因此，国内外学者所认可的主流先进制造技术的技术结构体系主要有两种：美国联邦科学、工程和技术协调委员会所划分的体系结构（体系Ⅰ）和美国机械科学研究院（American Institute of Mechanical Sciences，AMST）提出的多层次技术群构成的先进制造技术体系[13]（体系Ⅱ）。

体系Ⅰ从产品全生命周期的角度对先进制造技术进行了体系结构划分，产品全生命周期主要包括设计阶段和制造阶段。在该体系中，主体技术群是产品制造技术的核心，包括面向制造的设计技术群和制造工艺技术群。面向制造的设计技术群包含了为提高产品和工艺设计的效率和质量、降低生产成本、缩短新产品的上市时间，在产品生产过程中采用的一系列先进的工艺，如计算机辅助设计、工艺过程建模和仿真技术等。制造工艺技术群包括材料生产工艺、加工工艺、连接与装配、测试与检验、节能与清洁化生产技术、维修技术等内容。另外，支撑技术群是保证和改善主体技术群协调运行所需的技术、工具、手段和系统集成，是支持设计和制造工艺两方面取得进步的基础性核心技术，涵盖了人工智能技术、传感与控制技术、专家系统技术等。制造基础设施是先进制造技术生长和壮大的机制和土壤，是使先进制造技术适用于具体应用环境、充分发挥其功能、取得最佳效益的一系列基础措施，它从企业的角度来看待产品全生命周期，利用质量管理、全国监督和基准评测等技术来协助生产。

体系Ⅱ由多层次技术群构成，并以优质、高效、低耗、清洁、灵活的基础制造技术为核心，主要包括三个层次：①现代设计、制造工艺基础技术，包括 CAD、计算机辅助工艺规划（computer aided process planning，CAPP）、数控编程技术（numerical control programming，NCP）、精密下料、精密塑性成形、精密铸造、精密加工、精密测量、毛坯强韧化、精密热处理、优质高效连接技术、功能性防护涂层等；②制造单元技术，包括制造自动化单元技术、极限加工技术、质量与可靠性技术、系统管理技术、CAD/CAE/CAPP/CAM、清洁生产技术、新材料成形加工技术，激光与高密度能源加工技术、工艺模拟及工艺设计优化技术等；③系统集成技术，包括网络与数据库、系统管理技术，FMS、集成制造系统(computer integrated making system，CIMS)、智能制造系统（intelligent manufacturing system，IMS）以及虚拟制造技术等。以上三个层次都是先进制造技术的组成部分，但其中每一个层次都不等于先进制造技术的全部。它强调了先进制造技术从基础制造技术、新型制造单元技术到先进制造集成技术的发展过程，以及各种技术之间的联系，未涉及体系内部的接口协议、标准框架和产业生态环境等，因此无法保证体系结构的全面性和先进制造技术生态的可持续性。

2. 工业文化

工业文化是围绕工业生产和消费所形成的文化形态，是工业文明的重要组成部分。世界工业强国的经验表明，工业文化对推动工业发展具有基础性、长期性、关键性的影响[14]。世界主要工业强国都拥有成熟的工业文化。德国人的严谨作风、美国人的创新精神、英国人的规范意识、日本人的敬业态度，都是其各自国家工业精神的集中体现，其共同的文化特征都是尊崇科学规律，严格遵守规则、制度、标准、流程。

工业文化是融汇在国家工业"硬实力"中的文化"软实力"，发达国家工业发展的历史启发我们，建设世界一流工业强国，不仅要在科技研发、尖端工业装备和尖端制造工艺等领域向先进工业国家学习，不断寻求新突破，同时也必须高度重视工业文化的基础性作用，加快建设富有时代内涵的工业文化。近年来，全面加强工业文化建设已经成为我国社会的共识。2015 年，《中国制造 2025》明确提出，要培育中国特色的制造文化，"实现中国制造向中国创造的转变，中国速度向中国质量的转变，中国产品向中国品牌的转变"。2016 年，《关于推进工业文化发展的指导意见》提出了传承和培育中国特色工业精神，树立工业发展新理念，提高全民工业文化素养等一系列目标。这些目标高度契合了我国工业发展的内在逻辑，对我国工业文化建设提出了新要求。

广义的工业文化将工业文化的内涵扩展到物质层面，强调工业文化是物质文化和精神文化的统一体。在《关于推进工业文化发展的指导意见》中，工业文化被定义为：工业文化是伴随着工业化进程而形成的、渗透到工业发展中的物质文化、制度文化和精神文化的总和。其中所提出的促进目标则包括了传承和培育工业精神，树立工业发展新理念，提高全民工业文化素养，推动工业设计、工业遗产、工业旅游、企业征信以及质量品牌、企业文化建设发展等。尽管近年来我国工业文化建设取得了显著进步，但仍面临诸多制约因素。例如，工业设计、品牌文化、工业体验文化和工业传播文化发展滞后；文化创意产业与制造业融合程度较低；工业文化教育覆盖面窄。

本书结合美国联邦科学、工程和技术协调委员会所划分的体系结构（体系Ⅰ），综合考虑工业文化在先进制造技术体系中的作用和意义，以人文生态为先进制造技术土壤、以技术监督和教育培养为先进制造技术的地基、以面向制造的设计技术和制造工艺技术为骨架的房屋结构，如图 1.4 所示，其中接口协议和标准为整体骨架的联通管道。

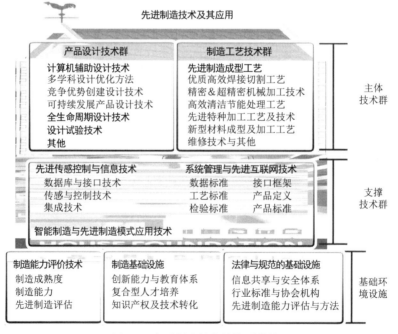

图 1.4　先进制造技术的体系结构

依据美国联邦科学、工程和技术协调委员会所划分的体系结构，对人文环境进行引入，实现了从产品全生命周期的角度对先进制造技术的体系结构划分。产品全生命周期主要包括设计阶段和制造阶段。在该体系中，主体技术群就涵盖了以计算机辅助设计、工艺过程建模和仿真等技术为主的设计技术群，以及以加工工艺技术、连接与装配技术为主的制造工艺技术群。以主体技术群为导向，涵盖了人工智能技术、传感与控制技术、专家系统技术等技术的支撑技术群。支撑技术群主要是对主体技术群的技术支撑，以协助主体技术更好地完成工作。管理技术群则是从企业的角度来看待产品全生命周期，利用质量管理、全国监督和基准评测等技术来协助生产。

1.2.3　先进制造技术分类

根据先进制造技术的技术特点可将先进制造技术分为四类：现代设计技术、先进制造工艺技术、智能化控制技术和系统管理技术。

1. 现代设计技术

信息技术的发展与应用影响着制造业的变革，也影响着设计技术的变革与发展。不同于传统的设计技术，如今的现代设计技术已经从结构设计、工艺设计等内容扩展到产品规划、制造、检测、实验、营销、运行、维护、报废、回收等全过程的全方位设计。包含了计算机辅助设计技术、全生命周期设计技术、可持续发展产品设计技术等在内的现代设计技术，是以满足应市产品的质量、性能、时间、价格综合效益最优为目的，以计算机辅助设计技术为主体，以知识为依托，以多种科学方法及技术为手段，包括产品开发、改进和回收等所有技术群体。

计算机辅助设计技术包括计算机辅助产品创新设计技术、有限元法、优化设计、反求工程、模糊智能 CAD、工程数据库等。多领域优化设计基础技术包括可靠性设计、安全性设计、动态分析与设计、防断裂设计、疲劳设计、防腐蚀设计、减摩和耐磨损设计、耐环境设计、维修性设计和维修性保障设计、测试性设计、人机工程设计等。竞争优势创建技术包括快速响应设计、智能设计、仿真与虚拟设计、工业设计、价值工程设计、模块化设计等。全生命周期设计技术包括并行设计、面向制造的设计等。可持续发展产品设计技术，主要指绿色设计。设计试验技术包括产品可靠性试验、产品环保性试验、仿真试验与虚拟试验。

2. 先进制造工艺技术

先进制造工艺技术是指传统制造工艺技术上发展起来，主要技术体系由先进成形加工、现代表面工程等技术所构成的制造技术。常见的先进制造工艺技术有：精密洁净铸造成形工艺、精确高效塑性成形工艺、优质高效焊接及切割技术等。相比于传统的制造工艺技术，先进制造技术具有以下几类优势[15]：制造加工精度不断提高、切削加工速度迅速提高、新型材料的应用促使了制造工艺的提升和变革、零件毛坯成形向少无余量发展、优质清洁表面工程技术的形成发展。

精密洁净铸造成形工艺，包括外热冲天炉熔炼/处理/保护成套技术、钢液精炼与保护技术、近代化学固化砂铸造工艺、高效金属型铸造工艺与设备、气化膜铸造工艺与设备、铸造成形工艺模拟和工艺 CAD 等。精确高效塑性成形工艺，包括热锻生产线成套技术、精密辊锻和楔横轧技术、大型覆盖件冲压成套技术、精密冲裁工艺、超塑和等温成形工艺、锻造成形模拟和工艺 CAD 等。优质高效焊接及切割技术，包括新型焊接电源及控制技术、激光焊接技术、优质高效低稀释率堆焊技术、精密焊接技术、焊接机器人、现代切割技术、焊接过程的模拟仿真与专家系统。优质低耗洁净热处理技术，包括真空热处理、离子热处理、激光表面合金化以及可控冷却。高效高精机械加工工艺，包括精密加工和超精密加工、高速磨削、变速切削、复杂型面的数控加工、游离磨料的高效加工等。现代特种加工工艺，包括激光加工、复合加工、微细加工和纳米技术、水力加工等。新型材料成形与加工工艺，包含新型材料的铸造成形、新型材料的塑性成形、新型材料的焊接、新型材料的热处理以及新型材料的机械加工。优质清洁表面工程新技术，包括化学镀非晶态技术、新型节能表面涂装技术、铝及铝合金表面强化处理技术、超声速喷涂技术、热喷涂激光表面重熔复合处理技术、等离子体化学气相沉积技术以及离子体辅助沉积技术。快速模具制造技术，主要包括锻模 CAD／CAM 一体化技术和快速原型制造技术。

3. 智能化控制技术

智能化控制技术是指用机电设备工具取代或放大人的体力，甚至取代和延伸人的部分智力，自动完成特定的作业，包括物料的存储、运输、加工、装配和检验等各个生产环节的自动化。智能化控制技术是机械制造业最重要的基础技术之一，主要包括工业机器人、智能数控机床、过程装备监测控制技术等。相比于传统控制技术，智能化控制技术是指在传统控制技术的基础上，运用人工智能技术，使设备能自行发现问题、识别问题、处理问题。智能化控制是自动控制发展的新阶段，主要优点为：学习能力较强、适应能力较强、容错能力较强、鲁棒性较强以及人机交互性较强。

数控技术涉及数控装置、送给系统和主轴系统、数控机床的程序编制等内容。工业机器人涵盖了机器人操作机、机器人控制系统、机器人传感器、机器人生产线总体控制等内容。柔性制造系统，包含加工系统、物流系统、调度与控制、故障诊断等。自动检测及信号识别技术，涉及自动检测计算机辅助测试（computer-aided test，CAT）、信号识别系统、数据获取、数据处理、特征提取和识别等。过程设备工况监测与控制，主要涉及过程监视控制系统和在线反馈质量控制。

4. 系统管理技术

系统管理技术包括工程管理、质量管理、管理信息系统等，以及现代制造模式（如精益生产、CIMS、敏捷制造、智能制造等）、集成化管理技术、企业组织结构与虚拟公司等生产组织方法。对于一个企业来说，企业信息是企业相关领导做出决策的重要数据参考来源。企业信息系统能够提高企业相关领导决策的科学性、合理性，提高管理层决策的准确性，一定程度上避免企业因为决策失误带来的巨大损失。系统管理技术的出现能够更好地帮助和指导企业更加合理、科学地进行企业决策以及其他企业生产活动[16]。

先进制造生产模式，涵盖了现代集成制造系统（CIMS）、敏捷制造系统（agile manufacturing system，AMS）、智能制造系统（IMS）、精良生产（lean production，LP）以及并行工程（concurrent engineering，CE）等先进的生产组织管理和控制方法。集成管理技术，主要涉及物料需求计划（material requirement planning，MRP）、企业资源规划（enterprise resource planning，ERP）、产品生命周期管理（product life-cycle management，PLM）、基于作业的成本管理（activity-based costing，ABC）、现代质量保障体系、现代管理信息系统、生产率工程、制造资源的快速有效集成等。生产组织方法，主要指虚拟公司理论与组织、企业组织结构的变革、以人为本的团队建设以及企业重组工程。

1.2.4　先进制造技术的现状和发展趋势

回顾我国制造业发展历程，我国的先进制造技术也面临着更加严峻的形势和挑战。我国先进制造技术的发展状况具体体现在 10 个方面：①计算机辅助设计技术普及化；②快速原型制造技术由起步迈向成熟，应用初具规模；③精密成形与加工技术水平显著提高，在汽车零部件、重大装配制造中获得广泛应用；④热加工工艺模拟优化技术获得重要进展，使材料热加工由"技艺"走向"科学"；⑤激光加工在基础研究和技术开发方面有实质性进展，产业应用获得经济效益；⑥数控技术获得重要进展，国内市场占有率有所提高；⑦现场总线智能化仪表研究开发获重要进展，应用已有一定的基础；⑧微型机械研究进展迅速，标志着先进制造技术正向微观领域扩展；⑨现代集成制造系统研究和应用取得突破，在国际上占有一席之地；⑩新生产模式的研究和实践具有特色，推动了中国制造业的技术进步和管理现代化。

上述 10 个方面说明我国的先进制造业发展迅速，在一定程度上与先进制造技术发展趋势紧密贴合，我国的先进制造技术也在朝着精密化、多样化、复合化、柔性化、集成化、智能化、全球化、交叉化、综合化方向发展。先进制造业代表着行业的最高点，它在整个制造业的发展过程中有着重要且不可忽视的地位。虽然我国的先进制造技术取得了不容小觑的成绩，但如今我国的先进制造业依然面临着以下几个重要问题。

首先，产业利润率低，先进制造业为技术和资本密集的资本型产业本应当有很可观的收益，但是如今严峻的国际形势，使得很多先进制造企业还未掌握先进设备和重大成套设备的技术，许多核心零部件和技术只能依赖进口，成本上涨和企业固有成本增加，造成企业利润降低。其次，产业集群效应不明显，在政策指导下，涌现出一大批"先进制造技术产业集群"，但是这些地方的基础配套设施跟不上其发展的脚步，这种脱离市场发展规律、关联度低、生产衔接不够紧密的产业集群，发展到一定时间后必定会出现产业链短、集群效果差等各种问题。然后，创新能力不足，由于我国创新体制不够完善，先进制造业领域的产学研机制并没有得到很好的利用，企业与各个高校的研发中心以及各领域的科研中心联系薄弱，科技转化能力不高。最后，缺乏核心竞争力，虽然我国先进制造业近年来实现了强劲增长，但增长并不都是由技术进步带来的，先进制造企业还缺乏核心竞争优势。我国目前的先进制造业已经取得了很大的进步，但是同时也面临着更大的机遇与挑战，缺乏核心竞争力和创新，先进技术就很容易让别人"卡脖子"。国家政策也对先进制造企业打开了绿色通道，我国先进制造技术的突破还需要各位研究人员的不懈努力，我们坚信成功指日可待。

21 世纪以来，随着经济的快速发展，传统制造技术已经不能适应当今快速变化的社会经济形式。同时，经济全球化也带来了激烈的竞争。为了保证经济的稳定发展、应对市场的激烈竞争，世界上的各个国家和企业都在传统制造技术的基础上进行了融合和发展，最终形成了先进制造技术，先进技术的形成和发展引领全球制造技术进入新时代。先进制造技术不是一门具体的、单一的科学技术，它是一门集成的、多学科的、综合的学科，并且它有一个相当长的发展过程。立足现在，放眼未来，把握先进制造技术的发展趋势，在发展中不断地创新，对于先进制造技术的发展意义重大。随着以信息技术为代表的高新技术的不断发展和市场需求的个性化和多样化，未来制造业发展的重要特征是向全球化、网络化、虚拟化方向发展，先进制造技术发展的总趋势是向柔性化、智能化、集成化、清洁化、精密化的方向发展。

各种新兴技术不断兴起，其中对当今世界先进制造技术具有较大影响力的一些主要技术可能给先进制造体系和发展框架带来较大的影响，如 3D 打印、虚拟现实和脑机接口等，但是在现有的制造体系下，以上技术仍然具有一定的局限性，其应用到现在为止，整体上符合现有的理论及技术体系框架。具体趋势和体现如下。

首先，发达国家推动 3D 打印技术（图 1.5）取得新进展，应用领域不断扩大。美国加利福尼亚大学伯克利分校开发出一种 3D 打印玻璃微结构的新方法，该方法制造速度更快，且可以生产出具有更高光学质量、更具设计灵活性和更高强度的纯玻璃物体。加拿大康考迪亚大学使用复合材料 4D 打印技术制造可变弯度的自适应机翼结构，以替换常用的铰接式襟翼，可使无人机机翼制造成本更低、飞行效率更高。以色列再生医学公司 Matricelf 采用 3D 打印技术开发出一种神经植入物，可用于治疗脊髓损伤的瘫痪患者。目前，3D 打印技术的瓶颈主要有两方面：一方面是相较于传统材料，3D 打印材料种类有限且强度不足；另一方面是 3D 打印技术生产效率受限且成本相对较高，影响其商用前景。然后，机器人技术不断取得突破，人机交互、多机协同能力不断增强。美国微软混合现实与人工智能实验室和苏黎世联邦理工学院的研究人员开发一个新框架，将混合现实和机器人技术相结合，增强人机交互，允许用户在查看周围环境的同时远程控制机器人；麻省理工学院计算机科学与人工智能实验室开发出使用电磁体重新配置的机器人立方体 ElectroVoxels，其不需要电机或推进剂来驱动，并可在微重力下运行。日本北海道大学理学院开发出世界上首个利用集群策略工作的微型机器人，首次证明分子机器人能够采用集群策略完成货物递送。俄罗斯联邦航天局发布首个新一代人形机器人 Teledroid 的预生产原型，该机器人可以在恶劣的太空环境中作为遥控操作器（复制操作者的动作）使用，也可在自动模式下进行常规操作的实验测试。哈尔滨工业大学的研究人员用氧化石墨烯 3D 打印出一个软体机器人，当暴露在潮湿环境中时，该机器人能够自主前后移动。最后，可穿戴设备功能不断拓展，人工触觉/视觉设备受到关注。美国佛罗里达大西洋大学开发出一种可穿戴的多通道触觉反馈软机械臂带，通过向使用者传达人工触觉信号，使其能灵巧地使用假手准确抓握并移动物体；斯坦福大学开发出一种柔软且可伸缩的新型显示器，可用于制作可穿戴追踪器、可变形的交互式屏幕等电子产品；佐治亚大学设计了一种新型的人工视觉设备，该设备采用了一种新颖的垂直堆叠架构，并允许在微观层面上实现更大的颜色识别深度和可扩展性，未来有望为视障人士带来色彩缤纷的物品感知能力。德国制造商 Ottobock 推出全新改进的 Ottobock Shoulder 上肢辅助外骨骼，可采集佩戴者上肢的势能，并将其储存在弹簧和电缆系统中，在佩戴者抬起上肢时释放储存的能量，以节省佩戴者的体力。瑞士初创公司 Biped 设计制造了一款可穿戴设备 Biped，该设备利用自动驾驶技术通过跟踪物体及用户的运动轨迹，判定是否会发生碰撞，并通过耳机发送定向音频信号警告来引导盲人在城市街道上行走。目前，可穿戴设备的主要技术瓶颈集中在设备与人体的适配性、设备功耗高、续航时间短、传感器测量精度不高、传感器采集数据种类单一等方面。

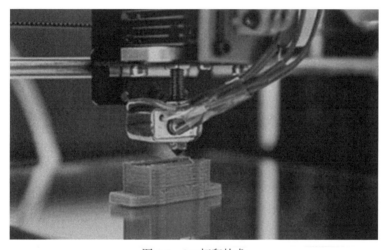

图 1.5　3D 打印技术

1.2.5　先进制造技术支撑的智能工厂

智能制造是制造业由大到强的重要方向。相关数据显示，我国制造业数字化转型全面提速，截至 2022 年 5 月底，我国企业数字化研发设计工具普及率、关键工序数控化率分别达到 73.5% 和 52.4%，制造业数字化转型是关系到生存和发展的"必修课"。一方面，要推动制造业数字化转型，推动数字技术在制造业全流程、全领域深度应用，培育发展网络化研发、个性化定制、柔性化生产等新业态新模式；另一方面，要加快5G 网络部署，构建基于 5G 的应用场景和产业生态，培育壮大人工智能、大数据、区块链等新兴产业。推动"互联网+制造业"，引领制造业向数字化、网络化、智能化转型升级，全面提升企业研发、生产、管理和服务的智能化水平，通过互联网与制造业的聚合裂变，实现制造大国向制造强国迈进。

　　实现中国制造向中国创造、中国速度向中国质量、中国产品向中国品牌三大转变，我国制造业的主要思路是采用智慧工厂的建设行动，实现制造业升级，推动中国到2025年基本实现工业化，迈入制造强国行列。通过信息化和工业化两化深度融合来引领和带动整个制造业的发展，形成我国制造业制高点，推进创新驱动、质量为先、绿色发展、结构优化和人才为本，建立制造业创新中心建设工程、强化基础工程、智能制造工程、绿色制造工程和高端装备创新工程，最终形成具有特色的十大领域，包括新一代信息技术产业、高档数控机床和机器人、航空航天装备、海洋工程装备及高技术船舶、先进轨道交通装备、节能与新能源汽车、电力装备、农机装备、新材料、生物医药及高性能医疗器械。

　　人们总是希望简单、便利、高效率地完成任务。在制造行业，从手工劳作到机械化生产，电气化与自动化，再到如今追求的智能化制造，都是人们追求效率的一个过程。智能制造也是我国的重要发展方向，《中国制造 2025》的五大工程提出实行智能制造建设，将我国从制造大国变为制造强国。中国大力发展智能制造技术，也建设了不少智能制造工厂（图 1.6）。

图 1.6　智能制造工厂

　　智能制造的基础是数字化工厂，并在自动化系统与信息化系统的集成上更进一步。但是关于智能工厂的详细概念在全世界并没有明确统一的标准，在国外比较出名的便是德国工业 4.0，并以西门子作为工业 4.0 的样板。在我国，《中国制造 2025》便是智能工厂建设的一个标准，《中国制造 2025》指出依托优势企业，紧扣关键工序智能化、关键岗位机器人替代、生产过程智能优化控制、供应链优化，建设重点领域智能工厂/数字化车间。2021 年我国发展了不少的智能工厂，也有人提出了关于智能工厂的规划路径。

　　智能工厂包括智能加工中心与生产线的应用，智能化仓储、运输与物流，智能化生产执行过程管控和建立智能化生产控制中心。现代企业逐渐走向多个工厂运营，因此全球优秀的企业采用统一的制造执行系统（manufacturing execution system，MES）来管理多个工厂的运营。智能工厂涉及柔性自动化生产线、工业机器人、分布式数控（distributed numerical control，DNC）、智能刀具管理、自动化立体仓库、自动导引小车（automated guided vehicle，AGV），实现实时的生产和质量数据采集，应用 MES、仓储管理系统，实现资源管理。在生产排产方面，应用先进生产排程（advanced planning and scheduling，APS）来提高制造资源的利用率；充分利用射频识别（radio frequency identification，RFID）和二维码，或通过与制造装备的数据接口，实现实时数据采集；利用统计过程控制（statistical process control，SPC）实现对质量数据的分析。

　　这里以南钢智能工厂为例[3]，介绍智能工厂所具有的特征：第一，智能工厂的建设充分采用先进技术；第二，全流程数字化柔性生产线；第三，运用数字化建模进行全流程准时制生产方式生产；第四，应用 5G+工业互联网与工业机器人，实现无人化生产；第五，支持客户远程定制特殊工件；第六，建设产业创新服务平台；第七，通过建立数字化实现精细化管控；第八，依靠 5G 精准定位实现智能化安全管控；第九，采用先进的绿色环保工艺。

　　智能工厂更加重视质量的追寻，在产品的适当部位做出相应的质量状态标志，跟踪其生命周期中流转运动的全过程，使企业能够实现对采、销、生产中物资的追踪监控、产品质量追溯、销售货物追踪等目标。当今时代，客户的需求越来越多样化，产品更新迭代越来越快，客户更有力地决定着市场的导向。为了保证企业自身竞争力，满足客户的需求是企业的核心要素，并且要在更短的交付期内做出更有创新性的产品，定制化是智能工厂的一个发展方向。

　　智能工厂需要与飞速发展的技术相融合[17]，如今的 5G 技术、人工智能、物联网等新技术飞速发展，丰富的数字化应用迅速进入各行各业，智能工厂建设也需要融合这些先进的技术做到自身的更新迭代，向着更有效率的方向出发。此外，我国在各项规定中都提到了对于环境的重视，智能工厂的发展也应该遵循这些规定，注重绿色，可持续发展，更多地运用绿色能源，对废弃物等进行有效管控。全球化背景下，为响应工业 4.0 以及《中国制造 2025》，企业需要进一步实现生产多样化、柔性化、决策最优化以提高生产率和资源利用率，同时提升企业的信息化、智能化、自动化来减少对人工的依赖，最终保证企业在市场竞争中的优势地位。而拥有智能化生产系统及过程，以及网格化分布式生产设施的智能工厂打造的质量闭环追溯系统正是现阶段回答这一系列问题的最佳答案。智能工厂的建立基础是数字化工厂，其核心为自动化系统与信息化系统的集成，工厂信息的自动采集，以及所有设备的联网，最终保证信息化与自动化系统的集成。另外，应用于产品设计、生产等过程的人工智能技术使得工厂在生产中能体现自主性的感知、学习、分析与调控能力，在结合智能装备与生产系统的帮助下能动态适应制造环境的变化，实现更加高效、优化、柔性的生产，最终达到提质增效、节能降本的目的。

　　在世界范围内，智能工厂并没有明确的定义和标准，但从建设目标和愿景的角度来看，智能工厂具有五大特征：敏捷、高生产率、高质量产出、可持续、舒适人性化。而从技术角度来看，智能工厂的特征主要表现为如下方面。传统的质量管理方式局限于对当时产品生产过程数据的监控，在出现批量质量异常时无法有效锁定不良批次，对导致异常的物料无法追溯使用在哪些成品中，增加了质量处理成本与管控难度。而智能工厂结合条码自动识别技术、序列号管理的思想以及条码设备，可有效收集产品或物料在生产和物流作业环节的相关信息数据，每完成一个工序或一项工作，记录其检验结果、存在问题、操作者及检验者的姓名、时间、地点及情况分析，在产品的适当部位做出相应的质量状态标志，跟踪其生命周期中流转运动的全过程，使企业能够实现对采、销、生产中物资的追踪监控、产品质量追溯等目标。最后利用数据分析工具建立质量计划、过程控制、发现问题、异常处理、管理决策、问题关闭的质量闭环管理平台，形成经验库与分析报表来实现从车间生产计划到执行的闭环，实现制造过程的全程可追溯。

1.3　全球化下的制造业特征

1.3.1　市场竞争新特征

1. 制造业竞争因素细分

依据时间先后顺序，制造业的竞争因素在不同时期呈现出不同特征，图 1.7 显示了 20 世纪 70 年代以前到 21 世纪我国制造业中竞争因素的变化情况。从图中可以看出，20 世纪 70 年代的制造业主要关注提升产品成本和质量，80 年代重视产品交货期，90 年代主要关注提升服务以及环境清洁，21 世纪则重视知识创新。

图 1.7　制造业中竞争因素变化情况

2. 制造业市场因素变化

制造业市场因素包含制造业市场交易状况、投资者心理、供求关系等因素。相关研究表明，在制造业的竞争因素中，竞争强度、消费者需求、购买者能力等几个因素最值得关注。图 1.8 显示了 20 世纪 80 年代到 2020 年市场因素对制造业扰动程度的变化情况。

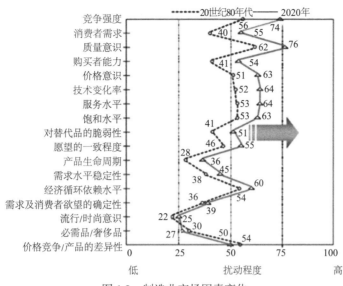

图 1.8　制造业市场因素变化

3. 制造业面临的变化

首先，制造业的竞争中心发生了变化，从以产品为中心到以市场为中心[18]，再到以顾客为中心，而如今消费者的购买能力提高的同时，对产品的要求也在不断变化。其次，我国制造业新的竞争优势正在形成且日益凸显，需充分认识这些变化及其背后的深层次原因，并深刻研判制造业当前和未来一段时间的发展趋势，科学制定产业政策、解决现存的痛点难点，把握好培育壮大新竞争优势的关键环节，从而推动制造业高质量发展。总的来看，我国制造业竞争优势正呈现出以下几方面的变化。

首先，从生产要素投入看，基于初级生产要素成本的价格优势，在向基于数据等高级生产要素发展的技术优势转变。随着我国经济快速发展和综合成本上升，以劳动力总量与成本为核心的传统比较优势逐步弱化。2013～2019 年，我国规模以上制造业就业人员平均工资的年均增速高于世界平均水平。同时，新一轮科技革命由导入期进入拓展期，人工智能技术进一步发展成熟，效率更高的自动化设备应用广泛，在客观上大幅减少了制造业对一般劳动者的需求，这些都使我国与发达国家之间的劳动力成本差距不断缩小。

在这一进程中，新生产要素的重要性日益凸显，新一代信息基础设施日益发展，数据的生成、存储和传输的成本显著下降，数据开始成为经济系统中新的关键要素。在产业数字化进程中，数据可复制、可共享、无限增长和供给的特征，克服了传统生产要素的资源总量限制，形成了规模报酬递增的经济增长模式。目前，我国已经成为全球领先的数字技术投资与应用大国。面向未来，数字经济与实体经济的深度融合，特别是数字技术和数据要素对制造业全要素、全流程、全产业链的参与和改造，可有效提升制造业的生产效率，实现新市场、新模式和新增长点的全方位变革，最终成为提升制造业核心竞争力不可或缺的力量。

其次，从生产组织方式看，基于大规模生产的规模经济优势，在向基于大规模定制的范围经济优势和规模经济优势叠加转变。大规模生产基于传统的"刚性生产"，一般适用于单一产品生产和消费需求稳定的市场环境，难以灵活地进行多样化调整。而大规模定制基于"柔性制造"，可以有效解决产品差异化与生产成本间存在的多重矛盾，进而实现多品种、小批量的产品生产。

虽然大规模定制与大规模生产同样具有"大规模"的特征，但前者的"大规模"通常是指产品种类的增加和产品异质性的提高。从需求潜力看，我国已经形成拥有 14 亿人口、4 亿多中等收入群体的全球最大规模市场，且市场规模仍在不断扩大，消费者模仿性、趋同性消费正在向个性化、差异化消费转变，使制造业企业在已经具备规模化、批量化生产特征的基础上，获得大规模定制的范围经济优势和规模经济优势。

再次，从生产供应网络看，基于网络强大、生产协同的产业链效率优势，在向基于稳定供应能力的安全优势和效率优势叠加转变。供应链是制造业企业核心竞争力的重要来源。我国制造业通过全面参与全球生产分工网络，形成了难以复制的产业集群优势和物流网络体系，表现出强大的效率优势。一方面，制造业的各个细分行业、环节实现了专业化生产，极大地提高了生产效率，企业能长期专注于某一类产品的生产和制造，优化了制造业的产品结构；另一方面，不同类型、不同要素密集度的加工、生产、组装等制造环节有机衔接、相辅相成，显著缩短了制造业创新的产业化周期，对技术密集型产业特别是新兴产业来说所形成的优势更加明显。

面对全球局势动荡的冲击，我国产业链展现出强大的安全优势，有能力维持必要的生产和服务，其稳定供应能力和强大韧性进一步凸显，且在较短时间内就恢复到常态水平，成为保障全球供应链稳定的重要力量。面向未来，在全球产业链供应链本地化、区域化、分散化布局的大趋势下，我国产业链效率优势和安全优势的双重叠加，将对制造业竞争力的提升起到重要的支撑作用。

然后，从空间经济组织形式看，基于本地的产业集聚优势，在向基于跨域合作的网络优势和集聚优势叠加转变。产业集群是现代产业发展的重要组织形式，与分散的产业发展模式相比，产业集群能够实现规模效应、集聚效应，降低生产成本和交易成本，从而形成竞争优势。

改革开放以来，我国各类产业集聚区快速发展，形成了许多以地域或者园区为单位的产业集群。随着专业化水平及本地生产能力的提升，产业集群需要与外部知识节点建立联系进而嵌入更大的网络中，集群参与者获取新知识的渠道也需超越地理空间限制，进入区域、全国乃至全球合作网络，进一步促进显性知识的生产和转移，为知识创新、集群更新与重组提供可能。未来，产业集群必然要打破地理空间的限制，实现区域内创新网络和跨区域协同创新共同体的构建，进而推动区域创新型产业集群发展。

最后，制造业的技术创新模式也在发生显著变化。随着国际上保护主义、单边主义意识的逐渐增强，经济、科技、文化、安全、政治等格局发生深刻调整，各国都千方百计地巩固已有的科技优势，在引进高新技术上我们不能抱任何幻想。但也要看到，我国发展空间大、应用场景多、创新应用强的优势日益凸显，国内市场纵深广、层次多，消费者需求多元，能够为企业生存发展提供更广阔的空间、更具包容性的环境。未来，制造业的主要创新方式将逐步转变为以自主创新、协同创新、融合创新为代表的内源式创新，也将在实现科技自立自强的进程中塑造制造业科技创新的新优势。

1.3.2　制造业全球化与贸易保护

20 世纪 90 年代以来，由于竞争全球化、贸易自由化、需求多样化，制造业得以借助全球互联网络，实现制造自动化系统向网络化、全球化方向发展，未来制造业发展的重要特征是向全球化、网络化、虚拟化方向发展。

1. 全球贸易保护

作为一场历史转型的社会运动，全球化是在 20 世纪后期开始出现的新的历史现象。随着第三次信息技术革命的到来，制造业的发展趋势不断朝着全球化方向发展，一大批跨国公司争先占领全球市场，让制造业呈现全球分布、分工合作的"世界工厂"模式，生产所需的原材料采购全球化、零部件生产全球化、销售全球化，制造业产业链呈现全球布局现象。贸易保护是指在制造产品全球贸易中实施限制或提高进口门槛（双重标准），以保护国内产品在国内市场免于竞争淘汰，而实施一系列保护主义规章条例向本国商品提供各种优惠以应对国际竞争的逆全球化手段。

2. 制造业全球化与贸易保护的原因

全球经济体系的建立，对于改善世界产品制造模式，提高产品设计、制造、销售效率有着极大的优化改善作用。从全球化发展的根源上看，世界自由贸易体制进一步完善、全球交通运输进一步完善、全球通信网络建立、国际经济合作与交往日益紧密是促使其发展的主要原因，随着保护贸易自由的国际国内法律法规的出台实施，并在各国共同推动遵守下，建立起了基本的国际贸易秩序，同时贸易体制也得到了进一步完善。电子商务和互联网的发展，加速了机械制造产品全球化的趋势，传统营销机构模式已经不适用于现代全球化的发展趋势，而是通过现有物流行业的发展、互联网营销策略，促进全球化贸易的进程。

3. 制造业全球化与贸易保护的结果

制造业全球化促进全球产业界结构大调整，资源重新分配加剧，世界逐步形成一个统一的大市场，全球竞争加剧，使得供应与需求国家化、国际化，由于不同时间、地区、国家市场需求有波动，全球化可以满足同一用户、同一产品可选择的市场国际化、竞争国际化，同时还更好地促进了资源全球化配置。贸易保护在一定程度上阻碍了全球化产品生产销售的布置，带来了更加畸形的竞争趋势，不利于提高新产品的研发制造和推陈出新，加大了制造销售成本，不利于产业发展布局。但国际贸易保护主义又倒逼各国国内加快出口物流流通领域法律法规体系建设，积极培育产品流通主体，大力促进了出口产品流通基地基础设施建设，并利用现代信息技术推进本国出口物流体系建设，达到完善与发展出口物流体系和实现流通产业化、实现现代化发展的要求。

1.3.3 跨国垄断巨头影响

目前，世界经济已经进入全球化发展阶段，全球制造业也已经形成了分工合作，产品加工制造的过程已经不再是往常的在单一国家制造，而是通过全球各个国家分工合作，共同制造。而由于产品现在的价值链不可分割，很多经济现象也会随之改变，其中，跨国公司对工业化国家的影响是极大的。

1. 跨国公司概述

跨国公司又称国际公司、多国公司等，主要是指在发达的资本主义国家，以本国为基地，依靠向其他国家输出资本，建立分公司和机构，从而进一步占据市场，进行国际化生产和经营的企业。跨国公司一般资本雄厚，在相关领域存在技术领先或技术垄断，擅长将资本在不同国家之间运转。

2. 跨国公司对经济的影响

跨国公司在一定程度上推动着经济发展，例如，跨国公司可以通过直接在其他国家建立分公司进行加工制造，绕过贸易壁垒[5]，一方面减少发达国家对发展中国家原材料的依赖，另一方面增加发展中国家的就业岗位和经济水平，同时促进发展中国家更加开放，融入世界贸易体系中。

除了上述列举对经济发展的推动作用外，跨国公司更多的是对自己企业的资本积累和技术垄断发展。高端技术的发展往往离不开资金的支持，而跨国公司资本雄厚，在取得技术领先后，通过在其他国家设立分公司占据市场，进一步掠夺更多的财富，掠夺来的财富进一步投入研发，最后形成技术垄断。形成技术垄断的跨国公司又能更进一步占据市场来积累资本，于是跨国公司会越来越壮大，生产规模和技术也会占据整个市场更大的份额。跨国公司一般是在发展中国家设立分公司，由于跨国公司自身的技术优势和资本雄厚，发展中国家的本土公司往往在与这些跨国公司的竞争中被打压，市场份额也会越来越小，而发展中国家本土公司的没落，在技术发展上缺乏资本的支持，所以发展中国家的技术也会被跨国公司所影响制约，进而发展中国家自己没有技术，最终发展中国家贸易会更依赖跨国公司。跨国公司对世界经济的影响如表 1.1 所示。

表 1.1　跨国公司对世界经济的影响（%）

不同方面	数值
国家生产总值占比	40
世界贸易总值占比	50
研发费总值占比	80
技术转让总值占比	75
发展中国家贸易总值占比	90

毫无疑问，跨国公司垄断着技术和资本，虽然一定程度上促进着发展中国家经济的发展，但是更多地限制了发展中国家技术的发展，发展中国家想在制造技术上有所突

破，就不能过度依赖跨国公司，要大力扶持本国的制造企业。

参 考 文 献

[1] 胡迟. 中国制造业发展 70 年: 历史成就、现实差距与路径选择[J]. 经济研究参考, 2019(17): 5-21.

[2] 刘洪民, 刘炜炜. 改革开放 40 周年中国制造业创新发展的历史回顾与思考[J]. 技术与创新管理, 2019, 40(1): 1-8.

[3] 刘明达, 顾强. 从供给侧改革看先进制造业的创新发展: 世界各主要经济体的比较及其对我国的启示[J]. 经济社会体制比较, 2016(1): 19-29.

[4] 李金华. 新工业革命行动计划下中国先进制造业的发展现实与路径[J]. 吉林大学社会科学学报, 2017, 57(3): 31-40.

[5] 夏小禾. "十四五" 机械工业将以高水平开放助推双循环[J]. 今日制造与升级, 2021(5):15-16.

[6] 黄双喜, 范玉顺, 等. 产品生命周期管理研究综述[J]. 计算机集成制造系统, 2004, 10(1): DOI:CNKI:SUN:JSJJ.0.2004-01-001.

[7] 叶柏林. 中国制造业质量发展的历史方位[J]. 中国质量万里行, 2019(1): 12-21.

[8] 额日登桑. 先进机械制造技术现状研究及展望[J]. 内燃机与配件, 2021(18): 186-187.

[9] 王隆太. 先进制造技术[M]. 2 版. 北京: 机械工业出版社, 2015.

[10] 王友桂. 现代机械制造技术及加工工艺的思考[J]. 中国设备工程, 2021(17): 99-100.

[11] 杨叔子, 吴波. 先进制造技术及其发展趋势[J]. 机械工程学报, 2003, 39(10): 73-78.

[12] 朱荻. 纳米制造技术与特种加工[C]//中国机械工程学会特种加工分会. 2001 年中国机械工程学会年会暨第九届全国特种加工学术年会论文集, 2001: 5.

[13] 李祎文, 李建中. 高精尖制造技术的应用发展趋势[J]. 矿山机械, 2007(6): 7-9,4.

[14] 杨英法, 周子波, 陈静. 以文化和智能制造推进先进制造业发展的路径研究: 以河北省为例[J]. 云南社会科学, 2018(3): 85-89.

[15] 周佳军, 姚锡凡. 高精尖制造技术与新工业革命[J]. 计算机集成制造系统, 2015, 21(8): 1963-1978.

[16] 霍逸飞. 高精尖制造技术的应用与发展趋势[J]. 南方农机, 2018, 49(23): 195, 197.

[17] 张宝英, 林若云. 5G 背景下中国制造业 "十四五" 时期发展趋势与应对[J]. 经济研究参考, 2020(10): 21-32.

[18] Kotha S, Pine B J. Mass customization: The new frontier in business competition[J]. The Academy of Management Review, 1994, 19(3): 588.

第2章　面向制造的设计技术

制造设计是通过对客户需求、产品技术特征和生产过程之间的关系进行全面深入的研究，确保获得高质量产品，同时使制造成本降到最低的设计方法。制造工艺是设计和生产之间的桥梁，没有设计，制造将无从谈起，没有制造，工艺产品也只能存留在设计层面。如果设计师不懂制造工艺，图纸所描绘的产品可能根本无法制造出来；制造工艺师不了解设计意图，随意安排制造流程，也会导致其他问题。越是复杂系统，设计的基础越是要打好，因为复杂系统不可能仅靠简单的经验或者有限的智力资源便可在短时间内被领会。理解先进制造技术必须全面理解制造设计技术，因此本章主要介绍先进制造设计技术，包括计算机辅助设计技术、多学科设计优化方法、竞争优势创建设计技术、全生命周期设计技术、可持续发展产品设计技术等。

2.1　引　　言

随着科技的不断发展，制造业也在不断迭代升级，先进制造技术的出现为制造业提供了新的机会和挑战。先进制造的设计技术是先进制造技术的重要组成部分，它不仅可以提高产品的质量和效率，还可以降低生产成本，提高企业的竞争力。

2.1.1　先进制造设计技术发展概况

1. 定义

先进制造设计技术是指运用先进的计算机技术和软件工具，对产品进行全方位的设计、分析、优化和生产过程的管理。它可以将产品的设计、制造和运营过程整合在一起，实现产品的快速开发和高效生产。

2. 发展历程

先进制造设计技术的发展可以追溯到20世纪60年代的计算机辅助设计（CAD）技术。随着计算机硬件和软件技术的不断发展，CAD技术也在不断升级和拓展，并逐渐形成了计算机辅助工程（CAE）、计算机辅助制造（CAM）等技术。互联网和物联网技术的发展，先进制造的设计技术也不断地向数字化、智能化和网络化方向发展。

3. 应用领域

先进制造设计技术广泛应用于制造业各个领域，包括机械制造、航空航天、汽车制造、电子制造、医疗器械等。通过先进制造设计技术，可以实现产品的快速设计、精确制造和高效运营。

2.1.2　先进制造设计技术发展趋势

先进制造设计技术是制造业的重要发展方向，其发展趋势主要包括智能化、数字化、网络化、可持续性和个性化。通过先进制造设计技术，可以实现产品的快速开发、精确制造和高效运营，从而提高企业的生产效率和竞争力。未来，先进制造设计技术将不断拓展和升级，为制造业的发展带来更多的机遇和挑战。

1. 智能化

随着人工智能技术的不断发展，先进制造设计技术也将向智能化方向发展。通过引入人工智能技术，可以实现产品设计、制造和运营的自动化和智能化，提高产品质量和生产效率。

2. 数字化

通过数字化技术，可以将产品的设计、制造和运营过程数字化，实现全过程的可视化和可控制，提高产品的生产效率和质量。

3. 网络化

随着互联网和物联网技术的发展，先进制造设计技术也将向网络化方向发展。通过网络化技术，可以实现产品设计、制造和运营的协同和共享，提高企业的生产效率和竞争力。

4. 可持续性

通过引入可持续性设计理念，可以在产品设计、制造和运营过程中考虑环境保护、资源节约和社会责任等因素，实现可持续发展。

5. 个性化

随着消费者需求的不断变化，产品的个性化需求也越来越高。通过个性化设计和制造，可以满足消费者的个性化需求，提高产品的市场竞争力。

2.2　计算机辅助设计技术

基于 CAD 技术，机械设计人员可在计算机上对想要设计的对象进行图形建模、信息处理、数据分析等操作，并形成设计方案。随着科技的不断发展，CAD 技术正朝着智能化方向不断发展。

2.2.1　技术简介

1. 背景及意义

CAD 技术的主要功能是辅助工程师进行二维图和三维图的绘制。在 CAD 技术出现之前，传统的机械工程师不仅需要花费大量时间和精力从事手工绘制图纸工作，同时手工绘制也会带来数据丢失、修改烦琐等问题。CAD 技术可以帮助相关技术人员处理好尺寸数据以及元素位置，从而防止手工绘图造成的烦琐程序，达到精准设计的目标，使其在修改时不会遗留痕迹。同时，CAD 中包含了诸多如素材库、快速尺寸标注等快捷辅助功能，使相关设计人员在绘图工作时不再需要消耗大量精力完成重复性工作，从而节省大量设计时间[1]。因此，现代化的制造业已经离不开 CAD 技术，它在产品设计和智能制造方面发挥着至关重要的作用。

2. 计算机辅助设计技术发展史[2]

CAD 技术准备、酝酿、诞生的阶段：20 世纪 50 年代，美国麻省理工学院在旋风计算机上采用阴极射线管（cathode ray tube，CRT）做成图形终端。

CAD 技术的初级应用阶段：20 世纪 60 年代，美国麻省理工学院完成了 CAD 的开拓研究工作，并发表了有关 CAD 的论文，CAD 术语、交互式绘图、CAD 技术产业逐渐形成。

CAD 技术的第一次革命：20 世纪 70 年代，CATIA 软件诞生于达索航空内部的软件开发项目 CADAM1、CADAM2，改变了以往只能借助油泥模型来近似表达曲面的工作方式，使人们可以用计算机进行曲线、曲面的处理操作。

CAD 技术的第二次革命：1979 年美国的 SDRC 公司推出了世界上第一个基于实体造型技术的大型 CAD、CAM 软件——I-DEAS。实体造型技术能够精确表达零件的全部属性，在理论上有助于统一 CAD、CAE、CAM 的模型表达，成为 CAD 技术的第二次技术革命。

CAD 技术的第三次革命：20 世纪 80 年代，CV 公司内部提出了参数化实体造型方法，它的主要特点是基于特征、全尺寸约束、全数据相关、尺寸驱动设计修改，这是 CAD 技术的第三次技术革命。

CAD 技术的第四次革命：20 世纪 90 年代，SDRC 公司的开发人员以参数化技术为蓝本，提出了一种比参数化技术更为先进的实体造型技术——变量化技术，这是 CAD 技术的第四次技术革命。

2.2.2　技术类型及其特点

CAD 技术按使用场景可分为二维 CAD 技术和三维 CAD 技术，下面简要介绍这两种技术的特点。

1. 二维 CAD 技术

CAD 二维设计和绘图软件可分为两大类：一类是国内软件公司自主开发的 CAD 软件，如 CAXA、开目 CAD 和清华高华 CAD 等；另一类是国外公司推出的 CAD 软件，如 Auto CAD。二维 CAD 软件的主要功能是辅助设计者完成二维工程图的绘制，主要具有以下五种功能及特点[3]。

（1）草图设计。在作图过程中，动态导航会预测用户每一步的作图意图，将预测结果以不同形式的光标显示在计算机屏幕上,引导用户绘制准确的几何图形。

(2)智能尺寸标注。一个智能化尺寸标注命令就能完成多种不同类型的标注,标注形式灵活多样。在标注过程中软件能自动处理各种情况,并自动完成公差查询,无须用户干预。

(3)明细表处理。序号标注与明细表关联的特性,使得用户可以随意插入、删除序号,序号内容修改时,明细表可同时更新。

(4)参量化的标准图库。丰富的参量化的标准图库,使用户调用预先定义好的图形进行参量化设计的操作更为方便。二维 CAD 软件中的标准图库包含了涉及机械行业、液压气动行业、电气行业在内的各类零部件图形符号,操作人员可以直接在标准图库中查询并调用相应的图形符号。

(5)智能化的图纸管理。二维 CAD 软件的图纸管理功能可以按产品的装配关系建立层次清晰的产品树,并通过多个视图显示产品的结构、图纸的标题栏、明细表信息、预览图形等。

2. 三维 CAD 技术

三维 CAD 软件的主要功能是辅助设计者完成零件的建模以及装配体的装配,同时还可以实现在已有模型的基础上进行运动仿真分析等功能,常用的三维 CAD 软件包括 SOLIDWORKES、CREO、UG、CATIA 等。虽然各个三维软件在造型能力上存在差异,但无一例外都具有四种基础功能及特点[4]。

(1)零件三维实体建模。三维 CAD 软件可以协助设计人员完成零件整体的三维实体建模,使得零件设计所见即所得,并能够直观地发现设计上存在的问题。同时,还可以人为地赋予三维实体不同的材质特性,从而对产品的性能、成本进行核算。

(2)特征建模。在机械设计的过程中,依托三维 CAD 技术,设计人员可直接使用凸台、孔、倒角等特征来表达零件的几何结构,不再局限于传统的线条和线框,使其在设计过程中更好地把握零件的结构,更符合设计意图,极大地提高了设计效率。

(3)参数化设计。参数化设计是一种基于约束的并能用尺寸驱动模型变化的设计技术,设计人员可在设计之初进行草图设计,再根据设计要求逐渐在草图上施加几何和尺寸约束,根据约束变化驱动模型变化。设计人员在后续优化过程中只需要修改几个对应的参数,就可获得更新后的实体模型,不用再像传统的设计方法那样重新计算,可显著简化开发流程。

(4)虚拟装配与运动仿真。三维 CAD 技术除了零件实体建模外,还提供了整体的虚拟装配。相比传统机械设计方法,通过运用三维技术,设计人员不再需要制作样机来检验设计的合理性,便可直接运用不同的装配关系将各个三维实体零件装配起来,并运用静态干涉检查的方式,检查设计的合理性,缩短了产品开发时间。

3. 发展方向

CAD 技术从问世到今天已经历了近 70 年的时间,目前随着计算机技术的不断发展,CAD 技术也迸发出了新的生命活力,近年来 CAD 技术正朝着以下几个方向发展。

（1）与虚拟显示技术相结合。随着信息化技术的发展，CAD 技术在发展过程中与多媒体技术相结合。过去船舶块装配往往出现大量返工的问题，这是由装配阶段的误差导致的，而增强现实技术将船舶块的 3D CAD 模型投放到物理世界中[5]，有利于工作人员按照 3D CAD 模型进行装配。工作人员只需要把模块放置到 3D CAD 模型中显示的位置便可很好地解决装配误差大的问题，从而极大地提高产品的生产效率。

（2）与 3D 打印技术相结合。随着 3D 技术的发展，捕获 3D 形状既便宜又容易，任何产品都可以使用低成本的 3D 扫描仪转换为 3D 模型，并且可以通过 CAD 技术对捕捉到的 3D 实体模型进行实时修改。或者将 CAD 技术与 3D 打印技术相结合，利用 3D 打印技术直接打印出经过 CAD 技术修改后的实体模型[6]。

（3）智能化。近年来，为了提高 CAD 技术的智能化程度，人们考虑基于 Agent 的技术，在智能 CAD 建模中引入智能代理的想法，来增强下一代智能 CAD 技术中的特征识别功能[7]。

2.3　多学科设计优化方法

随着科技的日新月异，现代工程越来越趋近于智能化和集成化，工程系统内部的联系越来越紧密，工程内部组成部分之间的相互作用也越来越明显。现代工程的设计越来越倾向于多个学科之间的结合，产品设计往往包含了多个学科，传统的设计方法已经不能满足现代产品设计的需求[8]。这种情况下，多学科设计优化（multidisciplinary design optimization，MDO）方法应运而生。20 世纪 80 年代，随着航空航天系统越来越复杂，航空航天界率先认识到多学科设计优化的重要性和迫切性。20 世纪 80 年代末，复杂耦合系统全局灵敏度方程分析方法和并行子空间优化方法的提出，为 MDO 理论研究奠定了基础。经过几十年的发展，MDO 方法已成为一门工程学科，专注于开发新的设计和优化策略，用于复杂系统的设计问题[9]，如航空航天系统。近年来，MDO 方法已经渗透到其他领域，如汽车、机械、海军和近海工程，在工程中的应用十分广泛。

2.3.1　多学科耦合系统

在介绍 MDO 方法之前，需要先了解多学科耦合系统。多学科设计优化技术的目的是获得多个学科之间的一个全局最优，MDO 问题中的各个学科之间一般都是耦合的，各个学科之间都有着很强的联系，如图 2.1 所示的框架，对多学科耦合系统进行了描述[10]。

MDO 问题由 N 个学科系统构成，每一个学科都和其他学科之间相互联系，图 2.1 中的每个方框都代表一个模块，模块利用一组输入来计算其输出。这些模块被耦合，以便评估系统状态；引入跨学科一致性约束，使学科输入与输出之间的差异趋近于零。通过求解学科优化问题，计算系统层面的约束值。

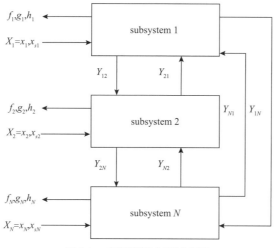

图 2.1　多学科耦合系统框架

2.3.2　MDO 方法分类

MDO 方法主要可分成两类：单级优化方法和多级优化方法。XDSM（extended design structure matrix）是设计结构矩阵（design structure matrix，DSM）思想的标准化扩展[11]，专门用于多学科优化，它可以用于可视化复杂系统组件之间的互联，便于理解。组件由学科分析和一个特殊组件（驱动程序）组成，该组件控制迭代，并由一个圆角矩形表示。组件的功能是处理数据，数据流显示为粗灰线，组件从垂直方向获取数据输入，并在水平方向输出数据。因此，对角线上方的连接从左到右、从上到下流动，对角线下方的连接从右到左、从下到上流动。平行四边形形状的非对角节点用于标记数据。通过扫描组件上方和下方的列，可以轻松识别给定组件的输入，通过扫描行可以识别输出。细黑线表示工艺流程，这些线的方向遵循数据流线的约定。编号系统用于显示组件的执行顺序，这些数字显示在图中每个组件的内部，后跟冒号和组件名称。当算法按照数字顺序升序执行时，每执行一步，相应的组件都会执行相关的计算，多个数字表示该组件在算法中被调用多次。

1. 单级优化方法

多学科可行（multiple-discipline feasible，MDF）方法是解决 MDO 问题最常用的方法，属于单级优化方法[12]。给定设计变量后，通过多学科系统分析得到输出变量，然后利用输入变量和输出变量，计算目标函数和约束函数，当满足收敛条件时，优化终止；否则，输出变量作为输入变量，开始新的迭代，直到满足收敛为止。在 MDF 运行过程中，每一次迭代优化，都要进行一次多学科系统分析。对于简单的多学科问题，该方法尚可运行，但对于大型复杂的工程问题，该方法进行一次多学科分析的消耗很大，因此该方法难以应用到工程实践。MDF 方法的 XDSM 框架如图 2.2 所示。

同时分析优化（simultaneous analysis and optimization 又称 all-at-once，AAO）方法属于单级优化方法，系统的所有变量（设计变量、耦合变量和各学科的状态变量）同时由系统进行优化，迭代的每一步直接进行学科计算，直到优化结束时学科和系统才是可行的，该方法的 XDSM 框架如图 2.3 所示。该方法的关键在于它不要求每次优化迭代过

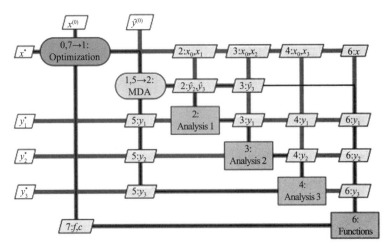

图 2.2　MDF 方法的 XDSM 框架图

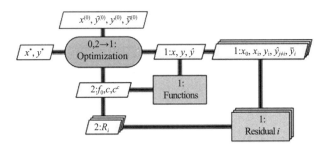

图 2.3　AAO 方法的 XDSM 框架图

程中多学科分析的结果是可行的，只要在最优点时多学科达到可行即可，从而避免了将大部分的运算时间浪费在确定一个可行解的反复多学科分析上。

　　单学科可行（individual disciplinary feasible，IDF）方法，通过引入学科间耦合变量的相容性来保证学科分析的可行性，形式与 AAO 方法一样。IDF 方法提供了一种避免进行完全 MDA 分析的优化方法，学科之间不再耦合，使得学科分析过程可以并行进行，同时通过耦合变量将各个学科之间的分析与优化联系起来，促使单学科最优解向多学科最优解逼近。IDF 方法的 XDSM 框架如图 2.4 所示。

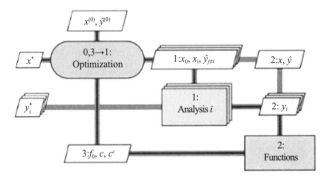

图 2.4　IDF 方法的 XDSM 框架图

2. 多级优化方法

并行子空间优化（concurrent subspace optimization，CSSO）方法是一种基于分解的策略[13]，能使每个学科独立运行，并有一个系统级优化器来提供整体协调。CSSO 在每个周期提供 MDA 可行性，并在系统级别同时处理所有设计变量。这种方法已经成功应用于许多设计问题，CSSO 的 XDSM 框架如图 2.5 所示。

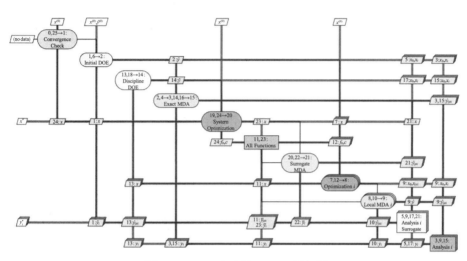

图 2.5　CSSO 方法的 XDSM 框架图

尽管 CSSO 能够解决很多设计问题，但是它也存在如下一些问题：协调问题的制定是基于最优敏感性分析程序，不能认为是鲁棒的；CSSO 中的耦合是通过使用近似来解决的，这要求在设计变量上设置移动限制；在解决协调问题时使用启发式来显示有限的效益，经常引入收敛问题；当处理离散和整数设计变量时，灵敏度信息不可用。

两级系统综合（bi-level integrated system synthesis，BLISS）方法是一种通过分解对工程系统进行优化的方法，它将具有相对较少设计变量的系统级优化与可能具有大量局部设计变量的子空间优化分离开来。子空间优化是自主的，可以同时进行。子空间和系统级优化交替进行，通过灵敏度数据联系在一起，在每次优化过程的迭代中产生设计改进。BLISS 方法从最佳猜测的初始设计开始，在迭代周期中改进设计。每个循环包括两个步骤：第一步，冻结系统级变量，通过分离、并行的学科优化实现设计改进；第二步，使用系统级变量进行额外的设计改进。

最佳灵敏度数据连接上述两个步骤。与其他 MDO 方法相比，该方法的优点是使用相对较少的系统级变量。然而，灵敏度的使用对方法的效率至关重要，传统的优化公式必须转变为基于导数的公式。BLISS 方法的 XDSM 框架图如图 2.6 所示。

协同优化（collaborative optimization，CO）方法是一种流行的 MDO 方法，通过使用系统级优化器作为受学科兼容性约束的整体设计目标，不同的优化器可以用于不同的学科优化。系统级优化器的主要作用是统一协调各子系统间耦合变量的不一致性，通过对耦合变量进行协调，各个子系统的优化结果能够在整个系统层面上达到最优或接近最优的状态；局部设计变量只在学科级中处理。在学科层面，优化问题不是一个传统的学科问题，而是一个旨在减少学科共享的设计变量之间不相容性的优化问题。它允许在实现跨学科合作的同时，具有相当大的学科兼容性，能够解决大规模多学科设计问题的耦合分析，CO 方法的 XDSM 框架如图 2.7 所示。

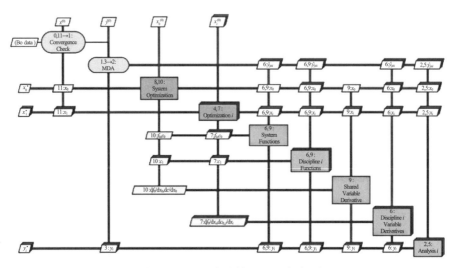

图 2.6　BLISS 方法的 XDSM 框架图

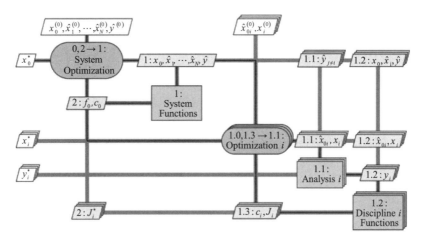

图 2.7　CO 方法的 XDSM 框架图

在实际应用过程中，多目标设计优化方法的选择也很值得关注，如何选择最合适的优化方法、最大化地提升计算效率和减少设计周期值得思考，并且如何将现有的方法进行改进并提出新方法需要进行深入研究。

2.4　竞争优势创建设计技术

设计是人类高级而复杂的开创性脑力劳动，它是运用已有知识和技术解决问题或创造出新事物、新产品以满足社会需要的一种技术活动，是创造人为事物的科学。随着设计思想的演化，设计的概念和内涵在不断地改变和拓宽，设计技术也从传统的常规设计进化到创新设计。在当今激烈的市场竞争刺激下，为了赢得市场竞争的胜利，优势设计（竞争优势创建设计）技术也应运而生。

2.4.1　技术概述

1. 竞争优势创建设计技术的由来

1980 年以来，美国哈佛大学商学院迈克尔·波特教授发表了《竞争优势》《竞争战略》和《国家竞争优势》经典性的"竞争三部曲"。其中提出了关于竞争的 3 种基本战略和 5 种竞争作用力，还讨论了在企业竞争中如何建立优势的问题，分析了产业和竞争者的竞争技巧。上述 3 本经典著作所提出的"国家竞争优势"的概念引起世界各国广泛关注 [14]，国家竞争优势主要是指各国工业产品在国际市场上的竞争力，因此国家竞争优势主要由工业产品竞争优势决定。各公司在工业产品竞争优势上形成了国家竞争优势，而"为竞争优势而设计"是工业产品取得竞争优势的重要保证，竞争优势创建设计技术也由此开始产生并迅速发展。1996 年经济合作与发展组织出版的《知识经济》提出一种新的经济概念：在新形势下，经济增长更直接地取决于知识的投入。知识可以创造革新产品的新技术，而未来的企业竞争优势更多地取决于创造革新产品的能力，而创造革新产品则主要依靠能创建竞争优势的设计能力，即"优势设计"的能力[15]。

2. 竞争优势创建设计技术的内涵

竞争优势创建设计为产品创建竞争优势的设计思想、原理和技术，是一种以面向市场竞争、创造产品竞争优势为目的的设计。从产品的工作特性和功能目标出发，在特定技术、经济和社会等具体条件下，根据相邻学科的原理，创造性地设计产品，并使它在技术和经济上达到最佳水平[16]。简而言之，竞争优势创建设计即"为竞争的优势而设计"。

3. 竞争优势创建设计技术的地位

设计分为四个等级，依次是：①正确设计；②成熟设计；③创新设计；④优势设计。其中，正确设计和成熟设计两项可统称为常规设计，在设计中占比较大。

2.4.2　主要特点

"优势设计"与"常规设计"和"创新设计"的区别主要在于它不是一种纯技术的设计，它的主要特点在于：竞争优势创建设计是一种面向市场的设计，而市场竞争力的优劣是检验其成功与否的唯一标准；竞争优势创建设计是一种战略性决策；竞争优势创建设计是一种驾驭自然法则的本领[17]。

设计者要了解市场的挑剔性、严酷性、多变性，不但要看到今天的市场，还要考虑到明天的市场。竞争优势创建设计与常规设计的主要区别在于后者大多是纯技术性的设计，而前者要考虑多种因素，要意识到竞争的激烈和风险的存在。

第一，竞争优势创建设计是一种战略性决策。竞争优势创建设计必须善于进行产品方向的预测和技术方向的分析，要能够从复杂多变的市场变化和日新月异的技术进步中寻求能在当前以及以后的市场上起主导地位的产品和技术方向，这是一种特殊的能力，需要做出比别人更深刻和更高明的分析、判断和决策[18]。

第二，竞争优势创建设计是一种驾驭自然法则的本领。正确驾驭自然法则的思维往往一闪即逝，竞争优势创建设计要能在瞬间抓住自然法则并加以应用，这确实是一种特殊的本领。

2.4.3　主要内容及其基本特征

竞争优势创建设计技术具体包括产品创新、降低成本、快速、仿真与虚拟、智能、广义优化和工业产品造型7种具体的设计技术。

1. 产品创新设计技术

设计人员根据新需求或者预测需求，从已知的、经过实践检验可行的理论和技术出发，充分运用创造性思维，构思并设计出全新事物的技术过程。设计重点在生态化产品的创新；技术重点在进一步实现设计的智能化和自动化。

2. 降低成本设计技术

降低成本设计技术又称面向成本的设计（design for cost，DFC），它是在保证功能和质量的前提下，通过降低成本来提高产品经济性以加强竞争优势的设计技术。

特点：①研究所包含的成本构成不断扩展；②向成本的控制和优化方向发展，更加注重降低成本措施的研究；③预测和降低成本的实施范围已扩展到产品生命的全周期；④已发展为并行设计系统，并逐渐向智能化、自动化的方向发展。

3. 快速设计技术

快速设计技术（rapid design technology，RDT）是在现代设计的理论和方法的指导下，应用微电子、信息和管理等现代科学技术，以缩短产品开发周期为目的的一切设计技术的总称。一切有助于加快产品开发速度的理论、方法和手段都可以是快速设计技术所包含的内容，它涉及了多学科的交叉，所以也必然形成多方向的发展，其中人工智能技术和人机交互技术构成了智能化的特点。

4. 仿真与虚拟设计技术

仿真，即用动态模型做实验。计算机仿真技术是以计算机系统为工具，以相似原理、信息技术和控制论为基础，根据系统实验的目的，建立实际或联想的系统模型，并在不同条件下，对模型进行动态运行的一门综合性技术。近年来不断涌现和迅速发展的高新技术，如计算机仿真建模、CAD/CAM及先期技术演示验证、可视化计算和遥控机器等，都有一个共同的需求，就是建立一个比现有计算机系统更为真实方便的输入输出系统，使其能与各种传感器相连，组成更为友好的人机界面，人能沉浸其中、超越其上，同时还能在虚拟环境中进行多维度的信息交互。这个环境就是计算机虚拟现实系统

（virtual reality system，VRS），在这个环境中从事设计的技术即虚拟设计。

5. 智能设计技术

智能设计技术是对技术系统进行构思和计划，并将其转变为现实的活动，其特点主要表现在如下几个方面。

（1）以设计方法为指导。即智能设计的发展，取决于对设计本质的理解。设计方法学对设计本质、过程设计思维特征及其方法学的深入研究是智能设计模拟人工设计的基本依据。

（2）以人工智能技术为实现手段。主要借助专家系统技术在知识处理上的强大功能，结合人工神经网络和机器学习技术，能够较好地支持设计过程自动化，以传统CAD 技术为数值计算和图形处理工具。

（3）提供对设计对象的优化设计、有限元分析和图形显示输出上的支持。

（4）面向集成智能化。不但支持设计的全过程，而且考虑到与 CAM 的集成，提供统一的数据模型和数据交换接口。

（5）提供强有力的人机交互功能。使设计师对智能设计过程的干预，即与人工智能的融合成为可能。

6. 广义优化设计技术

广义优化设计技术是面向产品全系统、全过程和全性能的优化设计，是以数值与非数值集成优化、人机合成优化和多计算机协同优化为主要特征的优化设计，是从优化全过程中研究如何提高优化效率与效果的优化设计[19]。

7. 工业产品造型设计技术

工业产品造型设计技术是以产品设计为核心而展开的系统形象设计，对产品的设计、开发、研究的观念、原理、功能、结构、技术、材料、造型、色彩、加工工艺、生产设备、包装、装潢、运输、展示、营销手段、广告策略等进行一系列统一策划与设计，形成统一感官形象和统一社会形象。能够起到提升、塑造和传播企业形象的作用，使企业在经营信誉、品牌意识、经营谋略、销售服务、员工素质、企业文化等诸多方面显示企业的个性，强化企业的整体素质，造就品牌效应，赢利于激烈的市场竞争中[20]。

竞争优势创建设计技术作为一种为企业争得竞争优势的新型设计理论，工程技术人员如果能够较系统地掌握和运用，会给企业在竞争中求得发展带来较大的益处。我们必须充分利用现代的、高科技的创新设计手段和技术来改造传统的产品设计方法，从而提高设计效率和设计质量，开发出更多具有市场竞争能力的、拥有自主知识产权的产品。

2.5　全生命周期设计技术

产品全生命周期管理（product lifecycle management，PLM）一般是指在产品的整个生命周期内管理产品，覆盖了从产品需求分析、概念设计、详细设计、制造、销售、售后服务，直到产品报废回收全过程。近年来，PLM 技术蓬勃发展，相关应用不断出现。管理产品生命周期产生的大数据是 PLM 中关键的一步，它可以提供洞察和激发新产品的创造，并为指导产品制造和服务提供有价值的信息。而数字孪生（digital twin，DT）可以在产品生命周期中紧密集成数据，并不断为公司产生有意义的信息。

2.5.1　概念与发展

1. 产品全生命周期管理

产品全生命周期的概念最早出现在经济管理领域，提出的目的是研究产品的市场战略。经过 50 多年的发展，产品全生命周期的概念和内涵也在不断发展变化，其中最大一次变化发生在 20 世纪 80 年代。并行工程的提出，首次将产品全生命周期的概念从经济管理领域扩展到了工程领域，将产品全生命周期的范围从市场阶段扩展到研制阶段，真正提出了覆盖产品需求分析、概念设计、详细设计、制造、销售、售后服务、产品报废回收全过程的产品生命周期的概念。

进入 21 世纪，人们开始考虑建立一个能够满足产品全生命周期过程中不同领域和开发阶段信息管理与协调的整体解决方案，使产品设计、开发、制造、销售及售后服务等信息能快速流动，并能有效地协同和管理，实现真正意义上的产品全生命周期管理。

2. 数字孪生

DT 是由 Grieves 在 2003 年 PLM 的演讲中首次提出的，虽然 DT 最初的概念是模糊的，它的初步形式包括物理和虚拟产品以及它们的互联。最初，DT 作为一种廉价的手段来模拟美国国家航空航天局火箭的各种情况，而后 DT 的使用范围随着技术进步而逐渐扩大。从相关文献来看，DT 相关技术随着时间的推移经历了指数级增长，其核心思想从"产品的虚拟呈现与建模"发展至"物理资产的数字表示"，它可以沟通、协调和合作制造流程，通过知识共享提高生产力和效率。

DT 是充分利用物理模型、传感器更新、运行历史等数据，集成多学科、多物理量、多尺度、多概率的仿真过程，并在虚拟空间中完成映射，从而反映相对应的实体装备的全生命周期过程。DT 是一种超越现实的概念，可以被视为一个或多个重要的、彼此依赖的装备系统的数字映射系统[21]。

3. DT 视角下的工程 PLM

在工程领域，PLM 被描述为一种从开始到处理的产品全生命周期管理过程。PLM 整合人员、数据、流程和系统，提供产品信息支持。一般而言，工程 PLM 可被划分为 5 个连续的阶段，表 2.1 概括了各个阶段内容。

表 2.1　PLM 各个阶段

工程 PLM 阶段	内容描述
设计阶段（design stage）	整合、描述、创新、分析、验证
制造阶段（manufacturing stage）	生产、建模、优化、个性化
物流阶段（distribution stage）	合作、交付、位置跟踪
使用阶段（usage stage）	评估、操作、重新配置、维护、支持
报废回收阶段（end-of-life stage）	淘汰、回收、处理

2.5.2　工程 PLM 各阶段

1. 设计阶段

在工程 PLM 中，DT 框架和技术以一种响应迅速、动态和全面的方式强化了设计阶段，基于 DT 的设计与生产集成采用 DT 方法实现了产品设计与生产的集成[22]。产品设计是指根据用户使用要求，经过研究、分析和设计，提供产品生产所需的全部解决方案的工作过程[23]。基于 DT 的产品设计是指在产品 DT 数据的驱动下，利用已有物理产品与虚拟产品在设计中的协同作用，不断挖掘产生新颖、独特、具有价值的产品概念，转化为详细的产品设计方案，不断降低产品实际行为与设计期望行为间的不一致性[24]。基于 DT 的产品设计更强调通过全生命周期的虚实融合，以及超高拟实度的虚拟仿真模型建立等方法，全面提高设计质量和效率[25]。

基于 DT 的产品设计框架分为需求分析、概念设计、方案设计、详细设计和虚拟验证 5 个阶段，每个阶段在实物产品全生命周期数据、虚拟产品仿真优化数据，以及物理与虚拟产品融合数据驱动下进行[26]，如图 2.8 所示。

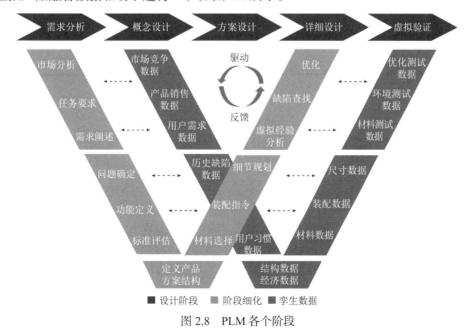

图 2.8　PLM 各个阶段

2. 制造阶段

DT 在制造阶段具有很大的影响力，其新颖性和创新的研究使得生产过程高效、可靠和适应性强。为了更好地应对消费趋势的变化，DT 被用于数字化流程模型。例如，通过引入基于云的制造系统架构实现按需生产，从而实现更好的业务灵活性。对于 DT 在车间的应用，DT 技术能够显著增强网络和物理车间之间的互联和互操作性。

在产品的制造阶段，利用 DT 可以缩短产品导入的时间，提高产品设计的质量、降低产品的生产成本和提高产品的交付速度。制造阶段的 DT 是一个高度协同的过程，通过数字化手段构建起来的虚拟生产线，将产品本身的 DT 同生产设备、生产过程等其他形态的 DT 高度集成起来，实现如下功能。

（1）生产过程仿真。在产品生产之前，就可以通过虚拟生产的方式来模拟在不同产品、不同参数、不同外部条件下的生产过程。实现对产能、效率以及可能出现的生产瓶颈等问题的预判，加速新产品导入的过程。

（2）数字化生产线。将生产阶段的各种要素，如原材料、设备、工艺配方和工序要求，通过数字化的手段集成在一个紧密协作的生产过程中，并根据既定的规则，自动地完成在不同条件组合下的操作，实现自动化的生产过程。同时记录生产过程中的各类数据，为后续的分析和优化提供依据。

（3）关键指标监控和过程能力评估。通过采集生产线上的各种生产设备的实时运行数据，实现全部生产过程的可视化监控，并且通过经验或者机器学习建立关键设备参数、检验指标的监控策略。对出现违背策略的异常情况进行及时的处理和调整，实现稳定并不断优化的生产过程。

3. 物流阶段

生产物流包括企业内部物流（车间物流）和企业外部物流（企业之间物流），是保证企业正常生产、提高生产效率、降低产品成本的关键。DT 生产物流是在孪生数据驱动下，通过物理实体与虚拟模型的真实映射、实时交互、闭环控制，实现生产物流的任务组合优化、运输路线规划、运输过程控制等在物理世界、信息世界和上层物流服务系统之间的迭代运行，从而实现生产过程物流无缝化和智能化的一种新的生产物流运行模式。随着工业企业转向使用工业机器人的智能仓库，DT 被用来提高仓库的安全性和效率。

从安全角度来看，工业机器人是高风险实体，DT 通过帮助管理这些机器人，以减少风险，消除员工疑虑。DT 可以通过提供决策辅助支持和综合结果分析来优化仓库管理系统[27]。在供应链优化方面，通过改进配送过程中的制冷过程和物流，借助 DT 大幅削减了易逝品的损失。

4. 使用阶段

DT 在使用阶段的能力包括预测和设计下一代产品、产品升级和支持制造资产的维护，DT 通过利用智能产品和工具中嵌入的传感器数据分析、操作、重构和维护流程可以得到改进。在知识重新利用和评估、工作流程改进、工厂管理数字化、提高能源和资源利用效率、DT 驱动故障预测与健康管理等方面，DT 技术均有应用[28,29]。

5. 报废回收阶段

报废回收阶段又称逆向物流，这一阶段的目的是通过强调处理、剩余生命预测、智能回收和材料回收，减少对人类和环境的有害影响[30,31]。由于 DT 技术主要应用于制造业，对工程 PLM 方面的分析旨在反映 DT 在处理产品的典型生命阶段中的有效性[32]。

制造业的绿色、社会性、个性化、智能化、服务性等特点已成为未来制造业的发展要求和趋势。PLM 的五个阶段，描述了 DT 技术带来的具体优势，促进了创新和智能制造的增长。DT 仿真建模和实际制造的结合，实现人、机、对象和环境相互连接，打破传统制造中各要素之间的孤立状态，极大地提高制造的智能化水平、效率和灵活性[33]。

2.6　可持续发展产品设计技术

随着我国市场经济的不断发展，产品市场的规模不断扩大，产品的种类更加齐全，产品作为市场经济的重要组成部分和支柱，消费者的选择也趋向多元化。在此背景下，相当一部分产品在设计和使用过程中难免会产生一定的资源浪费，这与国家当前大力提倡的可持续发展战略不相符，因此进行产品可持续设计势在必行[34]。

可持续发展是全球的一个热点问题，它的两个实现机制是"可持续生产"与"可持续消费"。所谓可持续生产是指物质资料的生产、人类自身的生产和环境生产的相互适应、相互平衡的生产。可持续生产的核心是，对每一种产品的产品设计、材料选择、生产工艺、生产设施、市场利用、废物产生和处置等都要考虑到环境保护，都要符合可持续发展的要求。正像污染的源头控制取代污染末端治理一样，可持续生产是污染防治策略的发展和延伸[35]。

2.6.1　可持续发展产品制造技术

1. 可持续发展产品制造技术的概念

在我们的日常生活中，处处离不开产品，产品几乎囊括了社会生活的方方面面，产品种类的日益丰富，也使得产品在使用过程中会产生一定的材料浪费，从长远来看，不利于生态环境的保护。这就给产品设计者提出了更高的要求，在产品设计阶段就要注重产品的可持续设计，从材料到产品的使用周期再到材料回收，都必须综合考虑。通过对产品的可持续设计，可以逐渐转变人们的思维观念，使得可持续发展理念深入人心，从而引导人们改变为更加绿色环保低碳的生活生产方式，为建设生态文明国家奠定基础。对产品进行可持续设计需要进行精细化的分析，注意可持续设计的要点方法，使产品设计在科学合理的前提下体现可持续设计理念[36]。

2. 可持续发展产品制造技术的必要性

（1）消费升级的必然要求。国家对生态环境保护工作越来越重视，节能环保理念也更加深入人心，越来越多的消费者在进行产品购买时都更愿意选择节能环保型产品，这就体现了我们国家的消费结构不断升级，因此对产品进行可持续设计能够满足消费者对绿色产品的消费需求。通过产品可持续设计，可以逐渐淘汰市场上与节能环保理念不相符的产品，从而形成全行业生产可持续产品的潮流。

（2）优化资源配置的必然要求。对产品进行可持续的设计，能够实现对有限资源的优化配置。产品的设计生产过程中，需要消耗大量的生产材料，如果不加以限制，有可能会导致某种资源的枯竭，从而破坏了生态平衡，不利于我国经济绿色可持续发展。因此，将可持续设计融入产品设计与生产的全过程，是进行资源优化配置的必然要求，通过可持续设计，可以实现对生产原材料的回收利用，再通过循环生产的模式，有效提升资源利用率，最大限度减少对生态环境的破坏。

（3）企业可持续发展的必然要求。随着我国对生态环境保护工作的重视，环境保护法也已正式出台，这对众多的生产企业提出了更高的发展要求。企业要想实现可持续发展，就必须摒弃高耗能的产品生产方式，在产品设计上融入可持续设计方法，通过可持续性的产品设计方式直观地体现企业走可持续发展之路的决心。可持续产品设计虽然在短期内可能会增加企业的生产成本，但从长远来看，能够实现企业经济效益和社会效益的统一，最终实现企业的可持续发展。

2.6.2　实现方法

1. 基于"末端治理"理念的可持续性产品设计方法

"末端治理"是指在生产过程的末端，针对产生的污染物开发并实施有效的治理技术，是环境管理发展过程中的一个重要的阶段。它有利于消除污染事件，也在一定程度上减缓了生产活动对环境污染和破坏的趋势。同时，对于可持续设计而言，"末端治理"是其中的重要一环，人们对可持续设计的理解最初仅停留在环境污染层面，这引起人们对环境污染的担忧和生态保护的重视。回归到产品，"末端治理"主要指针对产品达到使用年限时，考虑如何使这些废弃物减少对环境造成的污染和使废弃物变废为宝形成废物再利用[37]。

2. 基于"源头干预"理念的可持续性产品设计方法

随着可持续设计理念的发展，人们意识到要想在现实生活中落实可持续发展，必须从源头上进行干预，即在产品设计的全生命周期都贯彻执行可持续设计的理念。这就要求人们在生产的源头就全局考虑可持续发展的多重因素，即从上游就着手进行"源头干预"。最初的"末端治理"是发生在环境污染和浪费后，人们意识到要注重对环境的保护，避免资源浪费，这在一定程度上取得了相应的效果，但这是一种治标的方法，只是停留在"污染后的干预"，是一种补救措施。设计师意识到只在污染后进行干预，并不能够完全解决污染环境和浪费资源的问题，产品全生命周期的设计理念开始出现并受到重视。人们期待从源头上进行干预，在产品计划阶段，就采用清洁的、可再生的、无污染的原材料；在产品生产阶段，采用全流程的清洁生产方式，避免污染和资源浪费；在产品使用阶段，最大限度地减轻其环境负荷；在产品达到使用年限报废时，还能将零部件材料再次利用,实现全产业链的永续循环,从而形成一个无垃圾、无污染、可再生的"永续循环"的生产闭环。

3. 基于"共享服务"的可持续性产品设计方法

可持续设计倡导人与生态环境和谐共处,从而促成全社会的永续发展。资源是有限度的,但是资源消耗的速度却远远高于其再生速度,有些资源甚至不可再生,有些浪费不可逆转,因此可持续设计理念倡导适度生产、适度消费。适度生产就是满足用户需求的生产,避免生产过剩而造成资源的浪费;适度消费指根据自身需求进行合理消费,不要盲目购买,盲目"占有",提倡"使用"而非"占有"。消费者购买产品的最终目的并非得到实体的产品本身,而是为了获得产品提供的服务。随着经济的发展,发达国家从工业经济转向服务经济,设计领域随之导入了服务设计。这些服务设计,不仅满足了用户需求,还顺应了节约能源、保护环境、社会和谐的可持续发展。提倡一种以享受服务为最终目的的"共享"消费理念,即人人都能享受到某件产品所带来的服务,从某种意义上而言,产品设计的重点并非产品本身,而是设计产品的服务过程。产品服务系统设计以物质产品为基础,以用户需求满足为中心,旨在创造一种用户、企业、环境等方面多元共赢的"服务"模式,该多元共赢的"服务"模式,符合可持续发展的要求。

2.7 测 试 性

产品的制造越容易实现,得到的产品越好、成本越低。为了帮助设计人员了解利用各种工艺知识来改进零件、装配体和整个产品的设计,X 技术被设计开发用以捕捉专家知识,帮助设计人员进行分析和再设计。

设计人员可能熟悉术语"X 设计",其中 X 是与设计相关的特定区域。X 的示例可以是制造、保养、环境、重复使用、处理回收、生命周期以及试验等。可以看出,除生命周期外,"设计"计划是仅涉及产品全生命周期的一个元素,而设计人员应考虑从制造到处置的整个产品生命周期的设计。好的设计往往会帮助降低生产制造成本,并且更容易生产出好的产品。X 设计的分类如表 2.2 所示[38],虽然现在应用最为广泛的是装备设计(DFA)和制造设计(DFM),但是测试设计的重要性仍然是不容忽视的。而在产品设计阶段,产品的测试性就应该被考虑到[39]。

表 2.2　X 设计的分类

缩写	全称
DFA	design for assembly
DFM	design for manufacturing
DFS	design for safety
DFT	design for test
DFI	design for installability
DFQ	design for quality
DFR	design for redesign

2.7.1　定义及特点

测试性也被称为可测试性，测试性有别于测试。测试是指对产品按照规定的程序确定一种或多种特性、性能的技术操作，而测试性是指产品（系统、设备等）能及时、准确地确定其状态（可工作、不可工作或性能下降程度），并隔离其内部故障的一种设计特性。测试性作为系统和设备的一种便于测试和诊断的重要特性，是为满足产品研制和使用过程中对测试的要求而提出的特性[40]。

测试性起源于人们对测试在产品设计、制造和使用中重要性的认识。测试影响着产品的开发、制造成本和投入市场的时间，也影响着产品的使用成本，其中测试费用约占产品成本的 30%，占产品开发成本的 40%～50%。与产品的功能设计与制造相比，测试的难度和时间往往花费更多[40]。

测试性是系统和设备的一种便于测试和诊断的重要设计特性，是设计赋予产品的一种固有属性。测试性对现代武器设备及各种复杂系统特别是对电子系统和设备的维修性、可靠性和可用性有很大影响。具有良好测试性的系统和设备，可以及时、快速地检测和隔离故障，提高执行任务的可靠性和安全性，减少系统的使用维护费用[41]。

测试性作为系统和设备便于测试和诊断的重要设计特性，能够及时并准确地确定产品状态（可工作、不可工作或性能下降），具备如下特点[42]。

（1）设计特性。测试性是一种设计特性，是需要在产品的设计中予以考虑并实现的特性，因此提高测试性的重点是改进产品的设计。由于在测试性的定义中没有限定所采用的技术方法，因此产品的设计应该面向具体的使用需求来开展。针对不同的使用需求，相同的设计特性所对应的测试性表现并不相同。

（2）状态确定能力。测试性的目标之一是能够确定产品的状态或者运行状态，定义中对状态的可能情况进行了简单的描述，如可工作、性能下降、不可工作等，但并不限于这些类别。

（3）故障隔离能力。测试性的另一目标是对产品内部故障进行隔离，故障隔离需要将故障确定到产品内部可更换单元上。

（4）效率高。测试性应该实现高效率的状态确定和故障隔离，具有及时、准确和高效等约束内容。

（5）适用于电气、电子、机械和软件。测试性设计不仅适用于电子产品还可以用于电气、机械、软件等产品及其组合产品。

2.7.2　国内外研究现状

1. 国外研究现状

国外的测试性技术研究主要由大型航空公司和军火生产企业发起，大型航空公司（如波音公司、休斯公司等）在测试性自动化设计和测试性应用研究等方面都发挥了重要作用，并且成功地把最先进的测试性理论、技术和方法应用到生产各种军、民用飞机中，其理论和技术都代表了世界领先水平。在指南标准制定方面，最早，美国航空无线电通讯公司制定了《BITE 设计和使用指南》和《机载维修设计指南》，美国国防部和美国军方先后颁发了《电子系统和设备测试性大纲》《系统和设备测试性大纲》和《系统和设备测试性手册》；2001 年至今，IEEE 的测试技术委员会制定了一系列机构化可测试性设计标准[43]。

2. 国内研究现状

在国内，测试性是装备研制"四性"的要求之一，新研发装备都明确规定了测试性要求。承制方依据测试性要求制定测试性设计与分析指南、设计分析报告编写要求等指导文件，并对重要系统和设备都分配具体指标要求。所有对测试性有要求的成品都开展了不同程度的 BIT（built-in test，内置测试）设计分析工作，其中电子类产品的 BIT 设计与分析效果较好，这些产品一般都考虑了诊断方案、设计周期 BIT、上电 BIT 和启动 BIT 功能，进行故障检测率和隔离率的预计。而且多数成品考虑了降虚警措施、设置了测试点和外部测试接口，在研制的不同阶段，与可靠性、维修性评审一起进行了测试性评审，有的还进行了一定的 BIT 功能检验工作。

总体上讲，国内的测试性从管理体系到技术还不成熟，大多数单位管理机构与具体设计实施脱节，存在"两张皮"的现象。技术上对系统化设计考虑不足，首先是没有基于维修测试结构层面的设计要求来规范具体装备的测试性设计，其次缺乏测试性设计辅助手段和工具进行复杂的测试性设计与分析，最后缺乏有效的测试性验证方法和手段对测试性设计指标（如故障检测率、故障隔离率、虚警率等）进行考核和验证确认。这些问题的存在不仅影响了测试性的真正实施、导致测试性工作流于形式，而且使得测试性审查验证工作基本没有开展，从而导致装备批量交付后在使用过程中存在风险。

参 考 文 献

[1] 贾洪波, 倪飞. 论 CAD 在机械设计中的应用及机械制造技术的新发展[J]. 造纸装备及材料, 2021, 50(4): 101-103.

[2] 任思杰, 郭术义, 杨赛, 等. 机械 CAD 技术的发展及应用[J]. 农机使用与维修, 2021(1): 53-54.

[3] 钱书华, 陈俊涛, 曹湘捷. 浅谈常用二维 CAD 软件特点[J]. 煤矿机械, 2002, 23(2): 49-50.

[4] 刘李梅, 解青. 三维 CAD 软件浅析[J]. 机械管理开发, 2011, 26(2): 205-206.

[5] Kim D, Park J, Ko K H. Development of an AR based method for augmentation of 3D CAD data onto a real ship block image[J]. Computer-Aided Design, 2018, 98: 1-11.

[6] Fougères A J, Ostrosi E. Intelligent agents for feature modelling in computer aided design[J]. Journal of Computational Design and Engineering, 2018, 5(1): 19-40.

[7] Ameersing Luximon, Yan Luximon. Chapter 19 - New Technologies: 3D Scanning, 3D Design, and 3D Printing[M]//Ameersing Luximon. Handbook of Footwear Design and Manufacture. 2nd ed. London: Woodhead Publishing, 2021: 477-503.

[8] 龙腾, 刘建, 孟令涛, 等. 多学科设计优化技术发展及在航空航天领域的应用[J]. 航空制造技术, 2016, 59(3): 24-33.

[9] 马明旭, 王成恩, 张嘉易, 等. 复杂产品多学科设计优化技术[J]. 机械工程学报, 2008, 44(6): 15-26.

[10] Zadeh P M, Shirazi M A S. Multidisciplinary design and optimization methods[M]//Metaheuristic Applications in Structures and Infrastructures. Amsterdam: Elsevier, 2013: 103-127.

[11] Martins J R R A, Lambe A B. Multidisciplinary design optimization: A survey of architectures[J]. AIAA Journal, 2013, 51(9): 2049-2075.

[12] 王奕首, 史彦军, 滕弘飞. 多学科设计优化研究进展[J]. 计算机集成制造系统, 2005, 11(6): 751-756.

[13] de Wit A, van Keulen F. Overview of methods for multi-level and/or multi-disciplinary optimization[C]// 51st AIAA/ASME/ASCE/AHS/ASC Structures, Structural Dynamics, and Materials Conference< BR> 18th AIAA/ASME/AHS Adaptive Structures Conference
 12th. Orlando, Florida. Reston, Virigina: AIAA, 2010: AIAA2010-2914.

[14] Harmon P. Strategy, value chains, business initiatives, and competitive advantage[M]//Business Process Change. Amsterdam: Elsevier, 2014: 27-51.

[15] 许乃尘. 面向市场竞争的优势设计[J]. 制冷空调与电力机械, 2001, 22(2): 12-18.

[16] 王雪雁, 滕启, 冯申汉, 等. 试论优势设计技术[J]. 起重运输机械, 2005(6): 14-15.

[17] 黄继英, 姜帆. 论竞争优势创建设计技术[J]. 起重运输机械, 2006(3): 30-33.

[18] 刘同海, 刘翠琴, 刘光华. 谈谈市场机制下的优势设计[J]. 衡器, 2002, 31(2): 4-6.

[19] 滕启, 王科社, 张志强, 等. 现代设计技术的研究与综述[J]. 北京机械工业学院学报, 1999(3): 39-43.

[20] Zhou Y, Fan C X. Research on the analysis of user-oriented image product form factors and advantage design[C]//2015 International Conference on Applied Mechanics and Mechatronics Engineering (AMME 2015),2015.

[21] Rojek I, Mikołajewski D, Dostatni E. Digital twins in product lifecycle for sustainability in manufacturing and maintenance[J]. Applied Sciences, 2020, 11(1): 31.

[22] Guo F Y, Zou F, Liu J H, et al. Working mode in aircraft manufacturing based on digital coordination model[J]. The International Journal of Advanced Manufacturing Technology, 2018, 98(5): 1547-1571.

[23] Schleich B, Anwer N, Mathieu L, et al. Shaping the digital twin for design and production engineering[J]. CIRP Annals, 2017, 66(1): 141-144.

[24] Tao F, Zhang M. Digital twin shop-floor: A new shop-floor paradigm towards smart manufacturing[J]. IEEE Access, 2017, 5: 20418-20427.

[25] Schluse M, Priggemeyer M, Atorf L, et al. Experimentable digital twins: streamlining simulation-based systems engineering for industry 4.0[J]. IEEE Transactions on Industrial Informatics, 2018, 14(4): 1722-1731.

[26] Dias-Ferreira J, Ribeiro L, Akillioglu H, et al. BIOSOARM: A bio-inspired self-organising architecture for manufacturing cyber-physical shopfloors[J]. Journal of Intelligent Manufacturing, 2018, 29(7): 1659-1682.

[27] Tan Y F, Yang W H, Yoshida K, et al. Application of IoT-aided simulation to manufacturing systems in cyber-physical system[J]. Machines, 2019, 7(1): 2.

[28] Tao F, Zhang H, Liu A, et al. Digital twin in industry: State-of-the-art[J]. IEEE Transactions on Industrial Informatics, 2019, 15(4): 2405-2415.

[29] Xia T B, Xi L F. Manufacturing paradigm-oriented PHM methodologies for cyber-physical systems[J]. Journal of Intelligent Manufacturing, 2019, 30(4): 1659-1672.

[30] Govindan K, Soleimani H. A review of reverse logistics and closed-loop supply chains: A Journal of Cleaner Production focus[J]. Journal of Cleaner Production, 2017, 142: 371-384.

[31] Lu Y G, Min Q F, Liu Z Y, et al. An IoT-enabled simulation approach for process planning and analysis: A case from engine re-manufacturing industry[J]. International Journal of Computer Integrated Manufacturing, 2019, 32(4/5): 413-429.

[32] Wang X V, Wang L H. Digital twin-based WEEE recycling, recovery and remanufacturing in the

background of Industry 4.0[J]. International Journal of Production Research, 2019, 57(12): 3892-3902.

[33] Popa C L, Cotet C E, Popescu D, et al. Material flow design and simulation for a glass panel recycling installation[J]. Waste Management & Research, 2018, 36(7): 653-660.

[34] 刘叶.产品可持续设计要点分析[J]. 今日财富, 2019(2): 215.

[35] 余森林, 喻娇. 可持续性产品设计的创新方法与案例解析[J]. 包装工程, 2018, 39(12): 15-19.

[36] Angeli F, Metz A, Raab J. Organizing for Sustainable Development: Addressing the Grand Challenges[M]. London: Routledge, 2022.

[37] Saravanan A, Kumar P S, Jeevanantham S, et al. Effective water/wastewater treatment methodologies for toxic pollutants removal: Processes and applications towards sustainable development[J]. Chemosphere, 2021, 280: 130595.

[38] Elizabeth Goodman, Janet Vertesi. Design for X[P]. Human Factors in Computing Systems, 2012.

[39] Jack H. Universal design topics[M]//Engineering Design, Planning, and Management. Amsterdam: Elsevier, 2013: 323-380.

[40] Mital A, Desai A, Subramanian A, et al. The significance of manufacturing[M]//Product Development. Amsterdam: Elsevier, 2014: 3-19.

[41] Simmons C H, Phelps N, Maguire T L D E. Design for manufacture to end of life[M]//Manual of Engineering Drawing. Amsterdam: Elsevier, 2012: 15-17.

[42] 何开锋, 刘刚, 张利辉, 等. 航空器带动力自主控制模型飞行试验技术研究进展[J]. 实验流体力学, 2016, 30(2): 1-7.

[43] 王新玲, 张毅, 杨冬健. 测试性技术发展现状及趋势分析[C]//2014 航空试验测试技术学术交流会论文集, 2014: 360-362, 372.

第3章　先进制造工艺技术

3.1　引　　言

制造业是现代国民经济和综合国力的重要支柱，在国民经济建设、社会进步、科技发展与国家安全中占有重要战略地位。随着越来越激烈的市场竞争，制造业的经营战略不断发生变化，生产规模、生产成本、产品质量、市场响应速度相继成为企业的经营核心。为此，要求制造技术必须适应这种变化，并形成一种高效灵活的制造工艺技术。

制造工艺是指改变原材料的形状、尺寸、性能或相对位置，使之成为成品或半成品的方法和技术，由原材料和能源的提供、毛坯和零件成形、机械加工、材料改性与处理、装配与包装、质量检测与控制等多个工艺环节组成。与传统制造工艺相比，先进制造工艺可极大地提高劳动生产率，显著降低操作者的劳动强度和生产成本。同时，先进制造工艺可大幅节省原材料和降低能源消耗，减少污染排放，甚至可做到污染物零排放。

近年来，先进制造技术取得了重大进展，改变了制造业，并推动了各个行业的创新[1]。当前，增材制造、机器人和自动化等先进制造技术已在航空航天、汽车、医疗保健和消费电子等行业得到广泛应用；制造过程的数字化使生产系统的实时监控、预测性维护和优化成为可能；减少能源消耗、减少废物产生和使用环保材料的技术和实践正变得越来越重要；制造商、技术提供商和研究机构等利益相关者之间的协作越来越紧密。未来，先进制造技术的连接性、智能化、定制化和可持续性的增强，物联网、人工智能、增强现实/虚拟现实和先进材料等新兴技术的整合将重塑制造业格局，实现敏捷和有弹性的生产系统。

先进制造工艺技术是制造工艺的核心部分，可被细分为精密加工工艺、金属焊接及切割技术、清洁节能处理技术、现代特种加工工艺、3D 打印技术、柔性电子器件制造技术、微机电器件制造技术以及芯片制造技术等，如图 3.1 所示，本章将对上述工艺技术的基本定义、工艺流程等方面展开介绍。

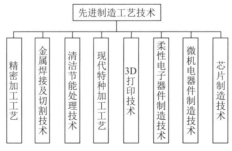

图 3.1　主要先进制造工艺技术

3.2　精密加工工艺

3.2.1　熔模精密铸造成形工艺

精密铸造又称熔模精密铸造，是一种用熔模制取精密铸件方法和原材料利用率高的近净成形技术[2]。精密铸造成形的一般流程为：使用易熔性模料如石蜡或塑料制成铸件模型；在模型上多次涂附耐火涂料，形成一定厚度的型壳；经过干燥固化，用热水、蒸汽或其他加热方式熔掉模型而得到复制模型的型壳；型壳经过高温焙烧注入金属液，待金属液凝固后脱去型壳，得到所需的铸件。

熔模精密铸造特别适用于制造结构复杂、尺寸精确、表面光洁的高熔点合金薄壁铸件和整体铸件，特别是制造喷气发动机的涡轮叶片、整体涡轮和导向器等零构件，它是航空航天等领域高附加值精密部件的重要生产技术。图 3.2 为使用熔模精密铸造工艺所制造的金属部件。生产实践表明，模样的质量主要受蜡料性能以及成形工艺的影响，因此模样的制备是熔模精密铸造的第一个环节，模样质量的优劣会直接关系铸件的品质。熔模精密铸造中的核心问题包括熔模、型壳和型芯的制作，保证熔体纯净度、均匀性和流动性的熔炼及浇注。

图 3.2　熔模精密铸造的金属部件

熔模铸造工艺既有优点也有缺点，其优点主要有：铸件尺寸精度高，尺寸精度可达 CT4-7，尺寸公差可小于±0.005cm/cm，表面质量好，表面粗糙度可达 Ra1.25μm，可大幅减少切削加工余量，甚至能实现无余量铸造，减少金属材料的消耗；适合铸造结构复杂、壁厚薄、孔径小、使用其他方法难以制造的铸件，其能铸造的最薄壁厚为0.5mm，最小孔径为 0.5mm；并且合金材料不受限制，特别适合难以切削、锻造或焊接加工的合金材料。

熔模铸造工艺的缺点：熔模铸造工艺过程复杂，导致生产效率低、生产周期长；冷却速度慢导致晶粒粗大，同时碳钢件容易发生表面脱碳，都会影响铸件的力学性能；型壳透气性较差，需要用真空吸铸等方法来弥补铸件的浇注不足和气孔缺陷；不环保，采用水玻璃型壳，氨气会污染环境，蜡基模料回收复用会产生氯气。

熔模精密铸造技术对航空航天等先进工业十分重要，但相关工艺和技术仍存在一定的局限和不足。价格低的高品质模料的开发，清洁化、低成本、自动化、普适性强、模料回收率高的脱模工艺的开发，价格低廉但化学性质稳定的耐火材料、无毒无害的黏结剂的开发仍是熔模精密铸造工艺发展需要重点攻克的关键问题。

3.2.2　精密高效塑性成形工艺

精密高效塑性成形工艺技术是先进制造链中的一项基础技术，是指包括等温模锻、挤压、气压成形、真空成形、模压成形、锻造、冲压、轧制及其他以材料发生永久变形为特点的材料加工技术。从某种意义上来讲，塑性加工过程是在一定外力（载荷）和边界条件，如加载方式、加载速度、约束条件、几何形状、接触摩擦条件、温度场等的作用下对材料进行"力"处理和"热处理"的过程，从而使材料发生几何形状的变化（成形）与组织性能的变化。精密高效塑性成形工艺综合控制从坯料到最终零件的变形过程，获得零件的复杂形状、修改其微观组织、提高其力学性能，最终实现形状成形和性能裁剪的一体化制造，图 3.3 显示了轧制、锻造、挤压、拉拔这四种工艺的基本过程。

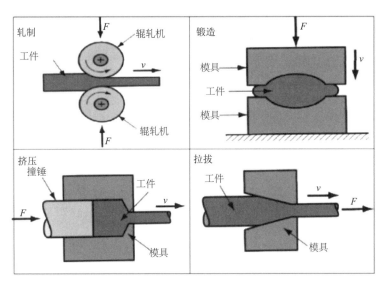

图 3.3　轧制、锻造、挤压、拉拔的基本过程

塑性加工具有高产、优质、低耗等显著特点，已成为当今先进制造技术的重要发展方向。通过与计算机辅助设计优化、数控加工、激光成形、人工智能、材料科学和集成制造交叉，精密高效塑性成形工艺发展速度显著加快，此外制造业的广泛需求为塑性加工新工艺和新设备的发展提供了强大的原动力。

1. 基于计算机辅助设计优化的塑性成形工艺

塑性成形既要提高所选材料的成形潜力，又要保证产品质量的高重复性和稳定性。然而在塑性成形过程中，材料性能、模具性能、成形条件、加工工艺、设备选择的因素将会决定最终零件、工艺和整个成形系统的性能。这些因素与成形加工元件的量产密切相关，在产品的全生命周期中还存在着时空不确定性及其传递性，从而导致单一成形过程在材料、几何、载荷、相互作用等方面存在不确定性，这些不确定性在以往的塑性加工中难以控制，严重影响了制造过程的稳定性。随着塑性成形技术的发展，塑性成形设计优化的精度与效率的平衡问题日益突出，已成为制约设计优化理论和技术在实践中应用的瓶颈。

采用计算机辅助设计优化方法，结合不同的样本选择、数值建模和优化算法，可以产生不同效率和精度的优化结果。塑性成形向智能制造的发展趋势，开发计算机辅助设计具有自动化、网络化和智能化的特点。计算机可以将神经网络模型与依赖速率的晶体塑性有限元模型相结合，预测塑性材料在单轴拉伸和简单剪切下的"应力-应变"行为和织构演化。计算机辅助设计将设计优化的目标由宏观参数向宏微观耦合参数转变，使得塑性成形技术可以满足具有形状成形和性能裁剪两方面的要求，从而导致精密成形的精度越来越高。

2. 基于改变塑性的塑性成形工艺

为解决金属材料在常温下塑性较差、成形困难的问题，基于改变材料塑性的新技术应运而生。金属等温塑性成形方法是改变塑性最具代表性的一种新技术，它是通过模具和坯料在变形过程中保持同一温度来实现的，从而避免了坯料在变形过程中温度降低和表面激冷的问题。除了金属等温塑性成形方法，还有利用超塑性加工的精密高效塑性成形。超塑性是指材料在一定的内部组织条件（如晶粒形状、尺寸、相变等）和外部环境条件（如温度、应变速率等）下，呈现出异常低的流变抗力和异常高的伸长率现象。钛合金被称为"自然的"超塑性材料，因为它使工业板材超塑性成形时无需任何特殊的结构准备；超塑性多晶材料在破坏前以普遍的各向同性的方式展现出非常高的拉断伸长率的能力；当组织较细时，钛合金也能具有良好的超塑性[3]。

超塑性成形是制备复合钛合金的有效途径，超塑性加工也在新型塑性加工中得到广泛应用，大型复杂构件的成形涉及巨大的成形载荷、大的不均匀变形以及伴随而来的复杂组织演化。变形不均匀通常是由产品本身存在缺陷、成形极限、精度降低以及成形过程的复杂性造成的。超塑性加工方法通过控制不均匀变形、减小成形载荷、增大成形尺寸、减少缺陷、提高成形极限和精度等手段，为形成大型复杂构件提供了一种可行的方法。

3. 基于复合方式的精密高效塑性成形工艺

基于复合方式的塑性成形新技术是技术融合的产物，例如，连续挤压、连续铸挤、连续铸轧等技术。连续挤压技术巧妙地将在压力加工中通常做无用功的摩擦力转化为变形的驱动力和使坯料升温的热源，从而连续挤出制品。连续铸挤是在连续挤压技术的基础上发展起来的，是将连续铸造与连续挤压结合为一体的新型连续成形方法。

激光的应用为塑性加工提供了新的方法，激光热应力成形工艺利用激光扫描金属薄板时，在热作用区域内产生强烈的温度梯度，引起超过材料屈服极限的热应力，使板料实现热塑性变形。激光冲压成形是在激光冲击强化基础上发展起来的一种全新板料成形技术，其基本原理是利用高功率密度、短脉冲的强激光作用于金属板料表面上，使其气化电离形成等离子体，产生向金属内部传播的强冲击波。冲击波压力远远大于材料的动态屈服强度，从而使材料产生屈服和冷塑性变形。

3.3　金属焊接及切割技术

焊接与切割是制造业的基础加工工艺、是工程机械生产过程中的关键技术，它们决定工程机械整机的安全性与可靠性。随着装备制造业技术创新的深入推进，焊接与切割工艺也越来越完善，焊接智能化、激光切割和等离子体下料复合加工等先进技术的应用，不仅能够在很大程度上提升工程机械产品的焊接质量，而且还有力地推动了工程机械行业的发展。

3.3.1　金属切割

切割是将物体分割开，用机床切断或利用火焰、电弧烧断金属材料。切割是应用广泛的基础工艺之一，尤其是在工程机械制造行业，切割工作量占很大的比重，切割的效率和质量将直接影响生产的效率和质量。常用的切割方式有激光切割、等离子弧切割、高压水射流切割等。

激光切割是利用经聚焦的高功率激光束照射工件，使被照射处的材料迅速熔化、气化、烧蚀或达到燃点，同时借助光束同轴的高速气体流吹除熔融物质，从而割开工件的一种切割方法[4]。激光切割具有诸多优点：切割质量好，切割面光洁美观，切口宽度窄，热变形小；切割效率高，可实现高速切割，切割速度可达到每分钟数十米；易实现自动控制，可切割任意形状、尺寸的板材；几乎可切割任何金属和非金属材料。

等离子弧切割是利用高温等离子电弧的热量使工件切口处的金属局部熔化，并借助高速等离子的动量排除熔融金属以形成切口的一种加工方法，如图 3.4 所示。它可以实现对厚度较大板材的切割，并且可以保障切割面的光洁程度，同时有效降低热变形。通常情况下，应用等离子弧切割方式，其加工精度可以控制在 1mm 之内。

高压水射流切割是利用水或水中加添加剂的液体，经水泵至增压器，再经储液蓄能器使高压液体流动平稳，最后由人造蓝宝石喷嘴形成高速液体束流，喷射到工件表面，去除材料的切割方法。射流速度是声速的 1～3 倍。高压水射流切割具有加工精度较高、切边质量较好、工件切缝很窄、无灰尘、无污染等优点。

放电线切割又称为线材放电加工，是一种电火花腐蚀工艺，它能够使得导电工件产生复杂的二维和三维形状。线切割工艺通过电火花的放电产生的热达到金属材料的熔点后，以熔解的方式来切割金属材料使其分离。使用电火花线切割技术，可以对难以加工的金属制作复杂的切口，而无须使用高成本的磨削或昂贵的成形电火花加工电极。

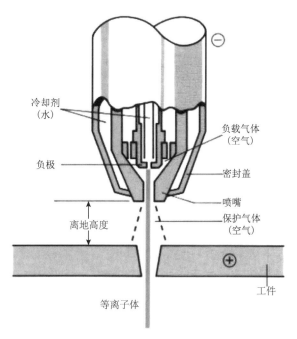

图 3.4　等离子弧切割工艺

3.3.2　金属焊接

　　焊接就是通过加热、加压或两者并用，使工件结合的方法。为了获得牢固的结合，在焊接过程中必须使被焊件彼此接近到原子间的力能够相互作用的程度。为此，在焊接过程中，必须对需要结合的地方通过加热使之熔化、加压或先加热到塑性状态后再加压，使之造成原子或分子间的结合与扩散，从而达到不可拆卸的连接。常用的优质高效焊接方法有电子束焊接、超声波焊接、激光焊接、电弧增材制造、机械自动化焊接、智能化焊接机器人等[5]。

　　电子束焊接是指在真空条件下，利用从电子枪中发射的电子束在高电压加速下通过电磁透镜聚焦成高能量密度的电子束来轰击工件，使工件材料局部熔化实现焊接。

　　超声波焊接是利用高频振动波传递到两个需焊接物体的表面，在加压的情况下使两个物体表面相互摩擦而形成分子层之间的熔合，如图 3.5 所示。超声波焊接用于汽车、航空航天和电子行业，可替代黏合剂黏合、电阻焊接、机械紧固等方法。

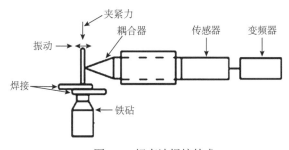

图 3.5　超声波焊接技术

激光焊接是利用能量密度很高的激光束聚焦到工件表面,使辐射作用区表面的金属烧熔黏合而形成焊接接头的焊接方法。与传统焊接技术相比,激光焊接具有能量密度集中并可调控、不与焊接的工件产生接触、焊接效率高、焊缝窄和强度高等优点。激光焊接技术经过多年的研究和发展,其应用涵盖了汽车、油气管、船舶、航空航天、电车设备等装备制造业领域,并不断向更多材料加工终端领域扩展。

电弧增材制造以电弧为载能束,采用逐层堆焊的方式制造金属实体构件。该技术主要是基于钨极惰性气体保护(tungsten inert gas welding,TIG)焊、熔化极惰性气体保护(melt inert-gas arc welding,MIG)焊和埋弧(submerged arc welding,SAW)焊等焊接技术发展而来的,该技术具有成形效率高和成本低等优点。在解决大型复杂构件方面有其独特的优势,成形构件由全焊缝构成,其化学成分均匀,致密度高。尽管应用广泛,但其存在成形件精度难以控制、组织性能较差等问题。

机械自动化焊接技术是先进生产技术最重要的代表,不但能够解决传统焊接技术存在效率不高、质量不佳的问题,同时也可以让机械制造业发展的效果变得更加优质。机械自动化焊接技术所涉及的关键内容有机械技术、传感技术、自动控制技术以及系统技术。

焊接机器人是机械技术的主要设备,在机器人推广应用及智能制造需求的背景下,实现焊接过程的状态监测及检测,对提高焊接质量稳定性及推动焊接智能制造具有重要意义。焊接机器人可与 3D 视觉自动抓取、RFID 和自动物流等各项先进技术融合,构建智能、柔性、全自动、信息化的高效率生产线,从而适应多种类工件共线生产的需求。

在我国可持续发展战略要求下,焊接与切割等关键技术将会朝着绿色化、节能化以及环保化的方向发展,同时在科技进步的背景下,焊接与切割技术还将朝着智能化以及数字化的方向发展。智能化焊接电源、焊接专机、焊接机器人以及激光焊接等技术与设备会得到更加广泛的应用和发展。

3.4　清洁节能处理技术

金属材料热处理技术的优质化、低耗化以及绿色化越来越受到关注,它对促进金属材料各方面性能的提升起着至关重要的作用。材料经过热处理后制作成的金属零件的使用寿命将延长,从而实现节能减排、绿色环保的理念。传统的热处理技术可归纳为"加热-保温-降温"三个流程,但如果要实现热处理技术的优质、低耗、绿色化,就需要考虑一些新的热处理工艺。新的热处理工艺需在材料力学性能的基础上综合考虑工艺、性能、组织三者间的关系。

表面工程技术是通过运用各种物理、化学、机械等工艺方法来改变基体材料表面形态、化学成分、组织结构和应力状况,以获得表面所需性能的系统工程。表面工程技术最突出的技术特点是无须改变整体材质,就能获得本体材料所不具备的某些特殊性能。表面工程技术在节约材料和保护环境方面应用广泛,是节能、节材和挽回经济损失的有效手段。

3.4.1　优质低耗洁净热处理技术

热处理是指金属材料通过一系列的热处理手段，改变性能与性质，以此提高金属性能，包括：加热处理方式、保温处理方式和降温处理方式。金属材料通过热处理，可将表面的硬度增强。热处理技术的应用能够提升金属材料的柔韧性、增强金属材料的抗磨损性与抗疲劳性。表 3.1 显示了目前较为先进的热处理技术方法以及它们之间的对比，这些方法有化学加工技术、计算机仿真技术、激光处理工艺技术、真空处理技术、振动时效处理技术以及超硬涂层技术[6]。

表 3.1　先进热处理技术

热处理技术	方法特点	优势
化学加工技术	薄层渗透、无须深层处理金属材料	提升效率、降低能耗、避免污染、提高材料的使用寿命
计算机仿真技术	CAD 模拟仿真、预见热处理效果和热处理过程	提前分析热处理中可能出现的问题、节能减排效果较好
激光处理工艺技术	激光切割	提升金属材料强度；可以与计算机结合
真空处理技术	真空环境处理	热处理效率与质量提升，防止金属表面氧化
振动时效处理技术	振动处理	有效控制计算机设备，降低成本、缩短生产周期
超硬涂层技术	工件表面添加高硬度涂层	很大程度上提升金属材料硬度

1. 化学加工技术

这一工艺指的是薄层渗透方案，该工艺在所处理金属材料表层结构上覆盖一层适当成分的化学薄膜，以实现对金属材料自身柔韧性、硬度系数等性能的优化改善，并采用薄膜渗透形式逐渐对金属材料表面形态加以转变与改善，最终达到改善金属材料性能、降低加工损耗、提高金属材料实际利用率的处理目的。随着我国科学技术的进步，化学热处理薄层渗入技术在金属材料热处理领域得到了广泛的应用，该技术能够改善金属表面性能，不需要深入进行金属表层处理。但是如果深入过度，会导致金属性能出现转变、资源浪费、也会导致金属材料的优越性能降低、加重污染、增加生产成本。

2. 计算机仿真技术

该技术在金属材料加工工艺、加工技术方面的应用，属于金属材料加工领域的重要内容。通过借助 CAD 软件能够进行智能管理，实施智能控制，在 3D 仿真技术支持下，能够模拟实现新技术、新工艺，CAD 软件可复原处理金属材料，完善热加工技术。在计算机软件上能够研究、分析热加工步骤内的问题，确保实际加热工作热处理措施更加科学与合理。CAD 软件技术能够预见热处理效果、热处理过程，能够分析热处理中可能出现的问题，结合出现的问题，制定相应的解决措施。

3. 激光处理工艺技术

激光本身穿透性较强，金属材料本身外表坚硬、不利于物理加工，借助激光切割方式可实现相应的工作，激光对金属材料热处理应用优势显著。激光热处理工艺技术，能够加强金属材料的硬度，且工艺与技术能够与计算机数控技术密切结合，借助计算机编程可实现精准控制激光轨道，以提升金属材料热加工工艺与热加工技术的质量和加工精度。

4. 真空处理技术

在真空环境内，很多常规热处理技术可顺利进行，能够将热处理效率与质量提升，促使金属表面更加光滑。这类技术的应用可以节省时间，实现从预热到保温过程的合理控制，有效地减少反应时间；可以确保金属材料性能，避免高温引发材料结构损坏；还可以避免金属材料氧化，确保金属材料性能稳定，但该技术成本较高。

5. 振动时效处理技术

振动时效处理是工程材料常用的一种消除其内部残余内应力的方法，对稳定零件的尺寸精度具有良好的作用（图 3.6）。该技术通过振动的形式给工件施加一个动应力，当动应力与工件本身的残余应力叠加后，达到或超过材料的微观屈服极限时，工件就会发生微观或宏观的局部、整体的弹性塑性变形，同时降低、均化工件内部的残余应力，最终达到防止工件变形与开裂，稳定工件尺寸与几何精度的目的。

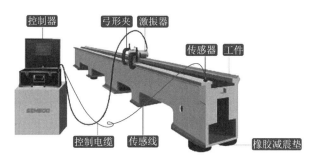

图 3.6　振动时效处理技术

6. 超硬涂层技术

以物理或化学方法在工件表面制备超硬膜的技术，称为超硬涂层技术，如金刚石薄膜、立方氮化硼薄膜等。该技术能够提升工件表面的强度与硬度，提高工具的使用寿命。借助设备和计算机技术能够提升生产效率，以此发挥节能减排、绿色环保的作用。

3.4.2　优质清洁表面工程新技术

表面工程涉及材料科学、冶金学、机械学、电子学、物理学、化学、生物学、摩擦学等基础学科，为工业生产、医疗健康、节能减排、环境保护等方面做出了重要贡献[7]。

现代工业的发展对各种设备零部件表面性能的要求越来越高，材料的失效，如疲劳、磨损、腐蚀、氧化、烧损、辐射损伤等，一般都是从表面开始的，表面的局部损坏会造成整个零件失效最终导致设备停产。由表面失效带来的破坏和损失巨大，据世界摩擦学会统计，摩擦损失占世界性一次能源的 1/3～1/2，磨损给工业国家带来的损失可达国民生产总值的 2%～8%。中国机械工业每年所用钢材，约有 1/2 消耗在设备生产上，备件中的大部分是由于磨损寿命不高而失效的。在医学植入手术中，体外植入体为保证材料生物相容性、机械力学性能等原因，必须在植入人体之前进行表面改性处理。集成电路电子产品在生产过程中采用表面技术对半导体进行改性，是集成电路制造前的一道重要工艺程序。因此加大表面工程研究发展力度，对延长产品使用寿命、增强产品质量意义重大，同时还可以通过表面工程赋予原材料基体不具备的功能属性，以此实现产品更大范围的应用场景，同时有利于资源利用和节能减排。

相比传统的表面工程技术，现代先进表面处理技术对优质清洁提出了更高的要求，对节能环保提出了更高的要求。因此，除了对原有表面工程进行动力来源、原材料利用、污染废料的排放等方面的优化改进之外，一批新型的优质清洁表面技术应运而生，包括化学镀非晶态技术、超声速喷涂技术、等离子体化学气相沉积技术及复合表面处理技术等，它们主要改变表面工程的能源利用、原理机制以及运用新能源。

1. 化学镀非晶态技术

化学镀也称为无电解镀，是一种不使用外接电源、利用还原剂使溶液中的金属离子在基体表面还原沉积的化学处理方法。化学镀是一个自催化的过程，基体表面及在其上析出的金属都具有自催化的能力，使镀层能够不断增厚，金属表面为非晶态镀层。化学镀的溶液组成一般包括金属盐、还原剂、络合剂、pH 缓冲剂、稳定剂、润湿剂和光亮剂等。与电镀相比，化学镀在复杂结构的镀件上可以形成较均匀的镀层，不需要电源及镀件表面无导电触点等优点。非晶态合金材料的短程有序和长程无序结构、独特的各向同性结构、热力学的亚稳状态使其具有较高体系自由能、高度不饱和性和较高的表面能等特征。图 3.7 为 NiP 络合剂微型金刚石砂轮的化学镀复合镀层加工过程。

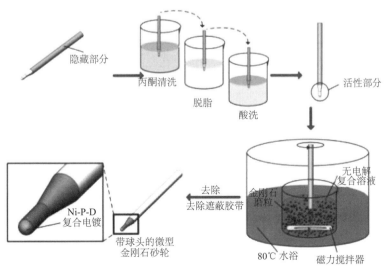

图 3.7　NiP 络合剂微型金刚石砂轮的化学镀复合镀层

2. 超声速喷涂技术

超声速火焰喷涂的工作原理是由小孔进入燃烧室的液体，如煤油，经雾化与氧气混合后点燃，发生强烈的气相反应，燃烧放出的热能使产物剧烈膨胀，此膨胀气体流经喷嘴时受喷嘴的约束形成超声速高温焰流，焰流加热加速喷涂材料至基体表面，形成高质量涂层。

3. 等离子体化学气相沉积技术

等离子体化学气相沉积是指用等离子体激活反应气体，促进在基体表面或近表面空间进行化学反应，生成固态膜的技术。按产生等离子体的方法，分为射频等离子体、直流等离子体和微波等离子体等。等离子体化学气相沉积可以在较低温度下反应生成无定形薄膜，典型的基材温度是 300℃左右。等离子体化学气相沉积技术的工艺参数主要包括电子能量、等离子体密度及分布函数、反应气体的离散度等。

4. 复合表面处理技术

复合表面处理技术通过多种工艺或技术的协同效应，使工件材料表面体系在技术指标、可靠性、寿命、质量和经济性等方面获得最佳的结果，从而克服了单一表面技术存在的局限性，解决了一系列工业关键技术和高新技术发展中特殊的问题。复合表面处理技术的研究和应用已取得了重大进展，如热喷涂和激光重熔的复合、热喷涂与刷镀的复合、化学热处理与电镀的复合等。

随着社会工业生产的发展和人们对产品不同等级的需求变化，表面处理工艺手段和水平也在不断地发展更迭。从传统的处理技术和工艺发展成为多学科交叉融合的先进技术手段，广泛运用于工商业产品及医疗卫生行业。也正是由于人们对现代产品的质量需求更高、标准更严苛，促进了表面技术向优质、清洁、高效、绿色节能方面发展。

3.5　现代特种加工工艺

现代特种加工工艺技术是直接借助电能、热能、声能、光能、电化学能、化学能、特殊机械能或复合能来实现材料切削的加工方法，是难切削材料、复杂型面、精细表面、低刚度零件及模具加工中的重要工艺方法[8]。大约一半的特种加工过程可以用计算机控制过程参数，来提高加工效率，以保证可靠性和可重复性，并且大多数特种加工工艺都能够通过使用视觉系统、激光测量仪和其他过程检测技术进行自适应控制。

特种加工工艺应用范围非常广，与传统机械加工方法相比，有其独到之处，具体表现在五个方面。第一，工具材料的硬度可以显著低于工件材料的硬度；第二，可直接利用电能、电化学能、声能或光能等能量对材料进行加工；第三，加工过程中机械力不明显，工件很少产生机械变形和热变形，有助于提高工件的加工精度和表面质量；第四，各种方法可以有选择地复合成新的工艺方法，使生产效率成倍地增长，加工精度也相应提高；第五，几乎每产生一种新的能源，就有可能产生一种新的特种加工方法。

正因为特种加工工艺具有上述特点，所以特种加工可以加工任何硬度、强度、韧性、脆性的金属或非金属材料，且专长于加工复杂、微细表面和低刚度零件，有些方法还可以用于进行超精加工、镜面光整加工和纳米级（原子级）加工。特种加工工艺所包含的范围非常广，随着科学技术的发展，特种加工工艺的内容也不断丰富。特种加工工艺不仅促进了机械制造业的发展，在现代工业领域里也将发挥越来越重要的作用，特种加工技术既有广大的社会需求，又有着巨大的发展潜力，将为国民经济的发展做出更大的贡献。

3.5.1　高能加工

1. 电火花成形加工

电火花成形加工是利用浸在绝缘工作液中两电极间脉冲放电时产生的电蚀作用，来蚀除导电材料的特种加工方法，因此又称为放电加工或电蚀加工。电火花成形加工是在液体介质中进行的，机床的自动进给调节装置使工件和工具电极之间保持适当的放电间隙，当工具电极和工件之间施加很强的脉冲电压（达到间隙中介质的击穿电压）时，会击穿介质绝缘强度最低处。由于放电区域很小，放电时间极短，所以能量高度集中，使放电区的温度瞬时高达约 10000℃，工件表面和工具电极表面的金属局部熔化，甚至气化蒸发。局部熔化和气化的金属在爆炸力的作用下抛入工作液中，并被冷却为金属小颗粒，然后被工作液迅速冲离工作区，从而使工件表面形成一个微小的凹坑。一次放电后介质的绝缘强度恢复等待下一次放电，如此反复使工件表面不断被蚀除，并在工件上复制出工具电极的形状，从而达到成形加工的目的，基本原理如图 3.8 所示。

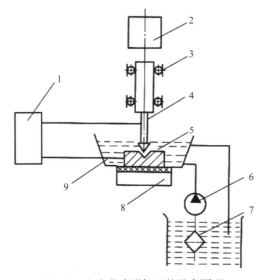

图 3.8　电火花成形加工的基本原理

1-脉冲电源；2-伺服系统；3-机床；4-工具电极；5-工件；6-工作液泵；7-过滤器；8-工作台；9-工作液

2. 等离子弧加工

等离子弧加工是利用等离子弧的热能对金属或非金属进行切割、焊接和喷涂等的特种加工方法。等离子弧切割与焊接技术是利用温度高达 15000～30000℃的等离子弧来进行切割和焊接的工艺方法，这种新的工艺方法不仅能对一般材料进行切割和焊接，而且还能切割和焊接一般工艺方法难以加工的材料。电弧就是中性气体电离并维持放电的现象，若使气体完全电离，形成全部由带正电的正离子和带负电的电子所组成的电离气体，称为等离子体。

3. 激光加工

激光加工是一种利用高能束流的特种加工方法，它利用光的能量经过透镜聚焦后在焦点上达到很高的能量密度，在极短时间内，光能转化为热能，使材料熔化或气化而被蚀除，从而实现材料的去除、连接、改性或分离等加工。激光光斑的尺寸、功率以及能量要求可调节，金属材料和非金属材料受激光照射时，其热机理也有本质区别。在工业制造行业，激光打孔、激光焊接、激光切割、激光表面热处理技术被广泛应用。

4. 电子束加工

电子束加工也是一种高能束流特种加工方法，它利用高能量会聚电子束的热效应或电离效应对材料进行加工。利用电子束的热效应可以对材料进行表面热处理、焊接、刻蚀、钻孔、熔炼或直接使材料升华，电子束曝光则是一种利用电子束辐射效应的加工方法。作为加热工具，电子束的特点是功率高和功率密度大，能在瞬间把能量传给工件，电子束的参数和位置可以精确和迅速地调节，能用计算机控制并在无污染的真空中进行加工。根据电子束功率密度和电子束与材料作用时间的不同，可以完成高速打孔、加工型孔及特殊表面、刻蚀、焊接、热处理、光刻等加工。

5. 离子束加工

离子束加工也是一种高能束流特种加工方法，在真空状态下，将离子源产生的离子流，经加速、聚焦后撞击工件表面而实现加工。产生离子束的基本原理和方法就是使离子束电离，先由电子枪产生电子束，再引入已抽成真空且充满惰性气体的电离室中，使低压惰性气体离子化，然后由加速装置的负极引出阳离子，又经加速、集束等步骤，获得具有一定速度的离子投射到材料表面，从而产生溅射效应和注入效应。由于离子带正电荷，并且其质量比电子大数千、数万倍，所以离子束比电子束具有更大的撞击动能，因此它是靠微观的机械撞击能量来完成加工的。

3.5.2　电化学加工

电化学加工是利用电化学反应（或称电化学腐蚀）对金属材料进行加工的方法，加工时在阴、阳极表面发生得失电子的化学反应称为电化学反应，其中，阳极上为电化学溶解，阴极上为电化学沉积，常用的电化学加工方法有电解加工、电化学研磨等。

1. 电解加工

电解加工是利用金属在电解液中发生电化学阳极溶解的原理将工件加工成形的一种特种加工方法。加工时，工件接直流电源的正极，工具接负极，两极之间保持较小的间隙。电解液从极间间隙中流过，使两极之间形成导电通路，并在电源电压下产生电流，从而形成电化学阳极溶解。随着工具相对工件不断进给，工件金属不断被电解，电解产物不断被电解液冲走，最终两极间各处的间隙趋于一致，工件表面形成与工具工作面基本相似的形状。

2. 电化学研磨

电化学研磨是一种结合电化学和机械作用，去除坚硬或易碎导电材料的过程，电解液以与传统湿磨中引入冷却剂相同的方式引入工作区域。它把要研磨的金属、合金作为阳极，把附带磨粒的导电工具作为阴极，当直流电源（或交流电源）通过电解质时形成一条完全通路，从而把金属表面的微观凸起部分有选择地溶解掉，使加工表面呈现光泽的加工方法。

3. 电化学放电磨削

电化学放电磨削是两种非传统工艺的混合体，它通过电化学磨削中的电化学溶解和放电磨削中的电火花腐蚀的联合作用去除材料。与电化学研磨一样，电化学放电磨削也能在高电流密度和更高的去除率下运行，因为氧化层是通过电火花腐蚀去除的。

3.5.3 其他特种加工

1. 水射流加工

水射流加工通过高速、小直径水射流的侵蚀作用去除材料。与传统的机械切割工艺不同，水射流加工几乎不存在更换磨损或破损刀具的停机时间，因为"刀具"永远不会变钝或断裂。

2. 磨料水射流加工

磨料水射流加工工艺结合了水射流加工和磨料喷射加工的原理，是一种独特的工艺，该工艺依赖于载有磨料的水射流的侵蚀作用，用于切割和钻孔硬质材料以及一般清洗。磨料水射流加工工艺使用传统的高速水射流与磨料颗粒相结合来产生泥浆切割射流，它的系统由四个主要组件组成：泵送系统、磨料供给系统、水射流和磨料喷嘴。

3. 磨料流加工

磨料流加工是一种精加工工艺，通过使半固体、载有磨料的油灰流过或穿过工件来去除少量材料。磨料流加工在应用于传统去毛刺加工和抛光工具无法进入通道的工件加工时特别有用。

4. 超声加工

超声加工是利用超声频作小振幅振动的工具，并通过它与工件之间游离于液体中的磨料对被加工表面的捶击作用，使工件材料表面逐步破碎的特种加工。超声波发生器将交流电能转变为有一定功率输出的超声频电振荡，换能器将超声频电振荡转变为超声机械振动，通过振幅扩大棒（变幅杆）使固定在变幅杆端部的工具产生超声波振动，迫使磨料悬浮液高速地不断撞击、抛磨被加工表面，使工件成形。超声加工的效率要低于电火花加工和电解加工，但其加工精度和表面粗糙度要优于它们，而且能够加工半导体、非导体的脆性材料[9]。

5. 化学加工

化学加工是利用酸、碱或盐的溶液对工件材料的腐蚀溶解作用，以获得所需形状、尺寸或表面状态的工件的特种加工工艺。

6. 电流钻孔

小到超出标准电化学加工钻孔技术能力的孔，通常可以通过称为电流钻孔的专门电化学技术进行处理。由于不存在刀具力且钻孔不受材料硬度的影响，因此电流钻孔是一种有效的工艺，可用于钻削脆性、难加工、带有大角度小孔或曲面的金属。

7. 热能法

热能法用于同时去除多个零件表面的毛刺，或特殊位置的毛刺去除。热能法工艺依靠燃烧原理去除毛刺和圆角锐边，由于毛刺去除操作的爆炸性，热能法是可用于去除毛刺的最快工艺。

3.6　快速成形及 3D 打印技术

3.6.1　快速成形技术

快速成形（rapid prototyping，RP）技术是一项集激光、材料、信息及控制等于一体的高新制造技术，其突出特点就是不需要任何工装夹具便能根据产品的 CAD 数据快捷地制造出具有一定结构和功能的原型甚至产品。RP 技术是在现代 CAD/CAM 技术、激光技术、计算机数控技术、精密伺服驱动技术以及新材料技术的基础上集成发展起来的。不同种类的快速成形系统因所用成形材料不同，成形原理和系统特点也各有不同，但都有共同的基本原理，即"分层制造，逐层叠加"。目前主要的快速成形技术分为立体光刻成形、分层实体造型、熔融沉积造型、选择性激光烧结等。

立体光刻成形工艺，是一种采用激光束逐点扫描液态光敏树脂使之固化的快速成形工艺。用扫描头将激光束扫描到树脂表面，让其曝光，液体的树脂被激光照射的部分就会发生固化，形成形状的一层，然后再用同样的方法，在该层面上再进行新一层截面轮廓的辐照、固化，以此类推，从而将一层层的截面轮廓逐步叠合在一起，最终形成成品。

分层实体造型工艺，按照零件连续的分层几何信息切割片材，将所获得的层片黏结成三维实体。首先，激光系统根据预先切片得到的横断面轮廓数据，将背面涂有热熔胶并经过特殊处理的片材进行切割，得到和横断面数据一样的内外轮廓，从而完成一个层面的切割。其次，供料和收料装置将旧料全部移除，并叠加上一层新的片材，再利用热黏压装置将背部涂有热熔胶的片材进行碾压，使新层同已有部件黏合，再次重复切割。通过这样逐层地黏合、切割，最终制成需要的三维工件。

熔融沉积造型工艺，将低熔点丝状材料通过加热器的挤压头熔化成液体，使熔化的热塑材料丝通过喷头挤出，挤压头沿零件的每一截面的轮廓准确运动，挤出半流动的热塑材料沉积固化成精确的实际部件薄层，覆盖于已建造的零件之上，并在 1/10s 内迅速凝固。每完成一层成形，工作台便下降一层高度，喷头再进行下一层截面的扫描喷丝，如此反复逐层沉积，直到最后一层，这样逐层由底到顶地堆积成一个实体模型或零件。

选择性激光烧结工艺，是利用粉末状材料（主要有塑料粉、蜡粉、金属粉、表面附有黏结剂的覆膜陶瓷粉、覆膜金属粉及覆膜砂等）在激光照射下烧结的原理，在计算机控制下按照界面轮廓信息进行有选择的烧结，层层堆积成形。在烧结前，整个工作台被加热至稍低于粉末熔化的温度，以减少热变形，并利于与前一层的结合。粉末完成一层后，工作活塞下降一个层厚，铺粉系统铺设新粉，控制激光束扫描烧结新层。如此循环往复，层层叠加，就得到三维零件。

1. 快速成形技术的应用范围

快速成形技术不适合真正的大规模生产，因此现有的大批量制造供应链几乎没有风险。它主要应用在高价值、小批量的领域中，如医疗、国防和航空航天等领域[10]。

在生物工程领域，快速成形技术的应用主要有生物活性骨仿生制造。针对骨的具体结构，进行产品的几何模型的 CAD 造型，再利用内部细微结构仿生建模技术及分层制造，常温下用生物可降解材料分层制造的同时加入生物活性因子及种子细胞。用快速成形技术制成的细胞载体框架结构来创造一种微环境，以利于细胞的黏附、增殖和功能发挥，以此实现组织工程骨的并行生长，加速材料的降解。已有学者基于数字激光处理的 3D 打印技术，成功制备了集成分层哈弗森骨结构的哈弗森骨模拟支架。通过改变哈弗森骨结构的参数，可以很好地控制支架的抗压强度和孔隙率。实现了通过模仿天然复杂的骨组织来设计结构和功能生物材料，这是其他传统制造方式无法实现的。

在航空航天领域，通过使用不同沉积粉末和不同基体以及剧烈塑性变形（severe plastic deformation，SPD）技术，快速成形技术已应用于固定翼飞机零部件的生产。另外，制造喷气式发动机的通用电气公司，涉及航空、航天、国防业务的洛克希德·马丁公司和波音公司，正在扩大其 3D 制造和生产业务。快速成形技术中的增材金属技术，可用于包括创建替换零件在内的多种应用。

2. 快速成形技术的优势

与传统制造技术相比，快速成形技术的优势主要体现在六个方面。第一，降低生产成本。快速成形技术固有的通用单元材料和数字设计流程为制造提供了经济优势，特别是对于小批量生产，包括大规模定制产品的制造。第二，增加产品的复杂性。快速成形技术固有的材料的顺序添加可实现由外而内的制造方法；这种方法允许制造高复杂性组件，这些组件在传统制造中具有挑战性甚至不可能生产，包括拓扑优化结构和高效细胞结构。第三，定制材料。快速成形技术以独特的方式处理单元材料，这一属性使材料科学的创新成为可能，包括新型高分子化学，复杂生物结构的制造以及传统制造所不可行的冶金特性。第四，衍生式设计。快速成形的数字化特性使复杂工程系统的设计和制造能够实现自动化，这可以降低设计成本，使快速成形产品可以根据特定设计方案的特定要求进行大规模定制。第五，减少浪费。通过有效利用单元输入材料，快速成形可以减少复杂几何形状的浪费和材料成本，并且能够以更低的单位成本制造高复杂性产品。第六，分布式制造。数字文件可以在全球范围内被共享到增材制造（additive manufacturing，AM）制造中心，根据需要进行制造，这能够减少与运输和遗留组件维护相关的交货时间和设计成本。

3.6.2　3D 打印技术

　　3D 打印技术是一种新型制造和加工工艺，是一种快速成形技术，它以数字模型文件（3D 设计文件）为基础，运用粉末状金属或塑料等可黏合材料，通过 3D 打印机逐层打印的方式来构造物体的技术。3D 打印技术发挥人们的想象力，利用计算机设计三维实体模型，通过 3D 打印设备将各种性能的特殊材料，通过离散和堆积的方法，由点而线、由线而面、由面而体的融合，减少了人们想象物体的复杂加工工序，显著地降低了传统制造复杂程度，并缩短了加工周期和加工时间，为产品研发、科技创新、艺术再造、产品性能差异创造了有利条件[11]。

　　3D 打印过程可大致分为两个阶段：计算机三维模型设计阶段、热熔切片处理和逐点打印熔堆阶段。计算机三维模型设计阶段，使用计算机建模软件，例如，SolidWorks、CAD 等软件，或者通过动画建模软件，进行三维建模。软件和打印机之间通过标准格式文件 STL 传输所建模型数据，打印机按照指令进行打印。热熔切片处理和逐点打印熔堆阶段，通过对材料的逐点熔堆及逐层叠加来实现，原理是利用打印机处理器读取 STL 文件截面信息，使用构件要求的液体状、粉末状等构件材料，将截面数据信息转化为逐层打印，再将各个层的截面黏合点堆起来，最终完成实体的成形（图 3.9）。

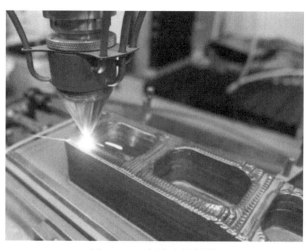

图 3.9　3D 打印金属部件

1. 3D 打印技术在航空领域的应用

2021 年 8 月 20 日，GE 航空增材制造中心利用 3D 打印技术生成了第 10 万个发动机燃油喷嘴。这些 3D 打印的燃油喷嘴与传统燃油喷嘴相比，具备诸多优势：将原本需要 20 个零件组装的燃油喷嘴，直接设计成 1 个零件，一次打印成形；由于零件减少，重新设计，重量减轻了 25%；制造的成本降低了 30%；部件寿命延长了 5 倍；库存降低了 95%。2020 年底 Boom Supersonic 公司推出的 XB-1 超声速飞机，大量启用了 3D 打印的零部件。整机一共使用了 21 个 3D 打印的钛合金零部件，这些零部件均采用 Velo3D 的蓝宝石金属打印机制造，应用于发动机和环境控制系统，其中包括：可变旁通阀（variable bypass valve，VBV）系统的歧管，该歧管将发动机压缩机释放的空气引导至飞机的外模线（outside mold line，OML）；用于冷却驾驶舱和系统舱的环境控制系统（enviromental control system，ECS）的出口百叶窗；将中央进气口的二次引气流引导至 OML 的百叶窗；NACA（national advisory committee for aeronautics）管道和两个分流器法兰部件等。

2. 3D 打印技术在医疗行业的应用

在运用 3D 打印制造医疗模型和手术导板方面，医生可以运用患者的 CT 数据来进行三维建模，通过三维建模将数据导入 3D 打印机，然后用 3D 打印机将患者的数据模型打印出来。从而帮助医生更为直观地观测到患者需要手术部位的三维结构、帮助医生在手术治疗时制定更好的手术方案，进而提升手术成功率、降低手术风险。

在运用 3D 打印制造人体植入物方面，如患者有骨肿瘤、骨骼缺损、颌面损伤、颅骨修补等骨科问题，用一般的修复产品难以满足患者的治疗需求。因为每个患者的实际情况不一，需要特定制作的植入物才能帮助患者修复成功。同样的还有口腔科，因为人体口腔牙齿的排列情况、受损情况、实际医疗情况不一，也需要高度定制。因此，骨科和口腔科都需要运用 3D 打印技术来为患者进行量身定制，让植入物医疗更加精准，并且有效地减轻医资力量紧缺的问题。

在运用 3D 打印制造康复器械方面，3D 打印在康复器械上的应用有矫正鞋垫、仿生手、助听器等。3D 打印产生的真正价值不止是完成精准的定制化，更关键的在于让精准、高效的数字化制造技术替代手工制作方式，减少生产周期。以助听器为例，传统工艺制作，技师必须根据患者的耳道模型做出注塑模具，随后对模具进行钻音孔等后处理。而运用 3D 打印机制作助听器只需将扫描的 CAD 文件转成 3D 打印机可读取的设计文件，进一步打印出来即可。

3. 3D 打印技术在汽车制造行业的应用

相较传统的手工制作油泥模型，3D 打印能更精确地将 3D 设计图转换成实物，而且时间更短，提高汽车设计层面的生产效率。目前许多厂商已经在设计方面开始利用 3D 打印技术，如宝马、奔驰设计中心。3D 打印可使用多种材料，以便具备不同机械性能和精准功能性的原型制作，让制造商在前期可以随时修正错误并完善设计，使得错误成本最小化[12]。

在工装夹具方面，3D 打印技术提供了一种快速准确的方法，大幅降低了工具生产的成本和时间，使产能、效率和质量得到提升。而针对生产工具，例如，水溶型内芯、碳纤维包裹、注塑成形等 3D 打印的应用，有助于企业实现快速小批量工具定制、降低成本并缩短产品上市时间。在零部件制造中，汽车制造商借助 3D 打印技术，能够实现小批量定制部件和生产自动化，并且可以实现有机形状、中空和负拉伸等复杂几何形状的创建和制造。3D 打印能够快速制作造型复杂的零部件，当测试出现问题时，修改 3D 文件重新打印即可再次测试。

4. 3D 打印技术在影视道具制作中的应用

在以往的影视道具模式中，影视道具的制作工艺复杂、制作周期长，如果道具在拍摄过程中遭到损坏，那么道具修复的成本也非常高。影视剧的很多拍摄任务都需要特殊定制，而且用量一般都比较小，这种需求和 3D 打印擅长的小批量非标准件的快速成形的特点天然契合。3D 打印在影视方面的应用从好莱坞到宝莱坞，从玄幻剧到现代剧，已经渐渐渗透到影视行业的方方面面。

3D 打印场景模型可拍摄特写镜头或垂直镜头，给人更真实的感觉。垂直对准拍摄有宏观的体验；通过物理特效与数字特效，长焦短焦交替运用，整个影片会提高质感。电影制作爆炸、地震、火灾等灾难性场景是较难实现、费时费力费钱的，而纯计算机制作容易丢失细节，看起来不够真实。3D 打印的破坏性模型可以水淹、爆破、风吹，显著降低制作的难度和成本。

3.7　柔性电子器件制造技术

近年来，由于对导电高分子的研究有了新突破，有机材料可以从传统的绝缘体变成可导电的半导体，柔性电子便应运而生。柔性电子制造的关键包括制造工艺、基板和材料等，其核心是微纳米图案化制造，涉及机械、材料、物理、化学、电子等多学科交叉研究。柔性电子以其独特的柔性、延展性以及高效、低成本制造工艺，在信息、能源、医疗、国防等领域具有广泛应用前景，如柔性电子显示器、有机发光二极管、印刷RFID、薄膜太阳能电池板、电子报纸、电子皮肤、人工肌肉等。

3.7.1　柔性电子组成

柔性电子除整合电子电路、电子组件、材料、平面显示、纳米技术等领域的技术外，同时横跨半导体、封测、材料、化工、印刷电路板、显示面板等产业，可协助传统产业，如塑料、印刷、化工、金属材料等产业转型，提升产业附加值，因此柔性电子技术的发展必将为产业结构和人类生活带来革命性的变化。柔性电子技术虽然可应用于不同领域，但其基本结构相似，主要包含以下 5 个部分：电子元器件、柔性基板、交联导电体、黏合层和覆盖层。

1. 电子元器件

电子元器件是柔性电子产品的基本组成部分，包括电子技术中常用的薄膜晶体管、传感器等。这些电子元器件与传统电子技术的元器件没有本质差别，部分元器件采用无机半导体材料（如硅），由于其材质较脆，在变形过程中易发生脆断，所以它们通常不直接分布在电路板上，而是先安放在刚性的微胞元岛（cell island）上，然后承载元器件的微胞元岛再分布在柔性基板上，这样有利于保护电子元器件，避免其在弯曲过程中损坏。有些电子元器件也可以直接分布在柔性基板上，例如，部分薄膜晶体管，由于自身特性，可以直接承受一定的应变而不影响其功能。在柔性电子技术中，有机电子元器件特点显著，其中有机薄膜晶体管占据着十分重要的地位，有机材料的使用为减小元器件重量和厚度，提高其柔韧性和延展性创造了条件。

2. 柔性基板

柔性基板（图 3.10）是柔性电子技术不同于传统电子技术的最突出的地方，它具有传统刚性基板的共同特点。首先是绝缘性：绝缘的柔性基板保证电子设备在使用过程中不漏电，既确保其能正常工作，又能保证其使用的安全性。其次是较高的强度：无论在哪种电子技术下，基板所起的作用相当于骨架的作用，没有较高的强度作保障，就不能保证其正常使用。最后是廉价性：基板材料是电路中使用最多的材料之一，只有使用价格低廉的材料才能有效降低电子产品的成本。

图 3.10　柔性基板

除了上述基板的共同特点，柔性基板还有其自身独有的特性。第一是柔韧性：柔性电子系统的柔韧性主要通过基板表现出来，对柔韧性要求不同的产品可使用不同材质的基板。例如，电子皮肤通常采用柔性非常强的硅有机树脂，而柔性电子显示器对柔性的要求较电子皮肤弱，多采用聚对苯二甲酸乙二醇酯材料，俗称聚脂。第二是薄膜性：虽然称为基板，但其在尺寸上已不再是"板"，而是薄膜；柔性电子系统的基板通常在1mm 左右，既降低了材料的成本，又减轻了产品的重量。

3. 交联导电体

电子元器件先分布在刚性微胞元岛上，许多个这样的微胞元岛再分布于柔性基板之上，这些微胞元岛并不独立存在，它们由交联导电体连接，从而组成一个完整的柔性电路，即交联导电体在柔性电子系统中起到了电线的作用，交联导电体以金属薄膜的形式附着在柔性基板上。

4. 黏合层

柔性电子系统各种组成部分的结合需要黏合层，黏合层对交联导电体和柔性基板的结合尤其重要。柔性电子系统的黏合层有 3 个特性：耐热性、结合力和弯曲能力。柔性电子产品在装配和使用过程中，不可避免地要经历高于常温的环境，所以它必须具备耐热性。另外，柔性电子产品在使用过程中要不断地经受拉压弯曲变形，而经黏合层连接的两个薄层通常具有不同的力学性能，如果结合力不够大，必然导致两个薄层的相对滑动甚至剥离。黏合层本身是柔性电子系统结构的一个组成部分，其自身的弯曲能力对整个结构的弯曲能力具有重要影响。目前柔性电路中常用的黏合层材料主要有丙烯酸树脂和环氧树脂。

5. 覆盖层

覆盖层，又称封装层，主要保护柔性电路不受尘埃、潮气或者化学药品的侵蚀，同时也能减小弯曲过程中电路所承受的应变，而最近的研究表明，覆盖层能够减小柔性电路中刚性微胞元岛边缘的应力强度，并且能够抑制其与柔性基板的分离。根据柔性电子系统的特点，需要覆盖层能够忍受长期的挠曲，因此覆盖层材料和基板材料一样，抗疲劳性必须满足一定要求。另外，覆盖层覆盖在蚀刻后的电路之上，因而要求其具有良好的敷形性，以满足无气泡层压的要求。用于覆盖层的常用材料为丙烯酸树脂、环氧树脂以及聚酰亚胺等。

3.7.2　柔性电子制备工艺

与传统集成电路（integrated circuit，IC）技术一样，制造工艺和装备也是柔性电子技术发展的主要驱动力。柔性电子制造技术水平指标包括芯片特征尺寸和基板面积大小，其关键是如何在更大幅面的基板上以更低的成本制造出尺寸更小的柔性电子器件。柔性电子制造过程通常包括：材料制备→沉积→图案化→封装，可通过卷到卷基板输送进行集成。柔性电子制造的核心是薄膜晶体管制造，其关键制造技术是制作源漏极间沟道长度的高分辨率图案化技术，薄膜晶体管直接影响输出电流、开关速度等器件性能。在有机半导体图案化过程中，特别需要消除寄生漏电和减少串音，以确保高的开关比。大多数应用要求有机薄膜晶体管沟道长度小于 $10\mu m$，现有的图案化技术包括光刻、荫罩、打印（微接触印制和喷印）等。

光刻等能量束技术在微电子器件图案化中得到广泛应用，分辨率高，但因其工艺过程复杂、设备昂贵、溶剂和显影剂无法用于塑料基板，加之耗时费料、仅适用于小面积图案化，在刻蚀底层时对环境要求苛刻，去除光刻胶时会破坏有机电子材料的活性和聚合物基板等，在柔性电子制造应用中受限。荫罩技术为"干"工艺，可避免溶剂破坏有机半导体，但分辨率有限。

打印技术在同一个步骤中同时实现功能材料沉积和图案化，主要方法有：将完整的电路转移并粘贴到柔性基板上，如传印（图章）；直接在柔性基板上制备电路，如喷印和微接触印制（软刻蚀）。传印方法首先通过标准光刻方法在硅晶片或玻璃板上制备整个结构，然后转移到柔性基板上制造出高性能器件。由于应用光刻和高温沉积技术，传印技术只能制造小面积器件，且加工成本高。

微接触印制可制造出多级图案用于掩模，可与卷到卷批量化制造技术集成。通常一个母板可制造 100 个以上的图章，每个图章又可实现 3000 个以上的印记，图章的成本相对较低，可以每秒数厘米的速度制作 60nm 的高分辨率图案，但实现多层图案比较困难。微接触印制可用于非晶硅、多晶硅及 TMOS 等多种材料，但难以直接用于有机材料刻蚀。

柔性电子理想的图案化工艺应满足低成本、大面积、批量化工艺、低温、"加"式、非接触式、可实时调整、三维结构化、易于多层套准、可打印有机物/无机材料等。喷印是一种无接触、无压力、无印版的印刷复制技术，它具有无板数码印刷的特征，在室温下将溶液直写，实现数字化柔性印刷，简化了制造过程。利用溶液化的半导体和金属材料取代传统的真空沉积材料，可有效降低成本。喷印还具有以下优势：图案质量不受光刻焦距限制，可在非平面表面甚至深沟结构上进行图案化；与有机/无机材料的良好兼容性；直接利用 CAD/CAM 数据加工器件，可实现大面积动态对准和实时调整；作为非接触式图案化技术，可有效减少瑕疵，并且可利用虚拟掩模补偿层间变形、错位等缺陷；无须物理掩模的按需打印技术；可实现复杂三维微结构的快速设计与加工，并可基于软件打印控制系统进行图形的快速更改。

3.7.3 柔性电子应用范围

伴随着柔性电子技术的发展，各种电子产品应运而生。正如微电子技术为大规模集成电路和计算机芯片技术提供技术平台一样，柔性电子技术为新产品的研发提供了崭新的技术平台。柔性电子产品目前正处于研发起步阶段，部分产品已经投放市场。从现在的研发趋势来看，柔性电子技术在以下 3 个方面有着广泛的应用。

1. 柔性电子显示器

柔性电子显示器是在柔性电子技术平台上研发出来的全新产品，与传统平板显示器不同，这种显示器能够被反复地弯曲和折叠，因而给我们的生活带来了极大的便利。柔性电子显示器采用更多的轻质有机材料取代无机材料，其重量比传统显示器轻，这种特性有利于提高其便携性。此外，高分子有机材料的使用为降低成本提供了可能性。另外，柔性电子显示器具有厚度薄的特点，其厚度可以远远小于目前流行的液晶显示器，所以柔性电子显示器的另一种名称就是纸状电子显示器，目前柔性电子显示器已被大规模应用于手机屏幕和汽车车载屏幕。

2. 薄膜太阳能电池板

薄膜太阳能电池板是柔性电子技术的另一项具体应用，非晶硅薄膜太阳能电池板已经研发成功并进入市场销售。基于柔性电子技术的薄膜太阳能电池板能够满足大功率的发电需要，例如，可以在阳光充足的沙漠地区太阳能发电厂里使用这种薄膜太阳能电池板。除此以外，还可以充分利用其柔韧和轻质的特点，将其集成在衣服上。

3. 柔性电子在 RFID 领域的应用

射频识别（RFID）技术以无须人工接触即可完成信息输入和处理、操作快捷方便、发展迅速等特点，广泛应用于生产、物流、交通、医疗、食品、防伪等领域。射频识别系统通常由应答器、阅读器组成，电子标签是应答器诸多形式中的一种，可以理解为一种薄膜型构造的应答器，具有使用方便、体积小、轻薄、可嵌入产品内等特点。在这方面，柔性电子器件有着别的材料无法比拟的优势，因此射频识别系统的电子标签未来的发展很可能会与柔性电子制造相结合，使得 RFID 电子标签的使用更加广泛和方便。

4. 超柔性压电能量收集传感器贴片

奥地利乔安妮姆研究所的研究小组与日本大阪大学合作，开发出一种可以测量各种生命体征并收集能量的超薄传感器。为了避免多次测量血压和脉搏给人带来的无意识应激反应从而导致被测者出现虚假的血压值，研究人员开发了一款电子传感器贴片，来帮助人们测量健康参数。电子传感器贴片使用一种称为 Poly VDF-TrFE（亚乙烯基二氟乙烯-三氟乙烯）的材料，总体厚度不超过 0.0025mm。基于其工作原理，该传感器十分灵敏，即便最小的压力变化，如人类脉搏波传播速率变化，也有机会被测量到。

3.8　微机电器件制造技术

3.8.1　超精密机械加工技术

精密加工和超精密加工技术是在传统切削加工技术的基础上综合应用现代科技成果发展而来的一种先进制造技术，它综合应用了计算机技术、自动控制技术、微电子技术及激光技术等多种技术[13]。随着现代科学技术的不断发展，精密、超精密加工技术越来越成为机械加工技术的中流砥柱，精密加工、超精密加工技术的加工精度也越来越高，从微米级、纳米级加工逐渐向原子级的加工范畴逼近，而且精密加工、超精密加工的应用范围已经不再局限于国家军工领域，更多地向国民经济和生活的方方面面渗透。

超精密加工是为了适应核能、集成电路、激光和航天等尖端技术的需要，是 20世纪 60 年代发展起来的一种精度极高的机械加工技术。到了 20 世纪 80 年代，超精密加工的加工精度已经可以达到 10nm 的水平，表面粗糙度达到 Ra 1nm。超精密加工技术的精度相比于传统的精密加工提高了一个数量级，即由微米级加工进入了纳米级加工的范畴。

超精密加工大致可以分为超精密切磨削加工和超精密特种加工。超精密切磨削加工是在超精密车床上使用经过精细研磨的单晶金刚石车刀进行微续切削实现的，常用于加工有色金属的球面、非球面化学玻璃、大理石和碳素纤维板等非金属材料以及一些高精度和高表面光洁度的零件。而超精密特种加工技术在超精密切磨削加工的基础上更进一步，以纳米甚至原子单位为加工目标。由于原子层面的加工，切磨削加工已经无法满足要求，就出现了通过令某些能量超过原子间结合能而去除工件表面原子层级的材料的方法。超精密磨削加工属于超精密加工的范畴，它是在一般精密磨削技术的基础上发展起来的亚微米级的加工技术。其加工精度可以达到甚至超越 0.1μm，表面粗糙度可以低于 Ra 0.025μm，并且超精密磨削加工技术正在向着纳米级的加工精度方向发展。超精密数控加工如图 3.11 所示。

图 3.11　超精密数控加工

3.8.2　微纳加工技术

微纳加工技术是指尺度为 mm、μm 和 nm 量级的零件，以及由这些零件构成的部件或系统的设计、加工、组装、集成与应用技术。微纳加工技术是超精密加工技术的重要内容，也是先进制造的重要组成部分，是衡量国家高端制造业水平的标志之一，具有多学科交叉性和制造要素极端性的特点。微纳加工技术是微传感器、微执行器、微结构和功能微纳系统制造的基本手段和重要基础，在推动科技进步、促进产业发展、保障国防安全等方面都发挥着关键作用。常用的微纳加工技术主要包括光学曝光、电子束曝光、聚焦离子束加工以及薄膜沉积，前面三种技术主要用于产生所需的纳米尺度结构和图案，而薄膜沉积技术主要用于图案转移。

1. 光学曝光技术

光学曝光又称为光刻，其过程为首先在衬底上旋涂光刻胶，再利用特定波长的光将掩模板上的图形转移到光刻胶上。由于具有过程简单、重复性好、曝光面积大、速度快等优点，光学曝光方法被广泛应用于电子器件的制造领域，是当今大规模集成化半导体电路生产中最为重要的工艺。

光学曝光系统中最重要的部分是光源系统，当掩模板上的结构尺寸接近甚至小于光源波长时，光会在穿过掩模板后产生强烈的衍射效应，从而影响图案曝光过程。常见的光学曝光光源包括高压汞灯、准分子激光、F2 激光、X 射线、EUV 等，其波长范围包括从 436nm 的紫外波段到 13nm 的极紫外波段。高压汞灯光源，可以加工特征尺寸达到 0.5μm 的结构。图 3.12 显示了 EUV 光刻系统，包括光源、照明器、掩模板和投影光学器件，系统会在 EUV 光谱区发射不同光源，激光会经过若干个反射镜系统的入射和反射。

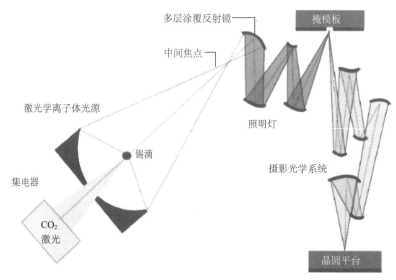

图 3.12　EUV 光刻技术

光学曝光系统中，掩模板决定了光学曝光所生成图形的质量，掩模板一般在透明的衬底上制作，如苏打玻璃等。需要遮盖的图案部分可通过金属层遮盖并阻挡光线穿过，而其他部分则允许光线通过。掩模板特征尺寸应匹配光源系统的参数，以避免曝光过程中产生的衍射效应。掩模板的图形可通过光学曝光、电子束曝光、激光干涉曝光等方法制作。

光刻胶和衬底的类型也对光学曝光的效果有很大影响，不同类型的光刻胶所具有的对比度和灵敏度决定了其加工图案的精度，通常要采用前烘和后烘的方式来进一步改善其曝光效果。正性和负性光刻胶的选择则决定了曝光部分溶解或保留被显影液，从而决定了图案转移的方式。光刻胶的厚度和掩模板与光刻胶的距离也影响着曝光产生的图案中光刻胶的侧壁形状效果。由于衬底对光源的反射可能会与掩模板之间形成谐振腔，从而影响对光刻胶曝光的实际光强和空间分布，因而需要适当地调整曝光时间。

2. 电子束曝光技术

电子束曝光技术（图 3.13）与光学曝光技术类似，都是在光刻胶表面制造精细图形的方法。不同之处在于，电子束曝光系统不依赖于掩模板，而是通过电子束扫描来制造所需要的图形，因此电子束曝光可以实现任意图形的快速加工。另外，电子束曝光相比光学曝光具有更高的精度，电子束曝光的过程中不易产生衍射效应，从而可以提供非常高的曝光精度。

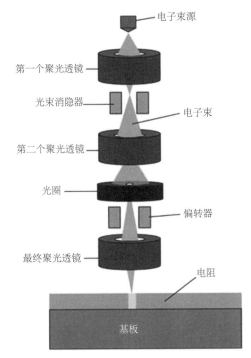

图 3.13　电子束曝光技术

　　电子束曝光系统由 4 个部分组成。一是电子束部分，包括电子枪和透镜以及偏转系统等，用于产生电子束并控制其偏转扫描。二是样品台系统，通常采用激光干涉控制器，因为激光干涉控制系统可以提供纳米量级的移动精度，从而有效地保证曝光不同区域时，样品移动的精确对准。三是真空系统，由于电子枪的工作环境要求高真空，以减少周围环境对电子束的干扰，增加曝光稳定性并提高电子束寿命。四是图形发生器，对绘制的曝光图案经过计算机进行图形处理后，转换为需要曝光和扫描的坐标集合，控制电子束偏转系统工作。

　　在电子束曝光中，影响曝光精度的参数主要为光刻胶的类型、电子束加速电压、电子束斑准直度和尺寸、电子束与衬底的相互作用、邻近效应和衬底的导电性等。电子束光刻胶分为两种类型：正性光刻胶和负性光刻胶。电子束与正性光刻胶相互作用会发生降解反应，使光刻胶的分子链断裂，分子量降低。负性光刻胶在电子束的作用下会发生交联反应，分子量会增加。在显影液中，分子量较低的光刻胶部分溶解速度快，而分子量高的部分溶解速度慢，并且二者溶解速度相差的量级非常大，对于正性光刻胶，曝光过的区域会被溶解。而对于负性光刻胶，曝光过的区域得以存留，由此可以得到所需要的曝光图形。

　　由于电子束与光刻胶作用过程中产生了不同类型的散射电子，造成电子束与光刻胶实际作用的区域有展宽和重叠，这种效应被称为邻近效应。对于不规则的图形，或者两个相互接近的曝光区域，其边缘和交界部分所受到的曝光剂量是不均匀的，这样会造成图案的变形，严重时会影响图案曝光。因此选择较高的加速电压和高对比度的光刻胶，可以有效降低邻近效应的影响。也可以通过对曝光图案的目的性修正来间接抵消邻近效应。另外，衬底材料对曝光的影响也很大。对于导电性较好的衬底，多余的电子可以从衬底一侧快速导走，不会与光刻胶发生进一步的反应。而导电性不好的衬底会因为电子的聚集而造成光刻胶的进一步反应，影响曝光图案，因此电子束曝光应选择导电性好的衬底。

3. 聚焦离子束加工技术

聚焦离子束加工技术的基本原理与电子束曝光类似，通过离子源产生离子束流后，利用电场和磁场透镜控制，将其聚焦为纳米尺度的束斑，再通过图形发生和偏转系统在样品表面扫描加工图形。由于离子束与样品作用会产生二次电子、二次离子等信号，因此聚焦离子束可以实现与电子显微镜相似的成像功能；不同之处在于，由于离子质量远大于电子，与样品表面的原子发生碰撞时离子可以将表面的原子撞离。因此，聚焦离子束可直接在样品表面加工目标图形，无须再借助光刻胶或其他类型掩模转移图形。另外，聚焦离子束也可用于辅助沉积，通过前驱体注入特定气体，在离子束照射的地方诱导局域的化学气相沉积。正是由于具有这些优点，聚焦离子束加工技术具有非常广泛的应用，例如，对电路的直接探测和修改、透射电子显微镜（transmission electron microscope，TEM）样品制备等。

聚焦离子束虽然可以用于对样品表面进行成像，然而由于离子束具有更高的能量和质量，其成像扫描过程对样品的损伤无法避免。因此，在聚焦离子束系统的基础上，人们发展出了聚焦离子束/电子束双束系统。将加工的位置调整至两个系统共轴的位置上时，便可利用电子束观察样品形貌的同时用离子束进行加工，避免了大面积离子束扫描观察对样品的破坏。

聚焦离子束系统使用的离子源类型通常为镓（Ga）离子源，Ga 离子本身质量较大，在加工过程中容易在周围产生再沉积，并且 Ga 离子掺杂也可能对器件性能产生影响。近年来，以氦（He）/氖（Ne）离子枪为基础的双束系统或三束系统（包含 Ga 离子枪）被成功开发，从而可以实现对精细结构采用原子质量更低的 He/Ne 离子进行加工。

4. 薄膜沉积技术

除了前述的图形制造方法，薄膜沉积工艺对于纳米器件的加工制造也有着重要的意义。沉积的薄膜既可以作为衬底，在其表面进一步加工其他纳米结构，也可以结合光学曝光和刻蚀技术，进行图案转移。因此薄膜沉积的质量决定着纳米器件的性能。薄膜沉积的方法主要分为物理气相沉积（physical vapor deposition，PVD）和化学气相沉积（chemical vapor deposition，CVD）两类。热蒸发真空镀膜技术和原子层沉积技术分别属于物理气相沉积和化学气相沉积。

热蒸发真空镀膜技术是薄膜沉积技术中原理最简单和使用最广泛的一种，这种方法操作简单、生长速率高、方向性好、适用于多种材料，特别是各种金属材料，因而在微纳加工中应用非常广泛。热蒸发真空镀膜的原理是在真空腔体内将待蒸发的材料加热到足够温度，蒸发材料从固体转换为气体，并运动到衬底表面，在衬底表面凝结成核后逐渐生长为连续的膜状结构。

在蒸发过程中，薄膜在衬底各处的均匀性取决于蒸发源和衬底的距离以及衬底大小之间的关系。当蒸发源的距离已经固定时，应尽量将样品置于蒸发源正上方，来保证样品表面镀膜的均匀性以及薄膜沉积过程中的生长方向性。在实际的薄膜沉积中，蒸发气体粒子会与其他杂质产生碰撞而不沿直线运动，从而降低蒸发速率并进一步加剧镀膜的不均匀性，或造成衬底污染。

利用热蒸发方向性沉积的特性，也可以有目的地实现一些特殊结构的制备，例如，具有纳米尺寸间隙的金属颗粒。金属的生长速率也会对成膜质量造成影响。这是由于蒸发的金属气体粒子在到达衬底表面后，凝结成核的过程中需要具有足够的能量才能在衬底表面迁移并形成比较均匀的结构。如果蒸发速率较低，蒸发粒子能量也较低，容易聚集在一些吸附点形成岛状结构，造成不同的晶粒之间结合不够紧密。

原子层沉积技术是一种化学沉积方法，其原理是基于化学反应以单层原子的方式逐层将材料沉积到样品表面，并且每一层原子膜所发生的化学反应是与前一层分子膜直接相关的。将前驱体脉冲交替通入反应容器中，在衬底上交替沉积就可得到所需要的薄膜。图 3.14 显示了 Al_2O_3 沉积过程，该过程从有机金属开始，通过前体气体脉冲进入沉积室。在某些条件下，气体与基材的表面物质发生自限反应，当表面反应物耗尽时，该反应终止。根据工艺要求，在第二步中用中性气体（如 N_2 或 Ar）清除多余的气体。在第三步中将第二反应物引入腔室中，再次与表面物质发生反应。过量的反应物和产物在第四步中被清除，结束一个循环。在理想的原子层沉积工艺中，每个循环都会沉积一个原子层材料，循环次数决定了沉积薄膜的厚度。原子层沉积薄膜具有高度保形性，可用于复杂几何形状的涂层和封装。

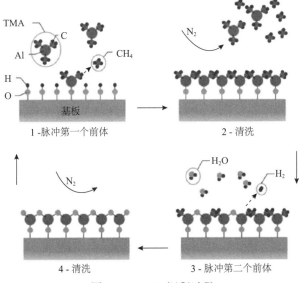

图 3.14　Al_2O_3 沉积过程

原子层沉积技术有其固有的缺陷。首先，原子层沉积反应受到温度限制，其最佳反应温度在 200℃左右，更低温度下的反应难以发生，这对于一些衬底或工艺而言有不利影响，如高温容易导致光刻胶碳化等。其次，反应原理决定了原子层沉积的镀膜类型比较受限，常用镀膜为氧化物和碳/氮化合物等材料。最后，由于单次循环沉积的厚度很小，而其化学反应需要一定的时间才能充分完成，因此原子层沉积生长大于 100nm 的薄膜时需要消耗大量的时间。

5. LIGA 技术

LIGA 是德文 Lithographie、Galvanoformung 和 Abformung 三个词，即光刻、电铸和注塑的缩写。LIGA 工艺是一种基于 X 射线光刻技术的微机电系统（micro-electrical mechanical system，MEMS）加工技术，主要包括 X 射线深度同步辐射光刻、电铸制模和微复制三个工艺步骤。由于 X 射线有非常高的平行度、极强的辐射强度、连续的光谱，LIGA 技术能够制造出高宽比达到 500、厚度大于 1500μm、结构侧壁光滑且平行度偏差在亚微米范围内的三维立体结构。

X 射线同步辐射曝光，是指利用 X 射线或者同步辐射作为光源进行曝光的一种光刻方式，它的优点是光源穿透能力好，可以对百微米厚的光刻胶进行曝光。与普通紫外光刻胶相比，LIGA 工艺使用的光刻胶厚度一般较厚，所以需要光刻胶的均匀性很重要，另外由于后续的电镀过程长时间在液体电镀液中进行，所以要求光刻胶与衬底的黏附性要好。通常光刻胶是与金属膜黏附在一起的，如果是以钛为金属导电层，可以通过化学处理在钛表面生成一层氧化钛，氧化钛是多孔材料，这样可以增大接触面积，增大附着力或者通过增附剂改善附着性能。与普通紫外光刻一样，曝光后的光刻胶需要进行显影才能获得相应的图形结构，如 X 射线曝光常用的 PMMA 光刻，曝光后长链在 X 射线作用下变成短链并在显影液中溶解，未曝光区域形成相应的图形结构。

显影后的样品进行微利用光刻胶下层的金属薄层，作为阴极对显影后的光刻胶微结构进行电镀，或者在电镀前使用金属镀膜工具在光刻胶表面镀上一层薄薄的金属层作为种子层然后进行电镀。电镀过程中，金属将填充进光刻胶的空隙中直到整个光刻胶表面被金属完全覆盖，并形成一个稳定的金属结构。

采用上述工艺步骤制造的微结构件的成本极其昂贵，因此微结构件的批量生产大多通过微复制技术来实现。实际使用中往往用第一块金属微结构作为母模，利用纳米压印和电铸工艺复制出子模，子模为工作模具进行微结构的大批量复制工作，可以进一步降低大批量生产中的模具成本。

3.8.3　MEMS 制造技术

MEMS 也称微电子机械系统或微系统，是利用微机械加工技术和集成电路制造技术将微（机械）结构、微传感器、微执行器、控制处理电路等集成在一起的微型系统[14]。MEMS 具有微型化、集成化、成本低、性能高、可大批量生产等优点，广泛应用于汽车电子、消费电子、航空航天、地质勘探等领域。典型 MEMS 的尺寸为微米到毫米量级，包括微（机械）结构、微传感器、微执行器和控制处理电路等单元，可实现测量、能量转换、执行、信息处理等功能。按照组成单元的功能不同，MEMS 分为微传感器、微执行器、微结构以及包括多个单元的集成系统；按照应用领域不同，分为射频 MEMS、光学 MEMS、生物医学 MEMS 等。基于 MEMS 的固态激光雷达相机传感板如图 3.15 所示。

图 3.15　基于 MEMS 的固态激光雷达相机传感板

MEMS 基本理论涉及物理学、微电子科学、光学、材料力学及磁场与微波技术等多种学科和领域，可以应用于军事领域实现潜艇勘探的监测、生物医学领域实现光学微腔的检查以及家用门窗安防。按照传感器的工作原理，目前已经有识别压力的 MEMS 压力传感器、测量加速度的 MEMS 加速度计、测量重力的 MEMS 重力仪、测量温度的 MEMS 温度传感器等。

MEMS 作为一个相对独立的智能系统，具有传统机电系统所不具备的五大特点。第一，微型化：MEMS 器件与系统体积都较小，可达微米至纳米量级，因此具有高速工作运动的可能，同时热膨胀等对器件的影响也相对较小。第二，集成化：MEMS 器件可以将众多功能不同、敏感方向不同的微传感/执行器集成在一个模块，或制造成相应的阵列，以此实现具有特殊功能的复杂系统。第三，机械与电器性能良好：MEMS 制造以硅作为主要原材料，由于硅材料具有铁的强度和硬度，有接近钨的热导率，因此硅基 MEMS 器件的机械强度和导热性能非常优良。第四，可批量化生产：由于 MEMS 制造涵盖了一部分微电子工艺，因此可以在一个硅基底上重复制造数量巨大的完整器件，在实现批量化生产的同时显著地降低了生产制造成本。第五，能耗低：对应于 MEMS 器件体积小的特点，其能效也低，同时具有高灵敏度和高工作效率。立足于这些优点和发展潜力，MEMS 着眼于将新的功能和原理集成在系统里，打造一个新的技术和产业领域。

MEMS 制造工艺是下至纳米尺度，上至毫米尺度微结构加工工艺的通称。广义上的 MEMS 制造工艺，方式十分丰富，几乎涉及各种现代加工技术。微机电设备的尺寸通常在 20μm～1mm，它们内部通常包含一个微处理器和若干获取外界信息的微型传感器。MEMS 的加工技术由半导体加工技术改造而来，MEMS 有多种原材料和制造技术，可以根据应用、市场等性能需求的不同进行选择。

1. MEMS 的材料

硅是用来制造集成电路的主要原材料，单晶体的硅遵守胡克定律，几乎没有弹性滞后的现象，因此几乎不耗能，其运动特性非常可靠。此外，硅不易折断，因此非常可靠，其使用周期可以达到上兆次。虽然电子工业领域中硅加工的经验是非常丰富和宝贵的，并提供了很大的经济性，但高纯度硅的价格非常昂贵。而高分子材料非常便宜，并且其性能各种各样，使用注射成形、压花、立体光固化成形等技术也可以使用高分子材料制造 MEMS。金属材料也可以用来制造 MEMS，虽然机械特性不如硅优良，但是具备一定的适用范围。

2. 传统机械加工方法

传统机械加工方法指利用大机器制造小机器，再利用小机器制造微机器，这种方式可以用于加工一些在特殊场合应用的微机械装置，例如，微型机械手、微型工作台等。传统机械加工方法可以分为两大类：超精密机械加工及特种微细加工。超精密机械加工以金属为加工对象，用硬度高于加工对象的工具，将对象材料进行切削加工，所得的三维结构尺寸可在 0.01mm 以下。此技术包括钻石刀具微切削加工、微钻孔加工、微铣削加工及微磨削与研磨加工等。特种微细加工技术是通过加工能量的直接作用，实现小至逐个分子或原子的切削加工。特种微细加工可以利用电能、热能、光能、声能及化学能等能量形式。常用的加工方法有：电火花加工、超声加工、电子束加工、激光加工、离子束加工和电解加工等。超精密机械加工和特种微细加工技术的加工精度已达微米、亚微米级，可以批量制作模数为 0.02 左右的齿轮等微机械元件，以及其他加工方法无法制造的复杂微结构器件。

3. 硅基 MEMS 技术

以美国为代表的硅基 MEMS 技术是利用化学腐蚀或集成电路工艺技术，对硅材料进行加工，形成硅基 MEMS 器件。这种方法可与传统的 IC 工艺兼容，并适合廉价批量生产，已成为目前的硅基 MEMS 技术主流。当前硅基微加工技术包括体微加工技术和表面微加工技术。

体微加工技术是对硅的衬底进行加工的技术，一般采用各向异性化学腐蚀，利用单晶硅不同晶向的腐蚀速率存在各向异性的特点进行腐蚀，来制作不同的微机械结构或微机械零件，其主要特点是硅的腐蚀速率和硅的晶向、掺杂浓度及外加电位有关。另一种常用技术为电化学腐蚀，现已发展为电化学自停止腐蚀，它主要用于硅的腐蚀以制备薄面均匀的硅膜，利用此技术可以制造出 MEMS 的精密三维结构。体微加工技术主要通过对硅的深腐蚀和硅片的整体键合来实现，能够将几何尺寸控制在微米级。由于硅片各向异性化学腐蚀，MEMS 器件可以高精度地批量生产，同时又消除了研磨加工所带来的残余机械应力，提高 MEMS 器件的稳定性和成品率。

表面微加工技术是在硅片正面上形成薄膜并按一定要求对薄膜进行加工形成微结构的技术，该技术以多晶硅为结构层，二氧化硅为牺牲层。表面微加工技术与集成电路技术最为相似，其主要特点是在"薄膜+淀积"的基础上，利用光刻、腐蚀等 IC 常用工艺制备微机械结构，最终利用选择腐蚀技术释放结构单元，获得二维或三维结构。这种技术可以淀积二氧化硅膜、氮化硅膜和多晶硅膜，用蒸发镀膜和溅射镀膜可以制备铝、钨、钛、镍等金属膜。薄膜的加工一般采用光刻技术，如紫外线光刻、X 射线光刻、电子束光刻和离子束光刻。通过光刻将设计好的微机械结构图案转移到硅片上，再用等离子体腐蚀、反应离子腐蚀等工艺来腐蚀多晶硅膜、氧化硅膜、各种金属膜，以形成微机械结构。这一技术避免了体微加工所要求的双面对准、背面腐蚀等问题，与集成电路的工艺兼容，且工艺成熟，可以在单个直径为几十毫米的单晶硅基片上批量生成数百个 MEMS 装置。

4. 深层刻蚀技术

深层刻蚀技术指深层反应离子向硅芯片内部刻蚀，刻蚀到芯片内部的一个牺牲层。这个牺牲层在刻蚀完成后被腐蚀掉，这样本来埋在芯片内部的结构就可以自由运动了。深层刻蚀技术属于微机械加工方法 LIGA 的一种，LIGA 方法是指采用同步 X 射线深层光刻、微电铸制模和注塑复制等主要工艺步骤组成的一种综合性微机械加工技术。利用 LIGA 技术可以加工各种金属、塑料和陶瓷等材料，得到大深宽比的精细结构，其加工深度可达几百微米。

LIGA 技术与其他微细加工技术相比有以下特点。第一，能够制造有较大高宽比的微结构，纵向尺寸可达到数百微米，横向尺寸可以小到 0.5μm，精度可达 0.1μm。第二，用材广泛，金属、合金、陶瓷、玻璃和聚合物都可以作为 LIGA 的加工对象。第三，与微电铸、铸塑巧妙结合可实现大批量复制生产，成本低。LIGA 的主要工艺步骤如下：在经过 X 射线掩模板和 X 射线深度光刻后，进行微电铸，制造出微复制模具，并用它来进行微复制工艺和二次微电铸，再利用微铸塑技术进行微器件的大批量生产。由于 LIGA 所要求的同步 X 射线源比较昂贵，所以在 LIGA 的基础上产生了准 LIGA 技术，它使用紫外光源代替同步 X 射线源，虽然不能达到 LIGA 加工的工艺性能，但也能满足微细加工中的许多要求。

3.9　芯片制造技术

芯片作为信息时代的核心科技产物，是指内含集成电路的硅片，可能在 $4cm^2$ 大小的芯片上包含上亿个晶体管。芯片，又称微芯片（microchip）、微电路（microcircuit）、集成电路（IC），其体积很小，是电子设备中最重要的部分，承担着运算和存储的功能，常见的芯片包括 CPU、GPU、NPU 等。

中央处理器（central processing unit，CPU），是计算机的主要设备之一、计算机中的核心配件。CPU 是一块超大规模的集成电路，其主要逻辑架构包括控制单元，运算单元和高速缓冲存储器及实现它们之间联系的数据、控制及状态的总线，图 3.16 为龙芯中科技术股份有限公司研发的 CPU。

图形处理器（graphics processing unit，GPU），又称显示核心、视觉处理器、显示芯片，是一种专门在个人计算机、工作站、游戏机和一些移动设备上做图像和图形相关运算工作的微处理器。GPU 的构成相对简单，有数量众多的计算单元，特别适合处理大量的类型统一的数据。但 GPU 无法单独工作，必须由 CPU 进行控制调用才能工作。

图 3.16　龙芯 3C5000

张量处理单元（tensor processing unit，TPU），是一款为机器学习而定制的芯片，执行每个操作所需的晶体管数量更少、效率更高。与 CPU 和 GPU 相比，TPU 可以提供数十倍的性能提升和效率（性能/瓦特）提升，每瓦特能为机器学习提供比所有商用 GPU 和 FPGA 更高的量级指令。TPU 是专为机器学习应用而开发的，以便芯片在计算精度降低的情况下更耐用。

神经网络处理单元（neural network processing unit，NPU）的工作原理是在电路层模拟人类神经元和突触，并且用深度学习指令集直接处理大规模的神经元和突触，一条指令完成一组神经元的处理。相比于 CPU 和 GPU，NPU 通过突出权重实现存储和计算一体化，从而提高运行效率。嵌入式神经网络处理器采用"数据驱动并行计算"的架构，特别擅长处理视频、图像类的海量多媒体数据。NPU 处理器专门为物联网人工智能而设计，用于加速神经网络的运算，解决传统芯片在神经网络运算时效率低下的问题。NPU 处理器包括了乘加、激活函数、二维数据运算、解压缩等模块。

从芯片产业链的角度来看，半导体产业最上游是 IC 设计公司与硅晶圆制造公司，IC 设计公司依据客户需求设计出电路图，硅晶圆制造公司则以多晶硅为原材料制造出硅晶圆；中游的 IC 制造公司主要的任务就是把 IC 设计公司设计好的电路图移植到硅晶圆制造公司制造好的硅晶圆上；完成后的硅晶圆再被送往下游的 IC 封测厂实施封装与测试，测试合格后的硅芯片便可交付使用。因此，芯片生产主要包括设计、制造、封测三大环节。

3.9.1　芯片设计

IC 设计可以粗分为数字 IC 设计和射频/模拟 IC 设计，数字 IC 设计又可分为 ASIC 设计和 FPGA/CPLD 设计，此外还有一部分 IC 设计采用数模混合设计，如 SOC 设计和数模混合信号 IC 设计。

专用集成电路（application specific integrated circuit，ASIC），需制作掩模，设计时间长，硬件不能升级；但是芯片面积小，性能可以得到较好的优化[15]。ASIC 适合芯片需求量大的场合，片量用于平摊昂贵的光罩掩模制版费，降低单片生产成本。现场可编程门阵列（field-programmable gate array，FPGA）和复杂可编程逻辑器件（complex programmable logic device，CPLD）是 ASIC 设计最为流行的方式之一，它们不需要后端设计、制作掩模，可编程，开发门槛较低，设计时间较短，可方便和快速地升级优化硬件；但是芯片面积大，性能不够优秀，适合芯片需求量小的场合，不用支付昂贵的光罩掩模制版费。射频/模拟 IC 用于处理模拟信号，具有高信噪比、低失真、低耗电、高可靠性和稳定性的特点，其规模远不如数字 IC，例如，放大器、比较器、振荡器、混频器、模拟 PLL、稳压稳流源等。数模混合信号 IC 应用以模拟电路、微波电路为主，也用于电压较高、电流较大的专用电路中，例如，电台、电子计算机、测试测量、航空、微波无线电等。下面以数字 IC 为例来说明芯片设计流程，数字 IC 的设计流程包括前端设计、功能验证和后端实现三个阶段。

1. 前端设计（RTL 设计、逻辑设计）

用硬件描述语言（hardware description language，HDL）来描述硬件电路，抽象地表示电路的结构和行为（怎样组成，完成什么功能）。HDL 描述的两种方式：结构描述（若干部件用信号线互连形成一个实体）和行为描述（反映信号的变化、组合和传播行为，特点是信号的延迟和并行性）。HDL 具有与具体硬件电路无关和与 EDA 工具平台无关的特性，支持从系统级到门和器件级的电路描述，并具有在不同设计层次上的仿真/验证机制；可作为综合工具的输入，支持电路描述由高层向低层的转换。

2. 功能验证（前仿真）

这个阶段的仿真可以用来检查代码中的语法错误以及代码行为的正确性，其中不包括时延信息。如果没有实例化一些与器件相关的特殊底层元件，这个阶段的仿真也可以做到与器件无关。因此在设计的初期阶段不使用特殊底层元件即可以提高代码的可读性、可维护性，提高仿真效率。仿真：先对设计进行一系列激励（输入），然后有选择地观察响应（输出）；激励与控制：设置输入端口，输入激励向量；响应和分析：及时监控输出响应信号变化，判断是否正确、合法。常用仿真 EDA（electronic design automation）工具有 SPICE、LTspice、ModelSim 等。

3. 后端实现（逻辑综合+时序分析+布局布线+版图验证，后仿真）

逻辑综合将描述电路的 RTL 级 HDL 转换到门级电路网表，根据该电路性能要求（限制），在一个由制造商提供的包含众多结构，功能、性能均已知的逻辑元件单元库的支持下，找出一个门级逻辑网络结构的最佳实现方案，形成门级电路网表。综合 EDA 工具主要包括三个阶段：转换、优化与映射。转换阶段将 RTL 用门级逻辑来实现，构成初始的未优化电路；优化与映射对已有的初始电路进行分析，去掉电路中的冗余单元，并对不满足限制条件的路径进行优化，然后将优化后的电路映射到由制造商提供的工艺库上，常用的 EDA 工具为 Design Compiler。

时序分析一般采用静态时序分析（static timing analysis，STA），以验证门级逻辑网络结构电路网表的时序是否正确。STA 工具要在电路网表中找到关键路径，关键路径是电路网表中信号传播时延的最长路径，决定了芯片的最高工作频率。STA 工具可以分为三个基本步骤：第一是将电路网表看成一个拓扑图；第二是时延计算（连线时延、单元时延）；第三是找到关键路径并计算时延，进行判断。

布局布线将门级电路网表实现成版图。版图验证包括设计规则检查（design rule check，DRC）和电路规则检查（layout versus schematic，LVS），DRC 保证版图的可制造性和满足芯片制造厂的版图设计规则；LVS 证明版图与门级电路网表的一致性。后仿真是保证版图是否满足时序的要求，在后仿真之前首先要进行参数提取，提取版图的连线时延信息，以及后仿真 STA 等。

3.9.2 芯片制造

1. 晶圆制造

后端设计完成后便可以进行芯片制造了，晶圆是芯片制造中必不可少的材料，从二氧化硅（SiO_2）矿石，例如，石英砂中用一系列化学和物理冶炼的方法提纯出硅棒，然后切割成圆形的单晶硅片，这便是晶圆。

第一步，选择品质比较好的硅石。第二步，在硅石中提炼相对高纯度的冶炼级工业硅锭，在石墨矿热炉（石墨电弧电炉）里面，按比例放上硅石、木屑、煤炭等材料，加热至 2000℃左右，通过还原反应，提取浓度为 98%～99%的冶炼级工业硅。第三步，对冶炼级工业硅锭进一步提纯变成芯片级硅棒，提纯方法有西门子法和柴可拉斯基法（Czochralski process）。第四步，芯片级单晶硅棒切成薄片，制作芯片级晶圆。晶圆是精加工后的硅片，这一过程先需要经历滚磨、激光标识、切片、倒角、磨片、腐蚀、背损伤、边缘镜面抛光、预热清洗、抵抗稳定，然后经过退火、背封、粘片、抛光、检查前清洗、外观检查、金属清洗、擦片、激光检查、包装（里面充满氮气）等各个环节。

2. 芯片制造过程

首先要准备制作光刻掩模板，光刻掩模板又称光罩，简称掩模板，是微纳加工技术常用的光刻工艺所使用的图形母板，由不透明的遮光薄膜在透明基板上形成掩模图形结构，再通过曝光过程将图形信息转移到产品基片上。芯片设计师将芯片的功能、结构设计图绘制完毕之后，就可将这张包含了芯片功能模块、电路系统等物理结构的"地图"绘制在"印刷母板"上供批量生产，这一步骤就是制作光刻掩模板，然后进入对晶圆的光刻阶段[16]。

（1）准备晶圆覆膜（氧化）。将准备好的晶圆送进光刻机光刻之前，一般通过高温加热方式使其表面产生氧化膜，如使用二氧化硅（覆化）作为光导纤维，便于后续的光刻流程。

（2）往晶圆上涂上光刻胶。光刻胶（photoresist），也称光阻或光阻剂，是指通过紫外光、深紫外光、电子束、离子束、X 射线等光照或辐射时，其溶解度发生变化的耐蚀刻薄膜材料，是光刻工艺中的关键材料，主要应用于集成电路和半导体分立器件的细微图形加工。

（3）光刻机光刻。光刻机将紫外（或极紫外）光通过镜片，照在前面准备好的集成电路掩模板上，将设计师绘制好的"电路图"曝光（光刻）在晶圆上，如图 3.17所示。

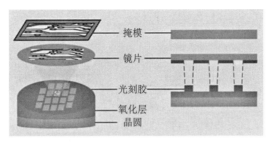

图 3.17　曝光环节

（4）溶解光刻胶。光刻过程中，曝光在紫外线下的光刻胶被溶解、清除后，留下的图案和掩模上的一致再进行蚀刻。

（5）蚀刻。光刻机照射到部分的光阻（光刻胶）会发生相应变化，一般使用显影液将曝光部分去除，被光阻（光刻胶）覆盖部分以外的氧化膜，则需要通过与气体反应去除。光刻胶覆盖的位置被保护，没有被覆盖的位置被刻蚀、形成凹陷，实现电路图像的转移，如图 3.18 所示。

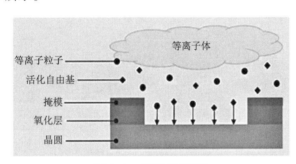

图 3.18　反应离子刻蚀

（6）离子注入。在真空中，用经过加速的原子、离子照射（注入）固体材料，使被注入的区域形成特殊的注入层，改变区域硅的导电性，这一过程使晶格中的原子排列混乱或成为非晶区；再将离子注入后的半导体放在一定的温度下进行加热，恢复晶体的结构、消除缺陷，从而激活半导体材料的不同电学性能。

（7）薄膜沉积。为了创建芯片内部的微型器件，需要不断地沉积一层层的薄膜并通过刻蚀去除其中多余的部分，另外还要添加一些材料将不同的器件分离开来。每个晶体管或存储单元都是通过上述过程一步步构建起来的，这里所说的"薄膜"是指厚度小于 1μm、无法通过普通机械加工方法制造出来的"膜"，将包含所需分子或原子单元的薄膜放到晶圆上的过程就是"沉积"。

要形成多层的半导体结构，需要先制造器件叠层，即在晶圆表面交替堆叠多层薄金属（导电）膜和介电（绝缘）膜，然后通过重复刻蚀工艺去除多余部分并形成三维结构。可用于沉积过程的技术包括化学气相沉积、原子层沉积和物理气相沉积，采用这些技术的方法又可以分为干法和湿法沉积两种。物理气相沉积用于形成各种金属层，联通不同的器件和电路，以便于进行逻辑和模拟计算，化学气相沉积用于形成不同基础层之间的绝缘层。在完成一层光刻流程之后，把这一阶段制作好的晶圆用绝缘膜覆盖，然后重新涂上光阻（光刻胶），继续开始新一层的光刻，越是先进制程的芯片，层数越多。

集成电路芯片有成千上万种类和功用，然而它们都是由为数不多的基本结构和生产工艺制造出来的。晶圆厂商使用增层、光刻、掺杂和热处理这四种最基本的工艺方法，通过大量的工艺顺序和工艺变化制造出特定的芯片。

（8）互连。通过基于晶圆的光刻、刻蚀和沉积工艺可以构建出晶体管等元件，处于导体与非导体（即绝缘体）之间，需要将它们连接起来才能实现电力与信号的发送与接收。在集成电路片上淀积金属薄膜，把互相隔离的元件按一定要求互连成所需电路的工艺，便是芯片的互连工艺，该工艺主要使用铝、铜材料，铜互连工艺的基本过程与铜互连微结构分别如图 3.19 和图 3.20 所示。

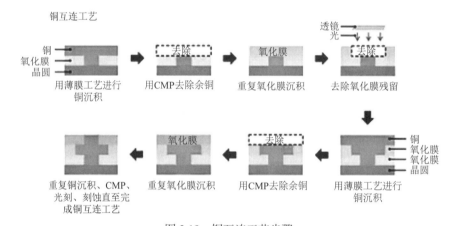

图 3.19　铜互连工艺步骤

化学机械抛光（chemical mechanical polishing，CMP）

图 3.20　铜互连微结构

3. 芯片封装和测试

封装（packaging，PKG）是在半导体制造的后道工程中完成的，即利用膜技术和微细连接技术，将半导体元器件及其他构成要素在框架或基板上布置、固定及连接，引出接线端子并通过塑性绝缘介质灌封固定，从而构成整体主体结构。封装最基本的功能是保护电路芯片免受周围环境的影响，因此在最初的微电子封装中，是用金属罐作为外壳，用与外界完全隔离的、气密的方法来保护脆弱的电子元件。但随着集成电路技术的发展，尤其是芯片钝化层技术的不断改进，封装的功能也在慢慢异化。

一般来说，顾客所需要的并不是芯片，而是由芯片和 PKG 构成的半导体器件。PKG 是半导体器件的外缘，是芯片与安装基板间的界面，因此无论 PKG 的形式如何，封装最主要的功能应是芯片电气特性的保持功能。

通常认为，半导体封装主要有电气特性保持、芯片保护、应力缓和尺寸调整配合四大功能，它的作用是实现和保持从集成电路器件到系统之间的连接，包括电学连接和物理连接[17]。目前，集成电路芯片的 I/O 线越来越多，它们的电源供应和信号传送都要通过封装来实现与系统的连接。芯片的速度越来越快，功率也越来越大，使得芯片的散热问题日趋严重，由于芯片钝化层质量的提高，封装用以保护电路功能作用的重要性正在下降。IC 的封装工艺流程可分为晶圆切割、金线键合、塑封、激光打印、切筋打弯、检验检测等步骤[18]。

（1）晶圆切割。首先将晶片用薄膜固定在支架环上，以确保晶片在切割时被固定住，然后根据晶圆已有的单元格式将其切割成一个一个微小晶片，布满芯片的晶圆如图 3.21 所示。晶圆切割一般采用激光切割、等离子弧切割，将切割好的晶片用胶水贴装到框架衬垫上，通常使用环氧树脂或聚酰亚胺作为填充物以增加黏合剂的导热性。

图 3.21　布满芯片的晶圆

（2）金线键合。金线键合的目的是将晶圆上的键合压点用极细的金线连接到引线框架上的内引脚上，使得晶圆的电路连接到引脚。通常使用的金线的一端烧成小球，再将小球键合在第一焊点，然后按照设置好的程序拉金线，将金线键合在第二焊点上。

（3）塑封。将完成引线键合的芯片与引线框架置于模腔中，再注入塑封化合物环氧树脂用于包裹晶圆和引线框架上的金线，以保护晶圆元件和金线。塑封的过程分为加热注塑、成形两个阶段。塑封是为了保护元件不受损坏、防止气体氧化内部芯片、保证产品使用的安全和稳定性[19]。

（4）激光打印。激光打印是用激光射线在塑封胶表面打印标识和数码，包括制造商的信息、器件代码、封装日期等，可以作为识别和追溯的依据。

（5）切筋打弯。将原来连接在一起的引线框架外管脚切断分离，并将其弯曲成设计的形状，但不能破坏环氧树脂密封状态，并避免引脚扭曲变形，将切割好的产品装入料管或托盘便于转运。

（6）检验检测。检验检测产品的外观是否符合设计和标准，常见的测试项目包括：打印字符是否清晰、正确，引脚平整性、共面性，引脚间的脚距，塑封体是否损伤、电性能及其他功能测试等。芯片制造的最后一道工序为测试，其主要目标是检验半导体芯片的质量是否达到一定标准，从而消除不良产品、并提高芯片的可靠性。测试可分为一般测试和特殊测试，前者是将封装后的芯片置于各种环境下测试其电气特性，如消耗功率、运行速度、耐压度等。经测试后的芯片，依其电气特性划分为不同等级[20]。而特殊测试则是根据客户特殊需求的技术参数，从相近参数规格、品种中拿出部分芯片，做有针对性的专门测试，看是否能满足客户的特殊需求，以决定是否须为客户设计专用芯片。经一般测试合格的产品贴上规格、型号及出厂日期等标识的标签并加以包装后即可出厂，图 3.22 为封装测试完成后的芯片效果图。

图 3.22　封装测试完成后的芯片效果图

参 考 文 献

[1] 李锡柱. 先进制造技术发展现状及趋势分析[J]. 中国机械, 2023(23): 17-21.

[2] 吕凯. 熔模铸造[M]. 北京: 冶金工业出版社, 2018.

[3] 曹守臻. 面层材料对熔模铸造 TiAl 合金界面反应和抗氧化性能的影响[D]. 哈尔滨: 哈尔滨工业大学, 2013.

[4] 高胜学, 丁兴平, 李小海. 激光切割技术国内各领域的研究现状及展望[J]. 机械研究与应用, 2024, 37(1): 173-176.

[5] 王斌, 王雨轩. 激光焊接技术综述[J]. 山东工业技术, 2017(19): 49.

[6] Feng D, Li X D, Zhang X M, et al. The novel heat treatments of aluminium alloy characterized by multistage and non-isothermal routes: A review[J]. Journal of Central South University, 2023, 30(9): 2833-2866.

[7] 吴燕明, 陈小明, 赵坚. 表面工程与再制造技术: 热喷涂替代电镀铬研究与应用[M]. 北京: 中国水利水电出版社, 2016.

[8] 李光廷, 王国涛. 现代特种加工技术的研究[J]. 中小企业管理与科技, 2020(17): 192-193.

[9] 许超, 袁信满, 关艳英, 等. 超声加工技术的应用及发展趋势[J]. 金属加工(冷加工), 2022(9): 1-6.

[10] 罗云烽, 王高鹏, 程文礼, 等. 复合材料快速成形技术研究综述[J]. 纤维复合材料, 2023, 40(2): 96-102.

[11] 胡师柿. 3D 打印技术的发展情况综述[J]. 造纸装备及材料, 2021, 50(7): 76-77.

[12] 纵荣荣, 李海鹏, 葛广跃, 等. 3D 打印技术在汽车行业的应用[J]. 汽车实用技术, 2022, 47(11): 195-199.

[13] 孙玉山. 精密机械加工技术及其发展动向[J]. 科学与财富, 2022, 14(2): 25-27.

[14] 苑伟政, 常洪龙, 谢建兵. MEMS 集成设计与制造技术进展[J]. 机械工程学报, 2023, 59(19): 176-186.

[15] 刘冬生, 李奥博, 胡昂, 等. 后量子密码算法与芯片设计研究进展[J]. 科技导报, 2024, 42(2): 20-30.

[16] 李强. 集成电路芯片制造技术与工艺分析[J]. 数字技术与应用, 2023, 41(12): 46-48.

[17] 郑嘉瑞, 肖君军, 胡金. 半导体芯片键合装备综述[J]. 机械制造, 2022, 60(8): 7-12.

[18] 田文超, 谢昊伦, 陈源明, 等. 人工智能芯片先进封装技术[J]. 电子与封装, 2024, 24(1): 17-29.

[19] 林福珍. 芯片的封装测试技术与讨论[J]. 通讯世界, 2019, 26(9): 45-46.

[20] 朱小炜, 栾津. 超高频（UHF）芯片测试的管理优化研究[J]. 中国集成电路, 2023, 32(10): 87-91.

第4章 工业生产智能控制技术

物联网技术及人工智能技术的发展极大地推动了传感技术与控制技术的网络化及智能化，这为工业生产智能控制提供了基础技术支撑。智能传感技术是智能控制的前提，其能够实现智能制造中数据的分布收集、云端处理及智能决策。智能控制技术能够使生产设备自行发现问题、识别问题及处理问题，进而提高制造精度，其优点是具有较强的学习能力、适应能力、容错能力、鲁棒性以及人机交互性。智能传感技术与控制技术是实现智能制造的关键技术之一。

智能传感技术、智能控制技术、加工过程智能监控技术以及工业机器人技术在智能制造过程中有机结合、相辅相成，如图 4.1 所示。基于智能传感技术的传感器对生产环境进行数据采集，以此驱动数控装置来精确地控制机床的运动轨迹、刀具的位置以及工业机器人的动作执行，加工过程智能监控技术对生产过程中的关键参数进行实时监测与分析，并根据历史数据来预测未来可能出现的异常情况，从而达到优化流程、提升效率和降低成本等目标。

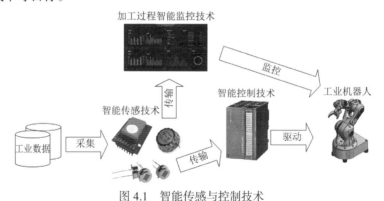

图 4.1 智能传感与控制技术

4.1 工业生产现场传感技术

智能传感器具有信息采集、处理和交换的功能，特别是随着集成技术、人工智能技术等的发展，实现了传感器与控制和执行功能的进一步结合，其中较具有代表性的是微机电系统（MEMS）[1]。

MEMS 作为智能传感器的重要载体，将微型机构、微型传感器、微型执行器以及信号处理和控制电路、接口、通信模块和电源等集成于一体，具有体积小、重量轻、功耗低、可靠性高，并能与微处理器集成等优点，是智能感知的重要基础硬件。

MEMS 传感器主要分为惯性传感器、压力传感器、图像传感器、麦克风传感器和生物传感器，图 4.2 为智能传感器分类图。惯性传感器如加速度计和陀螺仪主要应用于智能终端产品，压力传感器应用于工业自动控制，图像传感器应用于摄像机，麦克风传感器应用于自动驾驶、智能音箱等产品，生物传感器如指纹、虹膜、血压、心率传感器等已被广泛应用于医疗设备领域[1]。

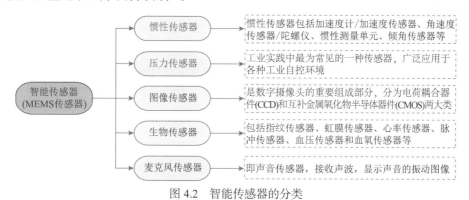

图 4.2　智能传感器的分类

4.1.1　机器视觉技术

1. 机器视觉系统组成

美国制造工程师学会给出的定义：机器视觉就是使用光学非接触式感应设备自动接收并解释真实场景的图像以获得信息控制机器或流程[2]。

机器视觉系统主要由照明电源、镜头、相机、图像采集/处理卡、图像处理系统及其他外部设备等组成。机器视觉可分为"视"和"觉"两部分。"视"是将外界信息通过成像显示成数字信号反馈给计算机，需要依靠一整套的硬件解决方案，包括光源、相机、图像采集卡、视觉传感器等。"觉"则是计算机对数字信号进行处理和分析，主要是软件算法。图 4.3 为基于机器视觉的汽水瓶缺陷检测系统组成示意图，主要由电源、相机、I/O 板等部分组成，该系统用于分选含缺陷的汽水瓶。

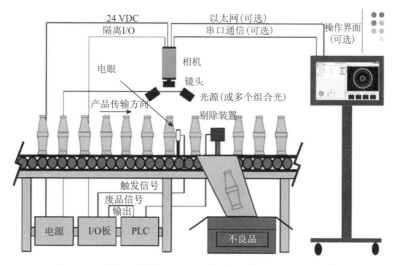

图 4.3　基于机器视觉的汽水瓶缺陷检测系统组成示意图

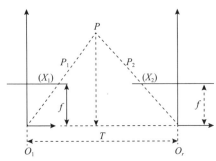

图 4.4　机器视觉测量原理示意图

2. 机器视觉测量原理

双目视觉测量系统测量原理如图 4.4 所示，O_1 和 O_r 是双目系统的两个摄像机，P 是待测目标点，左右两光轴平行，间距是 T，焦距是 f。对于空间任意一点 P，通过摄像机 O_1 观察，看到它在摄像机 O_1 上的成像点为 P_1，X 轴上的坐标为 X_1，但无法由 P 的位置得到 P_1 的位置。实际上 O_1P 连线上任意一点均是 P_1。所以如果同时用 O_1 和 O_r 这两个摄像机观察 P 点，由于空间 P 既在直线 O_1P_1 上，又在 O_rP_2 上，所以 P 点是两直线 O_1P_1 和 O_rP_2 交点，即 P 点的三维位置是唯一确定的。

3. 机器视觉图像处理过程

步骤 1：捕获图像，释放快门并捕获图像。

步骤 2：传输图像数据，将图像数据从工业相机传输到控制器。

步骤 3：增强图像数据，预处理图像数据以增强功能。

步骤 4：测量处理，测量图像数据上的缺陷或尺寸，测量并将处理结果以信号的形式输出到连接的控制设备（PLC 等）。

4. 应用示例：基于机器视觉的刀具磨损检测

刀具磨损检测系统主要包含刀具状态检测及刀具状态识别两部分，其中，刀具状态检测包括获取刀具图像、图像预处理、边缘检测以及特征提取，如图 4.5 所示。

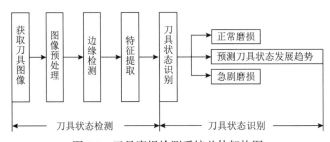

图 4.5　刀具磨损检测系统总体架构图

刀具磨损检测总体流程主要包括磨损前后刀具样本的离线训练和刀具特征图像识别检测两部分[3]，通过利用磨损前刀具样本和磨损后刀具样本经过离线训练后得到识别算法，然后结合要检测的刀具特征图像，经过特征提取后，输出磨损检测结果，如图 4.6 所示。

基于机器视觉的刀具磨损检测可以测量刀具的磨损量，其检测精度取决于刀具磨损图像的处理。刀具磨损检测中的图像处理过程主要包括图像的灰度化、自适应中值滤波、自适应二值化及边缘检测[4]，如图 4.7 所示。

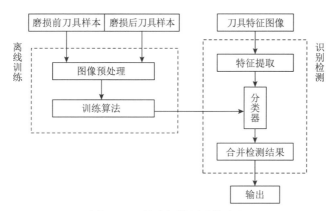

图 4.6　刀具磨损检测总体流程

在不同刀具材料、切削参数、冷却方式及加工要求情况下，分别获取加工前的刀具和加工一定时段以后的刀具图像，并提取刀具磨损区域数据特征量，如后刀面磨损量、刀具前角和后角、刀尖距离等[4]。

将不同工况、不同刀具磨损区域的数据特征向量作为样本，输入人工神经网络模型，最后可以得到刀具磨损程度及刀具剩余寿命，如图 4.8 所示。

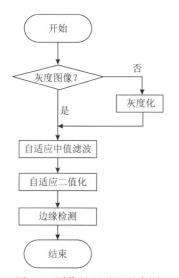

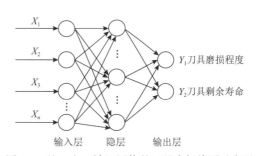

图 4.7　图像处理过程示意图　　　　图 4.8　基于人工神经网络的刀具磨损检测示意图

4.1.2　红外无损检测技术

1. 红外无损检测技术的基本原理

红外热成像技术是一种利用红外摄像机将物体表面不可见的红外热辐射信息转换为可见的热图像的非接触式检测方法[5]。

红外检测技术根据是否需要外部激励源可分为有源（主动）检测和无源（被动）检测。被动红外热成像技术是利用物体发射的红外辐射载有物体的特征信息进行智能分析判断。主动红外热成像技术是通过主动施加特定的外部热激励，通过热量在物体内部的热传导，根据物体内部缺陷处的热传导系数不同导致物体表面温度的差异，使用红外热像仪采集热像图并加以判断[5]。

电磁激励红外无损检测技术基本原理如图 4.9 所示，红外光学系统将被测物体表面不可见的红外热辐射信息经图像处理单元处理后转换为可见的红外热图像。

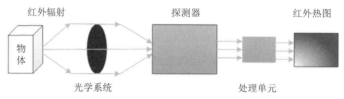

红外辐射　　　　　　　　探测器　　　　　　　红外热图

物体

光学系统　　　　　　　　处理单元

图 4.9　电磁激励红外无损检测技术基本原理示意图

2. 应用示例：航空复合材料微缺陷智能检测系统

一直以来，航空航天领域先进复合材料表面与内层微缺陷的高精度无损检测及安全评估有着极大的需求[6]。针对这一需求，构建一种高速冷热气流激励的复合材料温度场和形貌变化系统，如图 4.10 所示，该系统采用高速热气流激励，红外热成像与数字全息成像对材料表面同一区域进行记录观察，利用材料缺陷周围应力分布不均衡，调制脉冲热激励参数使缺陷周围形成梯度温场，同时材料受热膨胀引起复合材料表面的形貌微位移，从而通过图像序列综合分析力场、温场、形场多物理信息，构建复合材料多参数模型，获得复合材料内表缺陷特征信息，评估构件的安全性。

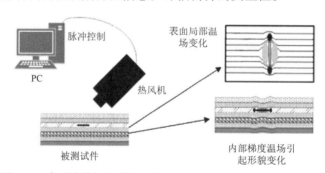

脉冲控制　　　　　表面局部温场变化

PC

热风机

被测试件　　　　　内部梯度温场引起形貌变化

图 4.10　高速冷热气流激励的复合材料温度场和形貌变化示意图

采用高速冷热气流红外热成像与数字全息三维形貌测量技术，同时获取材料表面温场、形貌的时序变化图像。这种同步测量的方式，温度场和形貌之间具有极强的关联性。进一步分析应力引起的微变形、微应变，可测量复杂结构表面形貌、材料表面微裂纹、表面粗糙度等；分析内层金属材料的热特性、冷热气流激励引起的表面形貌微位移，可检测内层金属微裂纹或早期裂纹；以及通过图像序列的分析，建立应力、热场、形貌的相关关系，评价裂纹的扩展和构件的安全性。测量系统主要由高相干性固体激光器、准直扩束系统、半反半透镜、反射镜、高分辨率 CMOS 相机构成，如图 4.11 所示；高速热风激励的红外热成像系统由气流喷嘴、热像仪构成。其中干涉形貌成像采用可见光波段 0.4~0.78μm，热成像为红外波段，波长范围为 8~14μm，如图 4.11 中红色所示，因而两种光学成像方法在理论上不存在相互干扰问题。数字全息图计算出的复振幅信息，包括二维平面数据和三维形貌数据，对于表面微变形或缺陷，红外热成像可快速定性分析，二维图像结合图像处理可得出定量结果；内部缺陷在热激励下，膨胀致力场发生变化，反应为热图区域不一致，热传递过程非均匀扩散，三维形貌发生非同等性微位移。分析序列图像，以时间为相关性，构建力热形貌的多物理信息模型，实现内部金属层缺陷及残余应力估算。

图 4.11　温场与形场关联成像系统组成示意图

3. 航空复合材料微缺陷检测系统的关键技术

高速热气流激励条件下，复合材料表面形变以及三维形貌微位移量的特征参数识别与控制是技术关键。热膨胀不仅存在于内部缺陷周围，材料本身具有热膨胀系数，热传递过程中应当控制热激励的温度，避免高温致材料本身产生形变。利用图像锐利度判据等焦面检测方法，结合数字全息成像对光程的敏感特性，可判定全局视场的变形程度，进而控制激励温度，使其图像全局未呈现变形的条件下，观测到局部三维形貌微变化。

（1）脉冲调制和连续非相干叠加激励。

不同的复合材料构件，其热传导系数存在差异，这就要求高速热气流激励源具有多参量可调的特点。气流温度参数，采用发热丝或者陶瓷发热芯，结合可调电位器实现无极调制。气流速度参量，切换全波和半波整流形成两挡风力控制开关。脉冲调制参量，利用 PWM（pulse width modulation）脉冲控制固态继电器实现通断。其他还有喷嘴形状、构件表面温度、喷射角度和距离、激励时间等根据激励需求进行调整或设定，如图 4.12（a）所示。

如图 4.12（b）所示为脉冲开关控制的非相干叠加式激励。高速热气流激励方式属于集中热源作用下的非稳态导热问题，持续的高温高速激励会造成热量集聚，覆盖热温变化曲线并引起构件表面形变。对于脉冲调制和连续调制气流激励，将其看成若干个非相干激励源先后作用在试件同一位置，试件上某点的温度等于各独立激励源对该点产生温度的叠加总和。利用叠加原理可分别推导高速气流脉冲调制和连续调制下复合材料表面瞬态热传导公式，从而得到相应的激励措施。

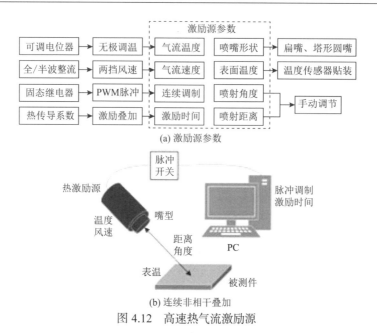

（a）激励源参数

（b）连续非相干叠加

图 4.12   高速热气流激励源

（2）光强调控以及会聚球面波小孔滤波的准直扩束系统。

物体表面散射的物光波和参考光波在图像传感器靶面相遇形成干涉光场，大靶面高分辨率 CMOS 相机记录干涉图样，通过模拟计算再现过程，获取物光的振幅和相位分布，实现复杂结构缺陷、微量形变检测。这里 CMOS 相机是光电转换器件，接收到的是光强信号，图像的平均强度在相机的中间位置时，获取的信息要素更完整。因复合材料表面的材质不同，其散射强度各不相同，在激光出射位置，采用连续变密度滤光片，无极调制激光照强度。又参考光与物光强度相近时，干涉条纹图像的对比度更强烈，所以在反射光路中增加不影响光照均匀性的固定密度滤光片，调整参考光强度。

图 4.13 中的光束调整系统从左至右依次为衰减片、显微物镜、小孔阵列、激光扩束准直镜组。由于系统采用了高相干性的单纵模固体激光器，功率恒定无法调节，使用连续变密度衰减片对光束强度实现无极调制。传统的 304#不锈钢针孔，圆度受加工工艺的限制，出射光斑会有明显的畸变，小孔阵列以二氧化硅为基底，镀铬后利用激光直写击穿，圆的直径和不确定度均可达到纳米量级，而后配合显微物镜将激光光束会聚成极小的光斑，透过针孔阵列中与波长相当的小孔，生成理想的球面波点光源。接着透过激光扩束准直镜组，在内部经过一系列的变换之后，出射光强分布均匀的平面光波。在经过半反半透镜后，反射部分照明被测物得到散射的物光波，透射部分经相同光程距离的全反镜折返，最终形成干涉图像。

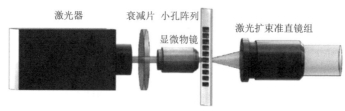

图 4.13   多学科耦合系统框架

（3）时间维度的缺陷特征分析与诊断。

基于高速热气流激励，红外热成像系统采用红外热像仪记录试件表面温度随时间变化的信息，CMOS 相机记录试件表面三维形貌随时间变化形成的干涉条纹信息。如图 4.14 所示，两种数据均是一个包含空间和时间信息的视频序列数据，这个视频序列可以用一个三维的张量 Y 表示，维度为 $N_x \times N_y \times T$，序列第 t 张图像由背景信息矩阵、缺陷信息矩阵、噪声信息矩阵构成。其中，N_x 和 N_y 分别表示数据的水平和竖直的空间维度，T 表示时间维度。利用缺陷区域满足稀疏特性，借助主成分分析法、独立成分分析法和自适应变分贝叶斯等算法，可分离视频中的背景信息、缺陷信息和噪声信息。

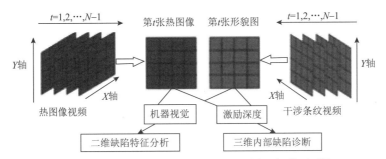

图 4.14　脉冲涡流热激励形貌微变化同步无损检测系统

红外热成像与干涉形貌成像均包含二维平面信息和三维深度信息。利用机器视觉检测算法，对二维图像进行轮廓提取，获得表面缺陷的长度、宽度特征信息，并可根据轮廓特征对缺陷类型进行分类。其中红外热成像视场范围大，可做定性检测，数字全息图精度高，可做定量检测，呈互补关系。时间维度的温度梯度和形貌高度，均是与激励深度相关的变量，对其进行关联分析，诊断复合材料内部缺陷，并可进一步构建多物理信息综合分析数据库，对构件的安全性进行评价。

4.1.3　阵列涡流检测技术

1. 阵列涡流检测技术原理

涡流检测以电磁感应为基础，当载有交变电流的检测线圈靠近待检测导体时，由于线圈磁场的作用，试件中会感生出涡流。同时，该涡流也会产生磁场，涡流磁场会影响线圈磁场的强弱，进而导致检测线圈电压和阻抗的变化。导体表面或近表面的缺陷会影响涡流的强度和分布，引起检测线圈电压和阻抗的变化，根据这一变化，可以推测导体中缺陷的存在[7]。

2. 汽轮机叶片和叶根槽阵列涡流检测[7]

汽轮机叶片（图 4.15（a））和枞树形叶根槽（图 4.15（b））在运行过程中受离心力和激振力的作用，在叶片表面和叶根槽变截面处易产生极大的应力，常会发生叶片断裂或叶根槽开裂情况，一旦断裂便会造成停电，从而带来巨大的经济损失。随着机组步入老龄化阶段，对叶片及叶根的探伤成为确保机组正常运行的必要前提。

(a) 汽轮机叶片　　　　　　　　　(b) 枞树形叶根槽

图 4.15　汽轮机叶片和枞树形叶根槽

　　根据阵列涡流探头的特点和汽轮机叶片、叶根槽的结构特性可以看出，对于面积较大工件的检测，除了需要满足检测灵敏度、检测速度以及缺陷定位精度等要求，还需要考虑被检测工件的几何形状、曲面变化、测量空间等客观条件，因此，选用 SMART-5097 阵列涡流探伤仪，该仪器支持 32 通道阵列传感器。图 4.16 从左至右依次为阵列柔性探头、叶片边缘检测探头、叶根槽检测仿形探头。柔性探头线圈阵列能够分布在很大的面积范围内，从而实现一次性对叶片大面积的检测，而且柔性探头可以更好地与叶片表面贴合，保证探头线圈产生的涡流场与叶片耦合良好，减小了提离效应的影响。叶片边缘使用弹性夹持探头进行检测，弹性夹持探头可以随叶片边缘的薄厚变化提供良好的弹性接触。叶根槽检测是根据槽的尺寸形状将线圈植入仿形结构中，定制专用的仿形检测探头。仿形探头中线圈随着探头结构的外形平行布置，保证在各变截面处能达到相应的检测效果，根据支持的通道数可将线圈布置在单侧或双侧。通过一次或两次的扫查，实现对叶根槽两个侧面的完整检测。

(a) 阵列柔性探头　　　(b) 叶片边缘检测探头　　　(c) 叶根槽检测仿形探头

图 4.16　阵列涡流传感器探头

4.1.4　RFID 技术

1. RFID 技术原理

　　RFID（radio frequency identification，射频识别）是一种非接触的、实时快速、高效准确地采集和处理对象信息的自动识别技术[8]。RFID 是传统条码技术的继承者，又称"电子标签"。RFID 主要由电子标签、天线、读写器和控制软件组成，简单理解为读写器通过无线电波技术，无接触式快速批量读写标签内的信息。RFID 技术原理及组成如图 4.17 所示。

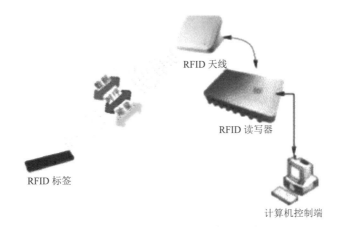

图 4.17　RFID 技术原理及组成

2. 在智能制造中的应用

在智能制造工位上安装工位定置格、智能引导器、安灯、工位一体机等，定置格下面安装 RFID 阅读器，为定置格中的每种工具都绑定 RFID 标签，MES 集成所有的设备，并在每个工步下配置了使用的工具类型。工位自动执行时，将在工位一体机显示需要执行的任务，引导器指引应拿取的工具，RFID 读写器校验是否拿取了正确的工具，安灯系统通过不同颜色的灯光显示每个环节的执行的正确性。

在智能制造工作台上使用 RFID 的优点：第一，人工依据各项指引操作，无须记忆复杂操作流程；第二，智能引导、智能校验、智能提醒、智能数据采集，减少失误，提高效率和准确性。

RFID 作为一种自动化的数据采集技术，必须要与相关的软件系统，如 WMS（warehouse management system）、LES（logistics execution system）、MES 等结合应用，满足数据自动批量采集上传、自动校验、自动反馈等业务需求。智能制造实施缺少了 RFID 技术，就无法获取产品数据，也就无法实现自动化控制，RFID 技术是智能制造实现的必备技术。

4.1.5　现场传感器发展趋势

当前智能传感器已被广泛应用于物联网，承载着数据的采集、处理、存储和传输的功能，未来的传感器更是集成了消息的传送、API（application programming interface）接口、软件、固件、微代码、处理机和状态机，实现了传感器与信息处理和传输的一体化，目前已形成自适应、可扩展和通信的传感器平台[1]。

智能化、微型化、多功能化、低功耗、低成本、高灵敏度、高可靠性将是新型传感器件的发展趋势，新型传感材料与器件将是未来智能传感技术发展的重要方向。无论德国"工业 4.0"、美国工业互联网，还是《中国制造 2025》，具体到物联网、智能汽车、智能交通、智能制造，其前端核心技术都用到智能传感技术。智能传感技术发展趋势主要体现在以下几个方面：

（1）关注传感技术的系统性以及传感器、数据处理与识别技术的协调发展；

（2）研究开发新型传感器和传感器技术，涉及新理论、新材料、新工艺等诸多因素；

（3）研究与开发特殊环境下的传感器与传感器技术系统；

（4）研究各种行业使用的传感技术系统，主要是可靠性、可利用性和降低成本；

（5）与人工智能等技术有机结合应用，主要是高可靠性、自适应性、抗干扰性智能传感技术。

智能传感技术是一门多学科交叉的高技术领域，伴随着物理学、生物科学、信息科学和材料科学等相关学科的高速发展，未来智能传感技术功能全面化、结构微型化、智能化程度高、集成一体化等。未来智能传感技术将更有效地模仿人类的感官，来检测、处理和分析复杂的信息。

4.2　工业生产智能控制方法

智能控制是一门具有强大生命力和广阔应用前景的新型自动控制科学技术，它采用各种智能化技术实现复杂系统和其他系统的控制目标。

随着人工智能和机器人技术的快速发展，各种智能控制系统，包括专家控制、模糊控制、递阶控制、学习控制、神经控制、进化控制、免疫控制和智能规划系统等已先后开发成功，并被应用于各类工业过程控制系统、智能机器人系统和智能制造系统等[9]。

随着网络技术的快速发展，网络已成为大多数软件用户的交互接口，软件逐步走向网络化，为网络服务。智能控制适应网络化趋势，其用户界面已逐步向网络靠拢，智能控制系统的知识库和推理机也逐步与网络接口交接。与传统控制和一般智能控制不同的是，网络控制系统并非以网络作为控制机理，而是以网络为控制媒介；用户对受控对象的控制、监督和管理，必须借助网络及其相关浏览器和服务器来实现。无论客户端在什么地方，只要能够上网就可以对现场设备及其受控对象进行控制与监控。智能控制系统与网络系统深度融合而形成的网络智能控制系统，是当今智能控制的一个新的研究和应用方向。

21 世纪以来，智能控制在更高水平上复合发展，并实现与国民经济的深度融合。特别是近年来，各先进工业国家竞相提出人工智能、智能制造和智能机器人的发展战略，为智能控制的发展提供了前所未有的发展机遇。中国政府发布的《中国制造2025》《新一代人工智能发展规划》和《机器人产业发展规划（2016—2020 年）》等国家重大发展战略，为智能控制基础研究及其在智能制造、智能机器人、智能驾驶等领域的产业化注入活力。

4.2.1　先进数控技术

数控技术是指用数字化信息对设备的运行及其加工过程进行控制的一种自动化技术，它集传统的机械制造技术、计算机技术、现代控制技术、传感检测技术、网络通信技术和光机电技术等技术于一体，它是实现制造过程自动化的基础、柔性制造系统的核心以及现代集成制造系统的重要组成部分[10]。数控技术的应用是一个国家机械制造业水平的重要指标之一。利用数控技术可以大幅度地缩短产品的制造周期，解决复杂零件的加工制造问题，提高产品的加工质量。

1. 发展现状

开放式数控的概念最早在美国被提出，随后有许多相关的研究计划在世界各国相继启动，其中影响较大的有美国的 OMAC（open modular architecture controls）计划、欧洲的 OSACA（open system architecture for controls within automation system）计划、日本的 OSEC（open system environment for controller）计划以及欧洲共同体提出的 STEP-NC（standard for the exchange of product model data-numerical control）等[11]，表 4.1 显示了上述 4 种开放式数控体系的主要特点。

表 4.1　国外主要开放式数控体系特点

体系名称	特点
OMAC	构造了比较完整的体系结构，通过定义各种 API 接口模块建立不同类型的控制器，各模块之间的接口由微软的 IDL（interactive data language）接口定义语言规定
OSACA	系统平台软件部分由操作系统、通信系统和配置系统组成，开放式数控系统由一系列逻辑上相互独立的控制模块构成，各模块之间及与系统平台之间具有友好的接口协议
OSEC	按照数控系统中各模块控制目标、处理内容和实时性等要求将控制系统划分为不同的机能块，处于同一水平的机能块组成一个机能群
STEP-NC	利用信息技术，实现 CAD、CAM 与 CNC 之间的无缝连接，为 CNC 系统提供完整的产品数据，实现从"如何制造"到"制造什么"的转变

尽管数控技术经历了几十年的发展，但是目前绝大部分数控技术仍封闭在系统框架内部，不具备移植性、兼容性和二次开发的可能，导致系统维护、技术升级极为困难，且各厂商之间的数控系统软件、硬件模块和体系结构遵循各自独特的标准，系统之间不能相互替代和数据共享[11]。

从"六五"到"十三五"，我国数控技术的发展持续受到国家的重视和支持，其发展过程可分为两个阶段：引进吸收阶段、自主创新阶段，如图 4.18 所示。在引进吸收阶段，引进消化、吸收国外先进的数控技术，并逐渐实现数控机床的产业化。在自主创新阶段，逐渐形成了具有自主知识产权的核心技术，总体技术水平进入国际先进行列。近些年，虽然我国的数控技术取得了很大进步，但与国外发达国家相比，各方面还是存在着较大的差距，尤其是在高精尖数控技术方面差距更为明显。

2. 关键数控技术

先进数控技术是高档数控机床的核心竞争力，主要具备两大典型特征：开放化与智能化。此外，还包括功能复合化、绿色化、集成化、数字化等重要特征。开放化主要指数控系统配备标准化基础平台，提供标准接口和互联网络，允许开发商不同软硬件模块接入，具有模块化、可移植性、可扩展性以及可互换性等功能[12]。智能化主要指数控机床与数控系统具备智能加工、智能监测、智能维护、智能管理、智能决策等智能功能。关键先进数控技术包括高速高精联动控制技术、机床多源误差补偿技术以及智能化控制技术三大方面[13]，如图 4.19 所示。

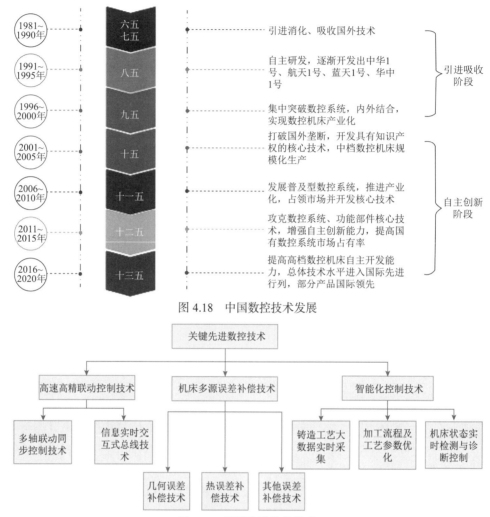

图 4.18　中国数控技术发展

图 4.19　关键先进数控技术

（1）高速高精联动控制技术。

数控机床与普通机床的本质区别在于能否进行多轴联动控制加工，而在高速高加速的多轴联动工况下，由于各伺服轴处于频繁加减速状态，并且各轴运动性能和运动状态也存在固有差异，因此，多轴联动实时精确控制往往显得困难，导致加工实际轮廓轨迹与理想轮廓轨迹存在较大偏差。高速高精联动控制作为高档数控机床必须攻克的重难点技术，其子技术主要包括信息实时交互式现场总线技术与多轴联动同步控制技术[12]。

为实现高速高精运动控制，数控设备和数控系统间实现实时同步、高效可靠的通信必不可少。然而，传统的"脉冲式"或"模拟式"接口早已不能满足高速高精的控制需求，因此，国内外的数控公司纷纷采用数字通信的方式以求实现信息的实时交互，即现场总线技术。

在实现数控设备与数控系统信息实时交互的前提下，多轴联动同步误差直接影响最终运动轮廓误差，因此保证伺服控制的精确同步至关重要。针对单伺服轴的精确运动较易实现，多伺服轴的高速高精同步控制仍存在较大偏差等问题，国内外研究聚焦在控制策略和控制算法两方面。在控制策略方面，研究主要趋向基于网络的同步控制方案设计，以提高联动的实时同步性能与稳定控制精度。在控制算法方面，目前广泛采用基于智能算法的 PID 反馈控制，实现多轴高速高精同步控制，具有强鲁棒性和强抗干扰能力等优点。

（2）机床多源误差补偿技术。

数控机床多轴联动加工精度受多方面因素耦合影响，误差来源主要包括机床各零部件原始制造、安装或磨损引起的几何误差，相对运动部件间的运动误差，各运动轴的伺服控制误差，机床部件或旋转主轴热误差，切削力致变形误差，运动部件或整机振动误差等。而具有经济高效、操作可控等优点的机床多源误差补偿技术则是目前机床企业广泛采用的一种加工精度提升方法。机床多源误差补偿技术包括几何误差补偿技术、热误差补偿技术、力误差补偿技术、振动主动抑制技术等[12]。

机床几何误差是由机床零部件原始制造、安装或磨损引起的系统性误差，是数控机床误差中最重要的误差源。机床几何误差补偿方法主要包括误差模型解耦分离补偿法以及轮廓精度反馈控制补偿法。解耦分离补偿法根据机床几何误差模型将空间误差解耦分离到各运动轴，求得相应的补偿量，然后采用实际运动后再叠加补偿或在实际运动前直接修改数控代码实现精确运动的方式进行误差补偿。

在机床几何误差补偿后，表征机床温度变化引起的零部件相对位置和形状变化的热变形误差成为制约精密数控机床加工精度的关键因素，一般认为可达总误差源的 40%～70%。热误差具有时滞时变、多向耦合以及复杂非线性等特征，有效补偿的前提是建立准确的热误差模型。

（3）智能化控制技术。

在智能制造大环境的影响下，智能化控制技术已成为高端数控机床最为突出的典型特征之一。智能化控制技术主要指一种以大数据采集为基础，通过建立数控机床的加工信息"数字孪生"模型，利用数据挖掘相关智能算法，对数控机床进行动态数据采集和实时监控，实现数控加工流程与工艺参数在线优化、状态实时监测与诊断控制等功能的技术。在智能化控制技术的支持下，数控机床能够感知自身加工状态和加工过程，根据机床状态进行自学习、自控制、自维护等行为。对于数控机床的智能化控制，制造大数据实时采集是底层基础，数据有效挖掘是中间手段，而根据挖掘的有效信息进行实时的工艺流程及工艺参数优化、机床状态监测及诊断控制则是最终目标。智能化控制技术包括制造工艺大数据实时采集、加工流程及工艺参数优化、机床状态实时监测与诊断控制等[12]。

制造工艺数据是实现智能化制造的重要基础，也是高精数控加工的必要保证。在具有相同加工条件的情况下，零件加工的工艺流程和工艺参数直接决定了零件加工的质量和效率。

在对数据进行实时采集后，通常采用智能算法对数据进行分析和标注以挖掘、提炼有效信息，应用于新工件的加工过程中，而新产生的加工数据又会实时上传到数据收集平台，通过对数据类型、加工效果的多维度比较分析，以机器学习方式总结经验，对加工流程及工艺参数进行优化并指导下一次加工。

3. 典型应用：在智能制造中的应用

智能制造基于新一代信息通信技术与先进制造技术深度融合，贯穿于设计、生产、管理、服务等制造活动的各个环节，具有自感知、自学习、自决策、自执行、自适应等功能的新型生产方式，它是《中国制造 2025》的主攻方向，也是"互联网+制造"的制高点[14]。智能制造的本质是信息技术与制造技术的深度融合，中国智能制造的战略目标是跻身于世界制造强国行列，其发展偏重生产要素与互联网化，以实现制造业的智能转型，推进制造产业迈向中高端。智能制造实现的前提是高端制造装备及控制的智能化。高端智能制造装备实质上是一种人机一体化智能系统，主要由智能机器和人类专家系统组成，在制造全生命周期过程中可进行分析、推理、判断、构思和决策等智能化行为。高端智能制造装备是先进制造技术、新一代信息通信技术以及人工智能技术在制造装备上的集成和深度融合，主要包括高端数控机床、工业机器人、智能测控装置、3D 打印设备、柔性自动化生产线等。其中，高档数控机床作为国家战略级高端装备以及智能制造工程五类关键技术装备与十大重点集成应用领域之一，其核心数控技术的创新与突破已然成为完成智能制造工程的重要保障。

高档数控机床具有工具管理、远程监控诊断、智能测量、实时补偿与加工优化等特征，高档数控机床通过接口和网络可为企业信息化系统与数据分析提供生产过程实时数据，这需要以先进数控技术作为支撑。数控技术自动化程度的提高可实现数控机床自动换刀、自动装夹、自动加工与加工优化等功能；数控技术的开放化与网络化使得制造过程中生产数据可通过机床接口与网络传输集成到数据管理平台中，以进行数据分析；数控技术的智能化赋予数控机床智能测量、实时补偿与设备智能故障诊断等功能。

高档数控机床作为集成制造系统的独立制造单元，在通用标准接口与网络互联、人工智能技术以及先进制造技术等驱动下，也推动着集成化智能制造系统（integrated intelligent manufacturing system，IIMS）的发展[12]。智能制造与先进数控技术之间的逻辑关系如图 4.20 所示。

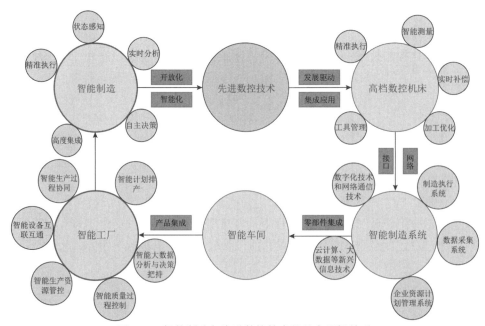

图 4.20　智能制造与先进数控技术的基本逻辑关系

在《中国制造 2025》以及实现智能制造的目标驱动下，我国数控技术必然朝着自动化程度更高，更开放化、网络化、智能化方向发展。数控技术逐渐从专用封闭式开环控制模式向通用开放式全闭环控制模式发展，硬软件系统及控制方式也日趋智能化。

4.2.2　柔性制造系统

1. 柔性制造系统的定义及组成

柔性制造是指通过自动化柔性制造系统进行不同形状、不同种类工件的制造，其技术总和变为柔性制造技术[15]。由于生产技术相对密集，属于密集型技术群，其制造系统更加重视柔性，能够实现中小批量多种类的产品加工。柔性制造系统（flexible manufacturing system，FMS）是一个自动化的生产制造系统，在最少人的干预下，能够生产任何范围的产品簇，系统的柔性通常受到系统设计时所考虑的产品簇的限制[16]。

从 20 世纪 60 年代 FMS 出现后，FMS 大致可以分为早期柔性制造系统和现代柔性制造系统。早期柔性制造系统有两台控制计算机——DNC 计算机和 FMS 计算机，如图 4.21 所示。

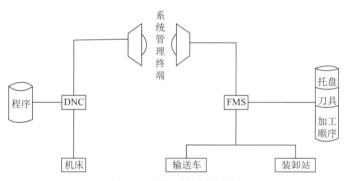

图 4.21　早期柔性制造系统

柔性制造系统（FMS）通过计算机控制系统承担工件传输系统控制，实现各机床所需托盘的调度，以及工件的运动，特别适合被加工零件品质变化不大，产量较大的情况。每周的零件加工调度由管理人员完成，每周之间的变化是不大的，管理者也可以主动地参与生产，例如，通过采用对不同零件设置不同优先权等方法减少或增加某一种产品的产量。

现代柔性制造系统可概括为三个组成部分——多工位数控加工系统、自动化物流系统及计算机控制信息系统，如图 4.22 所示。

多工位数控加工系统由若干台对工件进行加工的 CNC 机床及其所使用的刀具构成；自动化物流系统由输送系统、储存系统和搬运系统三部分组成，其中输送系统用于建立各加工设备之间的自动化联系，储存系统具有自动存取机能，用以调节加工节拍的差异，搬运系统用于实现加工系统和物流系统以及储存系统之间的自动化关联；计算机控制信息系统，包括过程控制及过程监控两个子系统，其中，过程控制系统进行加工系统及物流系统的自动控制，过程监控系统进行在线状态数据自动采集和处理[17]。

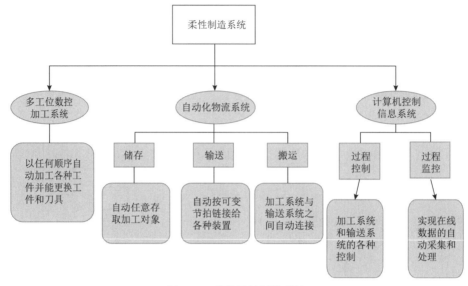

图 4.22　现代柔性制造系统

2. 典型应用：在智能车间中的应用

　　柔性制造系统通常是由若干数控加工设备、自动化物流系统、计算机控制信息系统组成的一种集成式制造系统，在自动化与信息化的基础上扩展了柔性制造能力，系统能够根据生产任务进行调整，适应多品种、小批量的个性化生产模式[18]。图 4.23 为生产电子水泵的柔性制造系统功能模型。制造层包含加工系统、装配系统、检测系统三大模块，是柔性制造系统的主体，由大量的技术与硬件有机组合而成，其中技术包含成组技术、机器视觉、传感技术等，硬件包含机床群组、机械臂、试验台等，完成电子水泵柔性生产的全过程。运输层由立体仓库、转运小车、机械臂、码垛铲车、AGV 等组成，实现制造层的物质流控制。控制层由控制中心、PLC、交换机、数据库等组成，实现制造层的信息流控制。

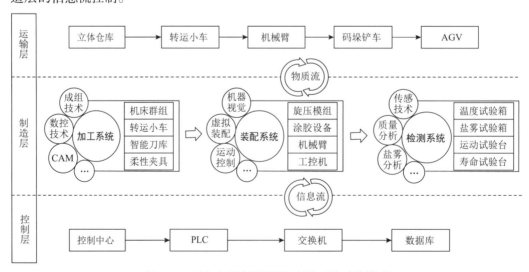

图 4.23　面向电子水泵的柔性制造系统功能模型

柔性制造系统常常和组合夹具、工业机器人、智能制造等结合使用。图 4.24 为柔性制造系统在智能车间的应用。柔性制造技术由于具有高效、灵活的特性而成为实施敏捷制造、并行工程、精益生产和智能制造系统的基础[19]。

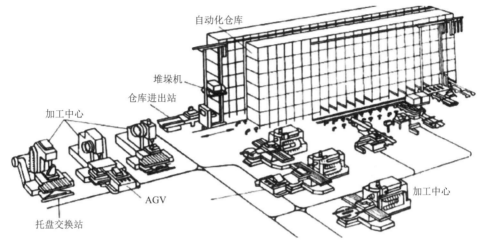

图 4.24　柔性制造系统在智能车间的应用

4.2.3　智能决策支持系统

智能决策支持系统（intelligent decision support system，IDSS）起源于 20 世纪 80 年代初期，由 Bonczek 等率先提出，是管理决策科学、运筹学、计算机科学与人工智能相结合的产物[20]。它是在传统决策支持系统的基础上发展起来的一种基于知识的、智能化的决策支持系统。它的核心思想是将人工智能（artificial intelligence，AI）和 DSS 相结合，应用专家系统技术，使 DSS 能够更充分地应用人类专家的知识通过逻辑推理来帮助解决复杂的决策问题的辅助决策系统。IDSS 既发挥了专家系统以知识推理形式解决定性分析问题的特点，又充分利用了决策支持系统以模型计算为核心的解决定量分析问题的特点，将定性分析和定量分析有机地结合起来，使解决问题的能力得到进一步的提高[21]。

进入 20 世纪 90 年代，Internet 技术的发展给决策支持系统提出了极富挑战的问题。随着分布计算和网络计算的迅速发展，IDSS 也开始由集中式演化产生一系列新的概念、观点和结构。按照智能决策方法，大致可以把 IDSS 分为 3 类[20]。

1. 基于人工智能的 IDSS

基于专家系统的 IDSS ES 是目前 IDSS 中应用较成熟的一个领域，一般由知识库、推理机及数据库组成。它使用非数量化的逻辑语句来表达知识，用自动推理的方式进行问题求解，而 IDSS 主要使用数量化方法将问题模型化后，利用对数值模型的计算结果来进行决策支持。

基于机器学习的 IDSS 机器学习是通过计算机模拟人类的学习来获得人类解决问题的知识。机器学习由于能自动获取知识，在一定程度上可以解决专家系统中知识获取"瓶颈"问题。

基于 Agent 的 IDSS-Agent 是目前 AI 领域的研究热点，主要有智能型 Agent 研究、Multi-Agent 系统研究和 Agent-oriented 的程序设计研究 3 个方面。

2. 基于数据仓库的 IDSS

数据仓库通过对多数据源信息的概括、聚集和集成，建立面向主题、集成、时变、持久的数据集合，从而为决策提供可用信息。与数据仓库同时发展起来的联机分析处理（on-line analytical processing，OLAP）技术通过对数据仓库的即时、多维、复杂查询和综合分析，得出隐藏在数据中的总体特征和发展趋势。OLAP 进行的多维数据分析有切片和切块、旋转、钻取等方式。

3. 基于网络技术的 IDSS

分布式决策支持系统（distributed decision support system，DDSS），是对集中式 DSS 的扩展，是分布决策、分布系统、分布支持三位一体的结晶。从概念上理解，DDSS 是由多个物理上分离的信息处理节点构成的计算机网络，网络上的每个节点至少含有一个决策支持系统或具有若干辅助决策支持的功能。

群体决策支持系统（group decision support system，GDSS），是对个体决策支持系统的扩展，是为群体决策活动提供支持的信息系统，它将通信技术、计算机技术和决策理论结合在一起，促进具有共同责任的群体求解半结构化和非结构化决策问题。

高层决策支持系统（stratagem decision support system，SDSS），其有战略决策支持系统和决策支持中心。战略决策支持系统是支持战略管理的，这里的战略是指全局性、长远性、根本性决策。而决策支持中心是在高层管理部位，配备熟悉决策环境和事务的信息系统人员，支持应急的和重要决策的计算机信息系统。

随着现代科学技术的发展，IDSS 向着综合化、集成化方向发展。如何把数据仓库、联机分析、数据挖掘、模型库、数据库、ES、面向对象、Agent、机器学习等各种关键性技术的优点综合利用起来，从而形成综合的决策支持系统，开发出真正实用而有效的 IDSS 是当前 IDSS 发展中的突出问题。具有分布式结构的 Multi-Agent 系统是分布式 IDSS 的重要研究领域。利用 Multi-Agent 技术所具有的特性可解决复杂系统的决策问题，它为 IDSS 提供了新的途径。由此可见，对于 IDSS 来说，要想取得突破性的进展，未来 IDSS 的设计和实现也必将是基于多智能体的。因此，研究探讨新环境下多智能体决策支持系统的开发模式无疑是具有重要意义的工作。

4.2.4 发展趋势

智能控制技术主要研究计算机程序设计、机械制造、人机交互应用、智能控制系统设计维护等专业知识，重点在于控制。

在技术方面，智能控制器处于物联网中的应用层，是物联网中的承载方，作为硬件接口将人、机、物互相连接起来，以微控制单元为核心，自动控制理论为基础，集成了自动控制技术、传感技术、微电子技术、通信技术、电力电子技术、电磁兼容技术等诸多技术门类而形成的高科技产品。智能控制器具有信息收集和处理能力，其技术含量较高，随着物联网的快速发展，智能控制器在软硬件方面的技术水平均在不断提高。

在硬件方面，微控制（microcontroller unit，MCU）芯片、数字信号处理器（digital signal processing，DSP）芯片以及其他半导体器件的技术日趋成熟，成本不断降低且功能更加强大，芯片的存储容量也越来越大，产品稳定性更高，使芯片能写入更多、更复杂的程序，其智能控制功能和应用领域变得更为广泛。

在软件方面，数据处理技术、解码驱动技术、云端打通技术、手势和声音识别算法等技术越来越强大，技术变革速度越来越快，使智能控制器的技术水平不断发展，其应用领域也更加广阔。

4.3　加工过程智能监控技术

进入 21 世纪，科学技术的发展越来越快，科学技术水平也飞速提高，尤其是计算机技术、信息技术、自动化技术的快速发展，使工业水平迅速提高。制造业作为国民经济和综合国力的支柱产业，制造技术是直接创造财富的基础，高科技的制造技术是当今国际的主要竞争力体现之一。随着工业和科学技术的进步，现代制造业已经深度融合信息技术、数控技术、系统控制工程等。其要求制造设备具有自动化程度高、精度高、适应力强等特点，特别是国家正大力发展先进制造技术，以带动基础工业的发展。现代制造业发展趋势可归结为两个方向：一是以提高效率为目的的自动化，即将信息技术贯穿于整个制造过程，提高制造信息处理和控制的自动化程度，以此来提高效率，缩短生产周期；二是以提高加工精度为目的的精密化，通过先进的检测手段来实现超精密加工及检测，以控制产品质量。采用先进的制造和检测监控技术来迅速地提高装备制造业的水平，是当前一个重要的发展方向，研究和发展现代检测与监控技术有着广阔的市场前景[22]。

4.3.1　加工过程智能监控系统

随着人力成本的不断提高、制造过程的自动化不断完善，加工过程对人的依赖性也越来越小。在无人值守条件下，及时有效的过程智能监控技术，是加工过程状态自动调整的基础，同时也是切削设备安全性的重要保障。加工过程智能监控技术能够有效地实时感知加工过程和设备的实时状态，指导过程工艺参数调整，优化产品质量。当发现设备故障或性能退化时，能及时做出预警；当发现危险时，能及时采取措施，保护设备和制品的安全[23]。

监控系统主要由传感器、信号处理，模型和决策等模块组成，传感器用于检测加工中某个物理量和机械量的变化，信号处理包括进行数据采集、模拟数字转换信号放大及滤波等。模型表示监控对象与检测信号的关系，如某个数学方程。模型有固定模型、自适应模型和自学习模型等。决策是依据模型对状态信息做出正常或异常的判断。监控系统的基本组成与工作原理如图 4.25 所示。

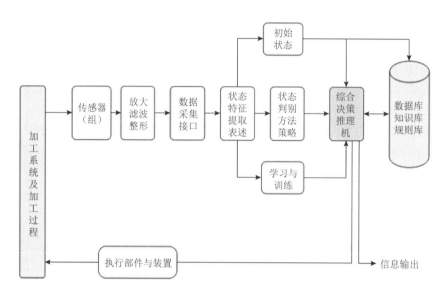

图 4.25　监控系统的基本组成与工作原理

在自动化机械系统运行过程中，为了检测设备和生产过程的运行状况，要在设备及其辅助设备装置的选定部位安装相应的传感器来检测机械设备和生产过程的运行状况信息。由于传感器输出的信号复制往往很小，且带有很多噪声和干扰信号，需要对信号进行放大、滤波甚至整形等处理；经预处理后的信号输入计算机数据采集接口，进行模数转换等，将信号转化为计算机能够接受的格式。由于计算机输入的信号是多种因素综合考虑的结果，难以直接用于被检测对象的状态识别，计算机根据要求，采用相应的信号处理方式从信号取能够表征被测对象状态变化的特征值。状态判别模块根据相应的判别策略和方法，对输入的状态特征值进行处理，得出被检测项目的状态，最后交给推理机，推理机根据系统初始状态及相关的知识和数据，做出最后决策，并将处理的结果和有关信息上报给系统管理计算机，如果需要对系统进行反馈和调整，则向执行机构发出控制指令和相关参数。加工过程控制流程图如图 4.26 所示。

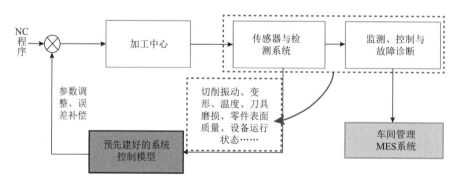

图 4.26　加工过程控制流程图

4.3.2　加工过程智能监控方法

1. 基于时空映射的加工过程监控方法

通过数据采集方法获得的加工现场数据是对加工工况的真实反映，但是加工过程信号难以与加工工况一一对应，而时空映射模型的目的是建立加工过程监测信号与加工位置之间的时空对应关系。基于时空映射的加工过程数据监测与可视化分析技术，主要研究加工过程数据采集方法，并对加工工况进行时域和空间离散，引入体元模型分别对零件空间和加工过程信号进行细分和标记，采用短时域处理方法将加工过程信号表征为对应的短时域信号特征，建立单位体元工况和加工过程信号的知识关联，从而建立加工过程数据与零件加工位置对应的时空映射模型，如图 4.27 所示。

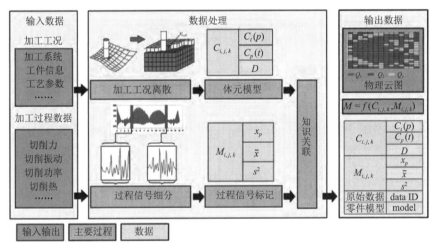

图 4.27　时空映射过程

时空映射模型的数据来源可以分为两部分，一部分是通过数据采集得到的加工过程数据，另一部分是零件模型数据，时空映射模型建立的就是从采集到的加工过程数据到零件模型的映射。对于开放式数控系统，加工过程中产生的信息都能通过数控系统采集得到，其中包括加工位置信息、工艺信息和响应信号等，对这些数据的采集是同时域的，因此可以将时域的响应信号映射为加工位置的函数，从而实现对加工过程的监测与控制。

2. 基于数字孪生的加工过程监控方法

数字孪生的加工设备运行状态监测方法主要是解决典型航空产品装配生产线的生产过程中缺乏有效的人机交互手段、设备实时运行状态可视化监控程度低等问题，包括模型构建与优化处理、NC 程序解析与加工仿真、软硬件通信与数据传输和实时仿真与数据分析。

加工设备加工过程可视化与仿真分析包括虚拟模型与场景搭建、NC 程序解析与仿真、现场设备与模型间数据传输、整合生产信息并显示等步骤。设备与软件建立通信后以实时数据驱动虚拟模型运动，从而实现设备实时运行状态的三维可视化、生产信息的整合和展示功能，再以数据为支撑来进行设备运行状态和加工质量的分析和优化。最终实现 NC 程序解析与模型仿真功能、产线设备运行状态在线监测功能信息显示、设备实时三维仿真[24]，在线监测总体框架图如图 4.28 所示。

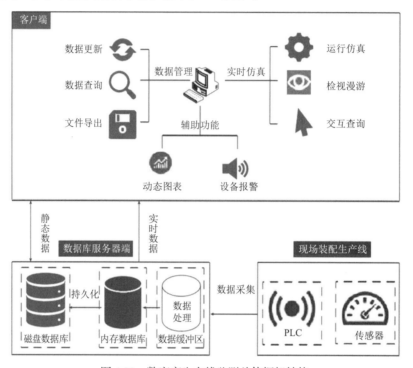

图 4.28　数字孪生在线监测总体框架结构

3. 基于递归分析的混流生产模式加工过程监控方法

混流生产模式是企业一定时期内在一条流水线上生产多种产品的生产方式，混流生产线可以处理多品种、中小批量的加工任务，敏捷高效地响应市场需求[25]。基于递归分析和图像处理技术的能量效率分析与状态监测方法主要解决混流生产模式下机械加工过程的能量效率研究问题，在实现工件类型识别和工件状态判定的基础上实时计算工件的能量效率，同时应用递归定量分析法捕获各个工序状态下功率的非线性特征，有效实现加工过程的状态监测。递归分析智能监测理论框架图如图 4.29 所示。

4. 基于人工智能的加工过程监控方法

基于人工智能的工程问题实现主要涉及人工神经网络（artificial neural network, ANN）[26] 模型。早期阶段基于 ANN 的工件表面粗糙度和刀具磨损监测所采用的网络输入参数主要是一些静态参数，例如，刀具几何角度、工件材料特性、切削工艺参数，相对而言，这些参数与工件表面粗糙度和刀具磨损存在很强的相关性，并且这些信息的获取相对比较容易和直观，因此，ANN 因其较强的学习和自适应能力在切削过程状态监测中得到了广泛的应用。但是基于训练数据所构建的每一个识别模型，其收敛一般需要较长的时间，很难满足加工过程实时性的要求。此外，加工过程中各种变量的相互依赖特性以及众多不可控因子，使基于 ANN 监测的黑箱模型并不利于人们较为容易和直接地理解切削过程本身；而固定长度的输入序列使其在训练时无法确定最优的序列输入长度以优化训练参数，用于提高识别率和缩短训练时间。除此之外，其他人工智能方法，如模糊逻辑、遗传算法等，也在加工过程状态监测中得到了一定的应用。基于ANN 的加工过程状态监测模型如图 4.30 所示。

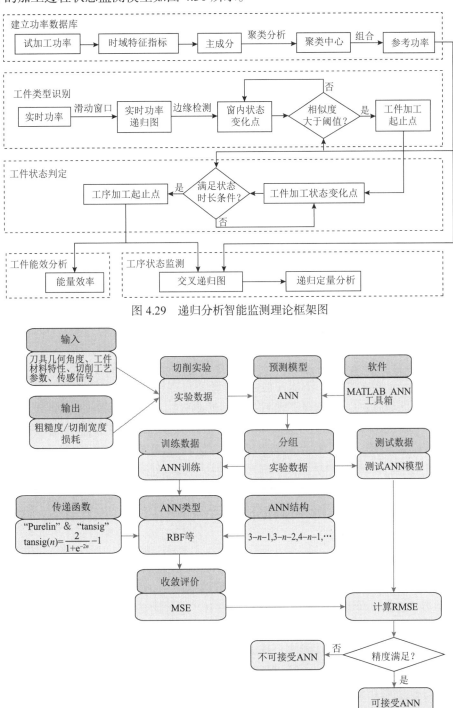

图 4.29　递归分析智能监测理论框架图

图 4.30　基于 ANN 的加工过程状态监测模型

4.3.3　生产过程仿真与优化

1. 生产过程仿真建模[27]

加工过程中问题的早发现及工艺流程的优化有利于节约制造成本及促进产品加工质量的提高，目前，过程仿真及优化应用较多的是数字孪生技术。数字孪生主要由物理空间的物理实体和虚拟空间的虚拟实体组成。通过虚实之间的数据进行动态连接。从制造业方面来讲，人们可以通过生产设备的虚拟实体清楚地观测所制造的产品在当前阶段所处的状态，并通过虚拟实体对物理实体进行实时智能控制，进一步实现物理实体和虚拟实体之间的控制与反馈[28]。

2. 生产过程异构多源数据感知

生产过程多源数据的感知是实现生产过程动态模型构建的基础和前提，但车间产线设备类型复杂、通信标准多样、数据来源众多且呈现多源异构的特点，导致数据采集、管理困难且难以共享。本书构建云/雾/边缘协同数据采集架构，实现对产线信息的高效感知与处理。

云/雾/边缘不同层级，其数据存储、处理与分析能力存在一定的差异，充分利用不同层级之间的能力优势为生产过程多源数据感知提供保障。在边缘层，针对车间的人员、设备、物料、工艺、环境等数据，根据其数据类型、价值以及所遵循的传输协议，通过设备连接管理实现采集，将相同通信协议的设备置于同一数据采集装置下，以便于批量处理，并对高维数据进行特征提取以降低数据传输量并提高传输速度，然后分别传输到雾层处理。在雾层，将来自边缘层遵循不同通信协议的数据通过信息模型分别转换为符合 OPC UA 统一架构的格式并整合，服务器可以通过发布-订阅的方式将数据传输到云端，也可以通过 C/S 模式实现与客户端的通信，进而实现数据的储存或使用。在云层，储存来自雾层的数据，构建关系型数据库，便于对数据进行管理与调用，并利用云端庞大的计算资源对产线状态的映射模型进行训练。此外，由于 OPC UA 统一架构支持"写"功能，并结合方法调用，对数据与命令进行处理。云端不仅能够获取采集的数据与信息，还能够将控制及修正指令直接下发到边缘设备，以实现对设备的优化控制，进而形成了云/雾/边缘端的完整闭环。

3. 生产过程动态模型构建

在产品生产过程中，影响产品质量的因素众多，且产线状态相互耦合，因而难以构建较为准确的产线动态变化机理模型。提取数据特征、建立产线数据-生产过程状态的映射关系、分析映射机理是车间数字孪生中生产过程动态建模的重点。

数据的基本特征提取方法在时域中可提取最大值、最小值、平均值、方差、偏度等特征，在频域中可提取平均频率、均方根频率、频率标准差等特征。针对不同应用需求、应用场景、应用对象，生产过程动态模型构建过程与方法也存在一定的差异。首先，生产过程中设备的健康情况是影响产品的质量、产能以及安全等方面的重要因素。在线设备健康状态建模过程中，可以采集的设备加工过程中的切削力、电流等数据，根据自组织映射、长短时记忆网络建立设备状态的健康因子，实现数据与设备状态之间的映射关系，同时设立失效阈值来估计此设备的剩余寿命，进而及时对设备进行预测性维护。其次，产品的生产是产线运行的根本目的，为提升复杂制造环境下零件质量检测效率，可根据相关性分析对产线数据特征进行筛选，并利用二型模糊神经网络、高斯过程回归、主成分回归等算法，建立信号特征与零件质量的映射关系，从而构建零件质量的模型，实现零件质量虚拟量测与质量特征的获取。最后，为实现对能耗的评估与优化，可根据设备的功能与加工机理，基于层次分析、机器学习等算法，建立车间能耗的数字孪生模型进行能耗感知、仿真与优化。

4. 生产过程模型动态迭代

车间过程是动态变化的，因此生产过程模型需根据生产实际运行情况进行迭代更新。生产过程模型动态迭代更新包括车间模型动态自感知和车间模型动态自迭代两个过程。

为实现生产过程模型的动态迭代，首先要能够感知生产过程的动态变化，即实现自感知。第一，利用模型剪枝、知识蒸馏、强化学习等方法压缩重构生产过程状态的映射，在不损失过多映射关系准确度的基础上降低映射复杂度，得到重构映射模型。第二，通过对重构映射模型的在线训练得到车间实时感知模型，车间实时感知模型一方面保留了部分状态映射模型的映射能力，另一方面在经过产线实时数据训练后包含了产线的动态因素。第三，将车间实时状态感知模型与原始状态映射模型进行基于结构交叉的模型融合，从而实现实时数据驱动的车间状态映射模型动态自感知。

为进一步调整优化生产过程模型，需在模型自感知的基础上进一步实现模型自迭代。第一，在构建车间要素-产线映射状态的映射模型基础上，基于自编码器、生成对抗网络的生成式建模方法，构建以车间映射状态特征为输入、车间要素数据为输出的数字孪生逆模型。第二，基于逆模型，通过改变车间状态特征输入，观察与分析车间要素数据的变化，挖掘车间状态特征对车间要素数据的影响规律以及车间状态特征之间的耦合关系，实现对映射模型中映射机理的分析。第三，根据车间状态特征的实时变化规律和其对车间要素的影响程度，动态更新调整状态映射模型中对应的特征权值，同时也可以根据车间状态特征之间的耦合关系调整特征提取层的结构和连接方式，从而实现数据驱动的车间模型动态自迭代。

5. 案例：新能源汽车动力电池生产数字孪生车间构建

动力电池是新能源汽车的关键组成部件，其制造工艺复杂，生产过程中各道工序的管控都会对电池质量产生影响。为了实现对动力电池生产过程的精准管控，应用新一代信息技术手段，构建新能源汽车动力电池生产车间数字孪生模型，如图 4.31 所示。

新能源汽车动力电池物理生产车间包括配料罐、涂布机、隧道炉、静止炉、辊压机、分条机、模切机、叠片机、提升机、封装机等关键设备，主要功能是完成动力电池生产的配料、涂布、辊压、分条、模切、叠片、焊接封装等工艺。新能源汽车动力电池生产数字孪生车间构建包含以下 3 方面。

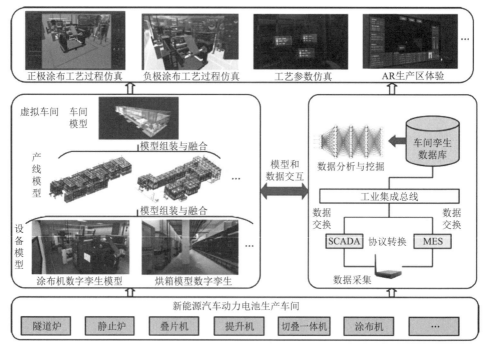

图4.31 新能源汽车动力电池生产数字孪生车间架构

（1）在车间要素模型方面，基于构建的几何模型、工艺数据模型、运动模型、规则约束模型等组装融合形成了涂布机、烘箱等车间设备虚拟模型，以及焊接、注液、封装等生产线模型，各生产线模型进一步组装与融合构成新能源汽车动力电池生产数字孪生车间模型。这些模型从几何、行为、规则等多个维度，以及单元级、系统级、复杂系统级等多个粒度对物理车间进行描述。

（2）在生产过程模型方面，车间孪生数据包括从物理车间采集的状态数据、开关量数据、视频图像等以及车间SCADA、MES数据，如订单信息、生产计划、实际产量数据、质量检测数据等。基于对这些数据的处理与融合，实现生产过程状态的多维度分析与优化。

（3）在生产系统仿真模型方面，基于虚拟模型与孪生数据，构建了正极涂布工艺过程、负极涂布工艺过程等仿真模型。相关模型为对车间生产过程的可视化监控、涂布工艺过程的仿真及从原材料到成品的生产规划等服务提供了重要的支持。

4.3.4 加工过程误差监控与补偿

1. 加工过程误差监控

高精度数控机床主轴系统在长时间高速旋转的过程中会因碳化、疲劳、膨胀等，导致温度升高、形状和位置产生变化，进而引起加工精度下降、加工质量降低等问题。加工过程中机床热变形的影响因素是多方面的，主要包括环境影响、机床内部影响、机床材料特性及机床的结构等。机床主轴热误差监测系统主要包含计算机、控制器、激光位移传感器、摄像头等，如图4.32所示。

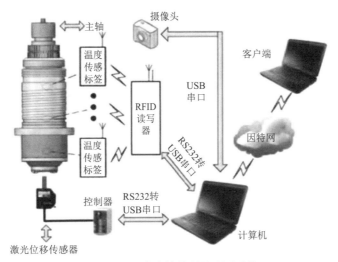

图 4.32　机床主轴热误差监测系统

热误差的控制方法包括如下。①降温法：采用液体、气体等冷却介质，将主轴系统的温度降低到一个安全、稳定的工作状态，从而减少热误差的产生。该方法应用广泛，但是应注意冷却介质的类型、流速、冷却部位以及冷却时间等参数的选择和控制。②补偿法：通过获取温度值和相应的位置偏移量等参数，进行有针对性的补偿控制，从而达到减小热误差的目的。常用的补偿方法有基于桥式传感器的热补偿方法、基于直接测温的热补偿方法和基于镜片软件补偿的热补偿方法等。③结构优化法：通过选用高质量、耐热、不锈钢等材料，改善主轴系统的结构形式，增加散热面积和散热量等措施，减小主轴系统温度上升幅度，从根本上解决热误差问题。

2. 加工过程误差补偿[29]

五轴数控机床几何误差补偿所采用的补偿方法包括硬件补偿和软件补偿。硬件补偿是指运用一些补偿装置或者微动机构对机床的几何误差进行局部的修正，如图 4.33 所示。

图 4.33　基于压电陶瓷的微动补偿机构

几何误差的软件补偿是在机床误差预测模型基础上发展起来的一种新方法。该种方法通常是在几何误差检测、辨识后建立机床的加工误差预测模型，然后根据误差预测模型计算工件加工过程中刀尖点的空间位置误差，通过坐标系零点偏置、修改 NC 代码或在控制系统中增加位置前馈补偿的方式实现刀具空间定位精度的改善。

动态误差具有时变、随机、相关和动态特性，因而其补偿方法与几何误差的补偿方法有很大的差异。关于动态误差的补偿方法还处于研究初期，当前机床动态精度的改善还主要通过伺服增益的调整和优化控制算法来实现，如基于正交耦合控制方法，采用可变增益正交控制方法。

4.4　工业机器人

工业机器人是综合机械、电子、控制、计算机、传感器、人工智能、控制技术等多种学科的先进技术于一体的复杂智能机器。自 20 世纪 60 年代初以来，历经几十年的发展，在各个工业领域已得到广泛应用，是制造业生产自动化中的重要一环。将工业机器人应用在制造业中，不仅可以提高劳动生产率、保证产品质量，而且能够缩短生产准备周期和改善劳动条件。很多工业化国家将工业机器人应用于制造业中，并取得了重大的经济和社会效益。工业机器人具有重复精度高、可靠性好、适用性强等优点，被广泛应用于汽车、机械、电子、物流等行业[30]。

4.4.1　工业机器人的组成及分类

一个工业机器人一般由三部分组成，即执行系统、驱动系统和控制系统。执行系统一般为关节型的机械手结构，可以实现较多的功能；驱动系统一般为电机驱动或液压、气压驱动；控制系统一般由单片机或 PLC 构成。典型的工业机器人结构如图 4.34 所示。

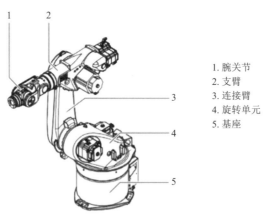

1. 腕关节
2. 支臂
3. 连接臂
4. 旋转单元
5. 基座

图 4.34　工业机器人本体结构

工业机器人的结构是多种多样的，其中最为常见的结构是关节型结构，因为该型结构十分紧凑，这使得采用该型结构的工业机器人体积比较小，重量比较轻；其次该型结构的自由度较大，这使得该型结构的机器人十分灵活，并且可以拥有较大的工作范围。正是基于上述优点，关节型结构是目前世界范围内工业机器人的主要结构[31]。

工业机器人按坐标形式分为直角坐标式机器人、圆柱坐标式机器人、球坐标式机器人、多关节式机器人等，如图 4.35 所示。

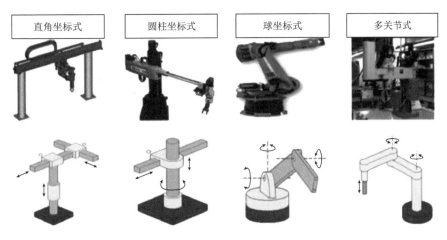

图 4.35 工业机器人分类

4.4.2 工业机器人核心关键技术

我国工业机器人尽管在某些关键技术上有所突破，但还缺乏整体核心技术的突破，特别是在制造工艺与整套装备方面，缺乏高精密、高速与高效的减速机、伺服电动机、控制器等关键部件。其中工业机器人核心关键技术包括如下内容。

1. 灵巧操作技术

工业机器人机械臂和机械手在制造业应用中模仿人手的灵巧操作，通过应用高精度高可靠性的传感器、新机构等以实现整只手的握取，并能完成工人在加工制造环境中的灵活性操作工作。

在工业机器人创新机构和高执行效力驱动器方面，通过改进机械装置和执行机构以提高工业机器人的精度、可重复性、分辨率等各项性能。进而在与人类共存的环境中，工业机器人驱动器和执行机构的设计、材料的选择，需要考虑工业机器人的驱动安全性。

2. 自主导航技术

在由静态障碍物、车辆、行人和动物组成的非结构化环境中实现安全的自主导航，装配生产线上对原材料进行装卸处理的搬运机器人，原材料到成品的高效运输的 AGV 工业机器人，以及类似于入库存储和调配的后勤操作、采矿和建筑装备的工业机器人均为关键技术。

3. 环境感知与传感技术

未来的工业机器人将显著提高工厂的感知系统，以检测机器人及周围设备的任务进展情况，能够及时检测部件和产品组件的生产情况、估算出生产人员的情绪和身体状态。

4. 人机交互技术

人机交互技术需要解决的关键问题包括：机器人本质安全问题，保障机器人与人、环境间的绝对安全共处；任务环境的自主适应问题，自主适应个体差异、任务及生产环境；多样化作业工具的操作问题，灵活使用各种执行器完成复杂操作；人机高效协同问题，准确理解人的需求并主动协助。

4.4.3　典型应用及发展趋势

1. 焊接机器人[31]

焊接机器人被广泛应用于汽车和船只的制造。除此之外，对于人类无法完成的长距离焊接，也可通过焊接机器人来完成。焊接机器人在工作时相比人工有着更高的准确性，这得益于焊接机器人的各类传感器和精密的控制系统，使得焊接机器人有着较高的焊接精度，而且焊接机器人对环境的要求更低，可以在极端温度、密闭环境等恶劣条件下工作。面对大量工作时，焊接机器人的工作效率比人类更高。焊接机器人如图 4.36 所示。

图 4.36　焊接机器人

2. 物料搬运机器人

物料搬运机器人基于单片机的控制，可以进行物料的搬运和配送。我国的绝大多数企业都有它的身影。物料搬运机器人主要分为多关节型、硬臂式助力型和 T 形助力型。多关节型的运动惯性小，灵活性高，工作范围广，可以绕过障碍物抓取物料，并且有着较高的抓取精度，但是搬运物料的重量较小；硬臂式助力型用于大重量、大范围且有扭矩产生的物料搬运；T 形助力型适用于操作空间较小的场合，设置有安全系统，有着较好的安全性。物料搬运机器人如图 4.37 所示。

图 4.37　物料搬运机器人

3. 装配机器人

装配机器人可以自动地对一些零件进行装配，目前主要应用于对内燃机连杆、活塞、缸体等零部件的自动化装配。此外，装配机器人还可以利用机器人视觉实现精密度较高的装配，利用装配机器人进行高精度装配可以最大限度地减少零部件因装配造成的损伤，这对于对精度有着较高要求的机械产品来说有着重要意义，例如，火箭内部机械零件的装配。装配机器人如图 4.38 所示。

图 4.38　装配机器人

4. 激光加工机器人

激光加工机器人是激光技术和机器人技术结合的产物，可以实现对工件的精密切割、钻孔和对金属材料表面进行特殊处理，人工无法完成的特殊加工工艺可以由它完成。激光加工的优势有很多：激光加工时，不存在传统加工中的刀具磨损问题，因为激光发生装置在加工工件时与工件隔着一段距离，不与工件直接接触；激光光斑直径可以达到微米级，工作时间可以控制在纳秒级，并且有着最大 10 kW 的输出功率，因此激光加工有着非常高的精密度和加工效率；激光蕴含的能量很大，当它加工工件时产生的加工温度极高，因此激光可以加工熔点高、硬度大的材料，例如，陶瓷材料，这在传统的加工工艺中是很难实现的；激光加工技术还不易受外界环境的影响，在极端恶劣的环境下也可以正常工作，因此其在与机器人技术结合后，就可以在人类无法工作的环境下进行工作，激光加工机器人将工业机器人的精密性和与激光加工的优势完美结合，组成了一种强大的制造业工具，在西方国家已经发展成为一种成熟的技术。目前我国激光加工机器人技术还不是十分成熟，应用也不是十分广泛，仍有着较大的发展空间。激光加工机器人如图 4.39 所示。

图 4.39　激光加工机器人

4.4.4　典型应用及技术

1. 基于深度学习的工业机器人技术

深度学习是当下的研究热点之一。面对日趋复杂的环境，基于深度学习的大数据分析技术可以有效地解决高复杂度环境下产生的多维度问题。随着技术的不断进步，将工业机器人与深度学习技术相结合，可极大地提高工业机器人的智能化，使得工业机器人可完成更高精度、更高效率的任务，且降低发生事故的可能性，实现人机共融、相互协作地完成作业任务。

2. 多机器人协作技术

工业机器人能够完成的任务正朝着复杂化、精密化发展，这也提高了机器人完成作业的困难度。因此，多机器人协助作业成为工业机器人的研究热点之一。多机器人协助作业需要解决机器人的通信、决策问题，否则会降低作业完成度及作业效率，甚至会引起更大的生产事故。这部分相关内容还涉及多传感器融合技术。

3. 模块化可重构技术

当下，工业机器人只能满足单一作业要求，或高度重复性的不同作业。当作业要求或作业环境发生改变时，工业机器人往往不能快速地满足新需求。因此，模块化、可重构的工业机器人技术成为研究的热点之一。模块化、可重构的工业机器人技术，就是将工业机器人进行系统集成时，通过不同模块之间的组合，快速构建出不同能力的机器人，以完成不同要求、不同环境的作业任务，满足高效率、高品质的任务需求。

4. 基于多传感器融合的工业机器人技术

面对非结构化的工作环境或多种需求的任务时，依靠单一传感器工作的工业机器人不能快速有效地完成任务作业。因此，基于多传感器融合的工业机器人技术越来越受到欢迎。当下，多传感器融合技术需要解决多传感器的通信、数据传送等诸多问题，以此保证工业机器人在实际运用中的高可靠性、高稳定性及高效率。

5. 基于软体的工业机器人技术

目前，工业机器人的工作环境大多较为单一，但随着技术的发展及任务的拓展，其应用场景也会发生改变。因此，研究工业机器人与软体相结合成为一大热点。工业机器人结合软体技术，可扩大机器人的应用范围，提高作业效率。

参 考 文 献

[1] 李国红，马淑韫. 智能传感与控制领域重点技术专利现状[J]. 信息通信技术与政策，2018(1)：21-26.

[2] 张俊，魏宁宇. 基于校企合作的机器视觉技术应用分析[J]. 数字技术与应用，2019，37(7)：52-53.

[3] 徐全. 基于 ARM&WinCE 的刀具状态监测数据处理平台设计[D]. 成都：西华大学，2009.

[4] 杨建国，肖蓉，李蓓智，等. 基于机器视觉的刀具磨损检测技术[J]. 东华大学学报(自然科学版)，2012，38(5)：505-508，518.

[5] 范丽娟. 基于传热学分析的金属零件缺陷电磁激励红外热成像检测方法[D]. 南昌：华东交通大学，2013.

[6] 孙广开，周正干，陈曦. 激光超声技术在先进复合材料无损检测中的应用研究[J]. 失效分析与预防，2016，11(5)：276-282.

[7] 郭德瑞. 汽轮机叶片与叶根槽阵列涡流检测技术应用[J]. 中国设备工程，2018(12)：92-95.

[8] 孙秀颖. RFm 射频信号的小波消噪方法研究[D]. 太原：太原理工大学，2011.

[9] 蔡自兴. 人工智能及其应用[M]. 3 版. 北京：清华大学出版社，2004.

[10] 张淑娜. 制造企业信息化制造技术应用效果评价研究[D]. 哈尔滨：哈尔滨理工大学，2008.

[11] 叶佩青，张勇，张辉. 数控技术发展状况及策略综述[J]. 机械工程学报，2015，51(21)：113-120.

[12] 黄筱调. 智能制造与先进数控技术[J]. 机械制造与自动化，2018(1)：1-6，29.

[13] 周子翔. 关于智能制造时代机械设计技术的研究分析[J]. 魅力中国，2019(39)：305-306.

[14] 刘晓婉. 柔性制造技术的现状研究及发展趋势[J]. 科技创新与应用，2016(25)：139.

[15] 杨安. 面向大规模定制的通讯电源产品的柔性设计和生产[D]. 武汉：华中科技大学，2013.

[16] 韩冲. XK 集团生产线精益改善项目可行性研究[D]. 南京：南京理工大学，2018.

[17] 李德贵，郭鑫，赵武，等. 发展柔性制造系统的决策方法[J]. 制造业自动化，2019，41(6)：54-58，82.

[18] 马占欣. 柔性制造技术的现状与发展[J]. 实验室科学，2006，9(4)：109-111.

[19] 李红良. 智能决策支持系统的发展现状及应用展望[J]. 重庆工学院学报(自然科学版)，2009，23(10)：140-144.

[20] 张伟. 智能决策支持系统(IDSS)研究综述[J]. 现代商贸工业，2009，21(14)：252-253.

[21] 张庚申. 面向数控车库的在线检测系统研究与开发[D]. 广州：广东工业大学，2011.

[22] 付洋. 切削加工过程中振动状态及刀具磨损的智能监测技术研究[D]. 武汉：华中科技大学，2017.

[23] 方圆，刘江，吕瑞强，等. 基于数字孪生的设备加工过程监测技术研究[J]. 航空制造技术，2021，64(4)：91-96.

[24] 李进宇, 王秋莲, 张炎. 基于递归分析的混流生产模式机械加工过程能效分析和状态监测[J]. 计算机集成制造系统, 2021, 27(5): 1341-1350.

[25] 何康, 贾民平, 赵转哲. 面向机械加工过程的状态监测技术研究现状分析[J]. 北京印刷学院学报, 2018, 26(8): 99-106.

[26] 曾洁琼, 熊学慧. 数字工匠"学—做—创"教学模式构建与实践: 以自动化生产线课程教学为例[J]. 科教导刊-电子版(中旬), 2022(3): 134-136.

[27] 李杰, 谢福贵, 刘辛军, 等. 五轴数控机床空间定位精度改善方法研究现状[J]. 机械工程学报, 2017, 53(7): 113-128.

[28] 陶飞, 张贺, 戚庆林, 等. 数字孪生模型构建理论及应用[J]. 计算机集成制造系统, 2021, 27(1): 1-15.

[29] 鲁鹏, 陈漫. 浅析工业机器人在智能制造中的应用[C]//全国冶金自动化信息网 2018 年会论文集, 2018: 134-135.

[30] 王宇. 对工业机器人应用与发展的探讨[J]. 中国科技信息, 2022(7): 134-136.

[31] 王田苗, 陶永. 我国工业机器人技术现状与产业化发展战略[J]. 机械工程学报, 2014, 50(9): 1-13.

第5章 先进制造生产模式与工业互联网

在全球化和数字化浪潮的推动下，传统制造业正面临着前所未有的机遇和挑战。先进制造生产模式和工业互联网不仅为企业提供了新的生产模式和管理理念，还为制造业注入了新的活力和竞争力，已经成为推动制造业转型升级的核心驱动力。

工业互联网作为一种先进的信息技术应用，深刻地影响了制造模式，促进了制造业的转型升级和创新发展。其关系主要体现在以下几个方面。①生产优化和智能制造：工业互联网通过连接生产设备、传感器和控制系统，实现了生产过程的实时监控和数据采集。这使得制造企业能够更好地优化生产计划、调整生产线、降低生产成本，并实现智能制造。②定制化生产：工业互联网使企业能够根据客户需求实时调整生产线，从而实现个性化和定制化的生产，满足市场多样化的需求。③供应链管理：工业互联网能够跟踪物流、库存、订单等供应链信息，实现供应链的透明化和优化，减少库存成本，提高供应链的效率和灵活性。④产品质量和安全：工业互联网可以监测生产过程中的各项参数和指标，实现对产品质量的实时监控和控制，提高产品质量和安全性。⑤数据驱动决策：工业互联网产生大量数据，通过数据分析和挖掘，制造企业可以做出更准确的决策，优化生产流程和业务运营。

5.1 引　言

先进制造生产模式追求高效、灵活、可持续的生产方式，通过引入先进的技术和智能化的系统，实现生产过程的优化和智能化管理。在先进制造生产模式中，传统的生产线被智能化的工厂和机器人所取代，人与机器的深度融合使生产过程更加高效和可靠。先进制造生产模式通过优化资源配置、提高生产效率和产品质量，实现企业的可持续发展。如图5.1所示为主要先进制造生产模式。

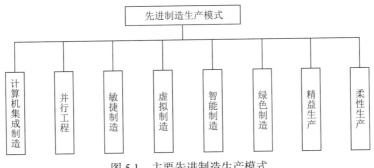

图 5.1　主要先进制造生产模式

与此同时，工业互联网作为信息技术与制造业深度融合的产物，是制造模式的一种重要演化和创新，为制造企业提供了全新的运营模式和商业模式。工业互联网通过连接和集成各种设备、传感器和系统，实现生产数据的实时采集、分析和应用，从而帮助企业实现智能化决策和精细化管理。通过工业互联网，企业可以实现生产线的远程监控和调度，预测设备故障和优化维护计划，提高生产效率和降低成本。

如图 5.2 所示为工业互联网的内涵构成。工业互联网通过系统构建网络、平台、数据、安全的功能体系，打造人、机、物全面互联的新型网络基础设施，形成智能化发展的新兴业态和应用模式，是推进制造强国和网络强国建设的重要基础，是全面建成小康社会和全面建设社会主义现代化强国的有力支撑。

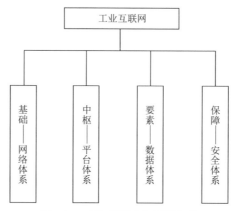

图 5.2　工业互联网的内涵构成

本章将深入探讨先进制造生产模式和工业互联网的核心概念、关键技术和应用案例。介绍先进制造生产模式的发展历程和主要特点，包括数字化制造、柔性生产、人机协作等内容。同时，还将重点讨论工业互联网的基本原理和关键技术，包括物联网、高速通信技术、安全分析等，以及工业互联网在供应链管理、智能制造和服务创新方面的应用。通过学习本章的内容，读者将了解先进制造生产模式和工业互联网在制造业转型中的重要作用，以及它们对企业竞争力和可持续发展的积极影响。

5.2　先进制造生产模式

5.2.1　先进生产模式的定义

生产系统，是指在正常情况下支持单位日常业务运作的信息系统。它包括生产数据、生产数据处理系统和生产网络。一个企业的生产系统一般都具有创新、质量、柔性、继承性、自我完善、环境保护等功能。生产系统在一段时间的运转以后，需要改进完善，而改进一般包括产品的改进、加工方法的改进、操作方法的改进。现代生产系统是由各种生产资源组成的生产资源系统（图 5.3）以及支撑与约束该生产资源系统运行的生产模式构成的一个有机系统。

图 5.3 生产资源系统的组成

通常，企业（实体的或虚拟的）在产品开发、生产和经营活动中所采取的策略、生产哲理、方法、手段及规则的综合表现形式称为企业的生产经营模式，简称企业的生产模式。生产模式的本质是对组成生产系统的各种生产资源进行组织与配置，并规定生产资源相互间的协调关系和运行方式。这里的经营活动主要指与生产有关的活动。由于是从管理与控制的角度对企业的产品开发与生产经营行为方式进行限定的，因此企业的生产模式也称为企业的生产管理模式。生产模式还是一个动态的概念，也常称为企业的生产运行模式[1]。

生产模式的上述定义具有以下含义：

（1）生产模式是蕴含了生产哲理、管理思想、企业目标和策略的一套具有规律性的企业生产行为规范、程序和准则。

（2）与企业的生产资源系统相比较，生产模式是一种支撑与约束生产资源系统的模式，但它又与生产资源系统有关联，对生产资源系统的配置、组合与运行提出约束。

（3）生产模式是企业生产行为的综合表现形式。

（4）生产模式对生产资源系统的约束作用主要体现在两个方面：①确定生产资源的组合关系与配置；②规定生产资源的相互作用关系。

一般来说，企业在某种时代背景下的生产行为方式一旦形成且为同行业或多行业所认同或采纳，这种生产行为方式便可视为一种企业生产模式。

5.2.2 先进制造生产模式的内涵与特点

先进制造生产模式是制造业为了提高产品质量、市场竞争力、生产规模和生产速度，为完成特定的生产任务而采取的一种有效的生产方式和一定的生产组织形式。结合时代特征，先进制造生产模式是以计算机信息技术和智能技术为代表的高新技术为支撑技术，在先进制造思想的指导下，用扁平化、网络化组织结构方式组织制造活动，追求社会整体效益、顾客体验和企业盈利，是最优化的柔性、智能化生产系统。

按照历史唯物主义的观点，社会存在决定社会意识，从制造业的发展进程来看，不同社会发展时期决定了不同的制造思想、生产组织方式和管理理念，它们相互作用、共同决定了特定时期的制造模式。如图 5.4 所示为制造模式的演变，按照制造技术的发展水平、生产组织方式和管理理念，将制造模式的发展历程归纳为手工作坊式生产、机器生产、批量生产、低成本大批量生产、高质量生产、网络化制造、面向服务的制造、智能制造 8 个阶段。

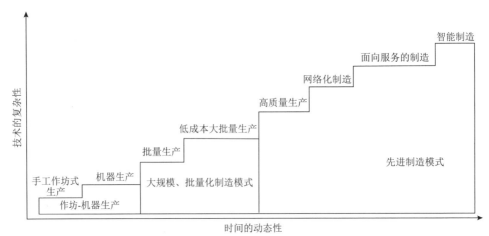

图 5.4　制造模式的演变

　　20 世纪 80 年代后期以来，信息技术的进步特别是互联网的出现对制造模式的演变起到了巨大的推动作用。各国先后提出了不同模式的制造战略和研发计划。美国学者于 20 世纪 80 年代末首次提出了"先进制造"的概念。专家学者先后总结出了一系列颇有成效和价值的先进制造模式，如精益生产、敏捷制造、计算机集成制造、现代集成制造、虚拟制造、高效快速重组、分散化网络制造、成组技术、绿色制造、智能制造、大规模定制等，为制造业实现多品种、小批量、个性化定制生产奠定了相关理论基础。通过对现代各种先进制造模式的研究分析，可以总结出它们具有如下几个特点。①综合性：是技术、管理方法和人的有效综合和集成。②普适性：其概念、哲学理念和组织结构，不仅适用于各类企业，而且其核心思想和观念具有广泛的指导价值。③协同性：强调人机协同、人人协同因素的重要性，技术和管理是两个平行推进的车轮。④动态性：与社会及其生产力发展水平相适应的动态发展过程[2]。

5.2.3　先进生产模式和技术简介

1. 物资需求计划（material requirements planning，MRP）

　　它是工业制造企业的一种物资计划管理模式。根据产品结构各层次物品的从属和数量关系，以每个物品为计划对象，以完工日期为时间基准倒排计划，按提前期长短区别各个物品下达计划时间的先后次序。MRP 是依据需求预测和顾客订单制订产品生产计划，然后据此和库存状况组成产品的材料结构表，通过计算机计算出所需材料的需求量和需求时间，从而确定材料的加工进度和订货日程的一种实用技术。只要是制造业，就必然要从供应方买来原材料，经过加工或装配制造出产品，销售给需求方。MRP 就是依据产品的结构或物料清单，实现物料信息的集成，形成上小下宽的锥形产品结构。其顶层是出厂产品，是属于企业市场销售部门的业务；底层是采购的原材料或配件，是企业物资供应部门的业务；中间是半成品，属于生产部门的管理业务。产品结构反映了各个物料之间的从属关系与数量，用连线表示工艺流程和时间周期。实际上，MRP 是一种力求既不出现物料短缺，又不出现积压库存的计划方法，解决了制造业所关心的缺件与超储的矛盾。

2. 制造资源计划（manufacturing resource planning，MRP Ⅱ）

MRP Ⅱ 是一种生产管理的计划与控制模式，因其效益显著而被当成标准管理工具在当今世界制造业普遍采用。MRP Ⅱ 实现了物流与资金流的信息集成，是计算机集成制造系统的重要组成部分，也是企业资源计划的核心主体，是解决企业管理问题、提高企业运作水平的有效工具。它的哲理是：以市场需求为导向，以物料需求计划为核心，以车间作业计划为基础，扩展到生产管理的全过程，构成一个有反馈的闭环系统。它按产品的提前期安排生产的各环节，保证生产按计划有秩序地进行，充分发挥企业资源的效益，更适合于多品种、小批量的制造业。

3. 企业资源规划（enterprise resource planning，ERP）

在 MRP Ⅱ 的基础上，通过正向物流和反向信息流、资金流，把客户需求和企业内部的生产经营活动以及供应商的资源整合在一起，体现完全按用户需求进行经营管理的一种全新管理方法。它通过加强企业间的合作，强调对市场需求的快速反应、高度柔性的战略管理以及降低风险成本、实现高收益目标等优势。ERP 的基础是企业间的供应链，从集成化的角度管理供应链问题。在管理技术上，ERP 在整个供应链的管理过程中更强调对资金流和信息流的控制。同时，通过企业员工的工作和业务流程，促进资金的流动和价值的增值，并决定了各种流的流量和流速。实际上，ERP 的管理范围是非常广泛的，包括以下内容：战略性供应商和用户伙伴关系管理、供应链产品需求预测和计划、产品的计划制造管理、用户服务和物流管理、供应链交互信息管理。ERP 打破了 MRP Ⅱ 局限在传统制造业的模式，将触角伸向各行各业，如金融业、高科技产业、通信业、零售业等，使 ERP 的范围大大扩展。

4. 计算机集成制造系统（computer integrated manufacturing system，CIMS）

CIMS 是现代信息技术条件下的新一代制造系统。它以计算机来辅助制造系统的集成，以充分的、及时的信息交流或信息共享将企业的设计、工艺、生产车间以及供销和管理部门集成为一个有机的整体，使它们相互协调地运作，以提高产品质量，缩短产品开发周期，提高生产效率，确保企业的整体效益，提高企业的竞争能力和生存能力。

5. 准时生产制（just-in-time，JIT）

与 MRP Ⅱ 并驾齐驱的是 JIT，又称为无库存生产方，其基本思想是订单驱动，仅当下道工序需求该零件时，才将它生产出来，任何提前生产都是浪费。追求目标是零库存、零废品和零设备故障。它适合于相对稳定的大批量流水线或重复生产作业。

6. 最优生产技术（optimized production technology，OPT）

OPT 作为一种新的生产方式，吸收了 MRP Ⅱ 和 JIT 的长处，其独特之处不仅在于提供了一种新的管理思想，还在于它的软件系统。OPT 的两大支柱是 OPT 原理及 OPT 软件。OPT 的计划与控制首先是识别企业的瓶颈资源，然后基于瓶颈的约束，建立产品生产计划，通过最后"绳索"系统（由一个涉及原材料投料到车间的详细的作业计划）的控制，使库存达到最低。

7. 柔性制造（flexible manufacturing，FM）

柔性制造的定义一直未形成统一的认识。它一般指采用 FMS 或 CIMS 进行制造的模式。这个概念是 1965 年英国莫林斯（Molins）公司在研制"系统 24"时首次提出的，经约十年的徘徊，到 20 世纪 70 年代末迅速发展起来。柔性制造主要依靠有高度柔性的以计算机数控机床为主的制造设备来实现多品种小批量的生产。它的优势是明显的：增强制造企业的灵活性和应变能力，缩短产品生产周期，提高设备使用效率和员工劳动生产率以及改善产品质量等。但近 30 年的实践证明：尽管柔性制造生产模式显著地推动了制造业的发展，但它的实际效果距人们的期望值相差甚远。除了高额投资制约之外，相应的组织变革和人因改善未能跟上是根本原因。

8. 敏捷制造（agile manufacturing，AM）

敏捷制造又称为灵捷制造，是美国里海（Lehigh）大学和美国通用汽车公司在 1988 年提出的，1992 年美国政府将其作为"21 世纪制造企业的战略"。敏捷制造是新一代生产模式，是对已有生产模式的丰富和发展，它是柔性制造和精良生产发展的结果。敏捷制造包括产品制造机械系统的柔性、员工授权、制造商供应商关系、总体质量管理及企业重构。目前较权威的定义是，敏捷制造是一种结构，在这个结构中每个公司都能开发自己的产品并实施自己的经营战略。构成这个结构的基石是 3 种基本资源：有创新精神的管理机构和组织，有技术、有知识的高素质人员和先进制造技术（柔性制造技术和智能制造技术）。敏捷源于这 3 种制造资源的有效集成。

敏捷制造是美国针对当前各项技术迅速发展、渗透，国际市场竞争日益激烈的形势，为维护其世界第一大国地位，维持美国人民的高生活水准而提出的一种制造生产组织模式和战略计划。敏捷制造思想的出发点是基于对市场发展和未来产品以及自身状况的分析。首先，随着生活水准的不断提高，人们对产品的需求和评价标准将从质量、功能的角度转为最大客户满意、资源保护、污染控制等，产品市场总的发展趋势将从当今的标准化和大批量到未来的多元化和个人化；其次，在工业界存在一个普遍而重要的问题，那就是商务环境变化的速度超过了企业跟踪、调整的能力；最后，美国的信息技术系统比较发达。因此，提出敏捷制造这一思想应用于制造业，旨在以变应变[3]。

9. 精益生产（lean production，LP）与丰田生产方式

精益生产是美国麻省理工学院根据其国际汽车计划（international motor vehicle programme，IMVP）的研究中对日本丰田生产方式的总结，于 1990 年提出的制造生产模式。丰田生产方式是丰田公司的丰田英二和大野耐一在分析、理解流水线大批量生产利弊的基础上，结合本国实际，用 20 多年的时间在 20 世纪 70 年代初逐步完善起来的制造生产思路。精益生产的最终目标是要以具有最优质量和最低成本的产品，对市场需求做出最迅速的响应。它的基本原则是消灭一切浪费和持续追求改进。JIT、全面质量管理（total quality control，TQC）、成组技术（group technology，GT）、弹性作业人数和尊重人性是精益生产的主要支柱。

精益生产的核心是生产计划控制和库存管理，需要基于整体优化思想下合理配置和利用可用生产要素，达成消除不产生附加价值的劳动和资源使用，同时追求生产过程的尽善尽美。其目标是增强企业的市场适应和应变能力，让企业生产取得更高的经济效益。JIT 则是其管理目标的体现，JIT 的分解目标则由追求零库存、快速反应、内外环境统一、人本主义等构成[4]。

10. 供应链管理（supply chain management，SCM）

SCM 是 20 世纪 90 年代信息网络技术，特别是 Internet 的发展，在全球制造业出现企业经营集团化和国际化的形势下提出的新型管理模式。供应链管理是对由供应商、制造商、分销及零售商直至最终用户构成的供应链系统中的物流、信息流、资金流进行计划协调，控制和优化，旨在降低总成本的同时提高服务水平的一种先进的管理模式。

11. 智能制造（intelligent manufacturing）

智能制造是指应用智能制造技术和系统的制造生产模式。随着制造技术的进步，在制造过程中人的体力劳动通过自动化技术获得了很大的解放，而脑力劳动的自动化程度（其实质是决策的自动化程度）则很低。智能制造是在制造生产的各个环节中，以一种高度柔性和高度集成的方式，通过计算机模拟人类专家的智能活动进行分析、判断、推理、构思和决策，旨在取代或延伸制造环境中人的脑力劳动部分，并对人类专家的制造智能进行收集、存储、完善、共享、继承和发展。智能制造可实现决策自动化的优势，使其能很好地与未来制造生产的知识密集型特征相吻合。智能制造在西方工业发达国家仍处于概念研究和实验研究阶段。我国也已开展了人工智能在制造领域中的应用的研究。如图 5.5 所示为智能制造的五大特征。

图 5.5　智能制造系统特征

12. 虚拟制造技术（virtual manufacturing technology，VMT）

VMT 是虚拟现实（virtual reality）技术在制造中的应用。虚拟制造实际上是一种计算机科学技术，以信息技术、仿真技术、虚拟现实技术为支柱，在产品设计或制造系统的物理实现之前，就能使人体会或感觉到未来产品的性能或者制造系统的状态，从而可以做出前瞻性的决策与优化实施方案。从本质上讲，虚拟制造技术是对真实制造过程的动态模拟、仿真，是在计算机上制造数字化产品，在虚拟制造环境中生成软产品原型代替传统的硬样品进行试验，对其性能和可制造性进行预测和评价，从而缩短产品的设计与制造周期，降低产品的开发成本，提高系统快速响应市场变化的能力。

13. 并行工程（concurrent engineering，CE）

CE 的实质是在产品的设计阶段就充分地预报该产品的制造、装配、销售、使用、售后服务以及报废、回收等环节中的"表现"，发现可能存在的问题，及时地进行修改与优化。并行工程的目的是减少产品开发中的弯路与反复，缩短产品的周期，甚至做到产品开发一次成功。在传统的串行开发过程中，设计中的问题或不足，要分别在加工、装配或售后服务中才能被发现，然后再回过头来修改设计，改进加工、装配或售后服务（包括维修服务）。而并行工程就是将设计、工艺和制造结合在一起，利用计算机互联网并行作业，显著缩短生产周期。表 5.1 展示了并行工程相对于串行工程的提升。

表 5.1　并行工程和串行工程对比

对比	并行工程	串行工程
产品质量	较高，设计初期整合多方经验，降低生产过程中的错误率和返工率	制造工程中发现设计缺陷，返工修改，质量难以达到最优化
生产成本	较低	开发成本较低，制造成本较高
知识创造	有助新知识的创造，能够提高产品的创新意识，提升新产品的市场竞争力	不易创新，难以适应市场需求变化趋势
生产柔性	适用于批量小、品种多、高新技术产品	适用于批量大、品种单一、低技术产品

14. 绿色制造（green manufacturing，GM）

人类必须从各方面促使自身的发展与自然界和谐一致，制造技术也不例外。制造业的产品从构思开始，到设计、制造、销售、使用与维修，直到回收、再制造等各个阶段，都必须充分顾及环境保护与改善。不仅要保护与改善自然环境，还要保护与改善社会环境、生产环境以及生产者的身心健康。因此，发展与采用一项新技术时，必须树立科学的发展观，使制造业不断迈向"绿色"制造。如图 5.6 所示为绿色制造在退役发动机回收再制造过程中的实现。

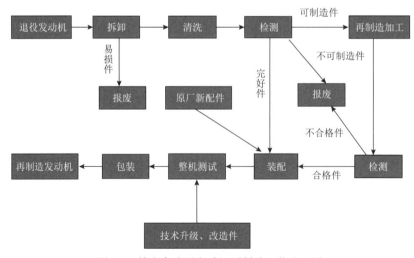

图 5.6　某汽车公司发动机再制造工艺流程图

15. 生物制造（biomanufacturing）

生物制造是通过制造科学与生命科学相结合，在微滴、细胞和分子尺度的科学层次上，通过受控组装完成器官、组织和仿生产品的制造的科学和技术的总称。图 5.7 为生物制造包含的主要内容。生物制造利用微生物细胞或酶蛋白作为催化剂来合成化学品，或者使用生物质作为原材料转化合成能源、化学品与材料，这一过程有助于推动能源与化学品脱离石油化学工业路径，为这些行业带来一种全新的发展模式，主要表现为先进发酵工程、现代酶工程、生物炼制、生物过程工程等新技术的发明与应用，具有低碳循环、绿色清洁等典型特征。目前生物制造工程的研究方向是如何把制造科学、生命科学、计算机技术、信息技术、材料科学各领域的最新成果组合起来，使其彼此沟通起来用于制造业。生物制造技术的主要应用形式可分为仿生制造和生物成型制造两大类。

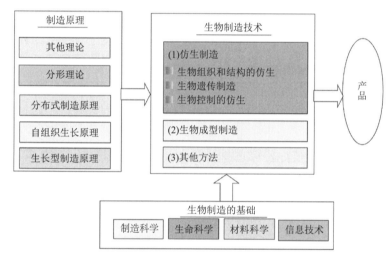

图 5.7　生物制造的内容

5.2.4　先进生产模式的比较

随着社会的不断发展，制造模式也正朝着更广、更深、更智能化的方向发展。表 5.2 列出了常用先进制造模式的类型及特征。

表 5.2　常用先进制造模式的类型及特征

序号	类型	特征
1	并行工程	以产品开发为龙头，以空间换取时间，多学科人员协同工作，实现资源共享
2	虚拟制造	将实际制造全过程引入虚拟世界，充分发挥人机协调的智力资源，大幅度压缩新产品的开发时间，提高品质、降低成本
3	柔性制造	使刚性生产线实现软性化和柔性化，从而快速响应市场的需求，多快好省地完成多品种、中小批量的生产任务
4	精益生产	消除一切无效劳动和浪费，把目标确定在尽善尽美上，通过不断地降低成本、提高品质、增强生产灵活性、实现无废品和零库存等手段，确保企业在市场竞争中的优势

序号	类型	特征
5	快速原型制造	将 CAD 技术、数控技术、材料科学、机械工程、电子技术及激光技术集成，以实现从零件设计到三维实体原型制造一体化的系统技术，无须经过模具设计制作环节，极大地提高了生产效率，显著降低了生产成本，缩短了生产周期
6	敏捷制造	快速响应市场，快速调整自身结构，快速集成资源，并实现资源共享
7	智能制造	将人工智能引入制造系统，在大范围内具有自适应、自学习和自组织的能力
8	成组制造	将生产活动中具有相似性质的问题分组，寻找相对统一的制造方案
9	生物制造	将生命现象和生命科学引入制造科学，使制造过程从宏观转入微观
10	绿色制造	以保护生态环境为前提，在产品生命周期全过程中综合利用各种制造资源
11	可重构制造	具备动态自组织重构能力，通过内部结构变化来适应外部环境变化
12	网络化制造	用计算机网络敏捷地组织社会制造资源，形成企业间跨地区的动态联盟
13	云制造	建立共享制造资源的公共服务平台，将巨大的社会制造资源池连接在一起，提供各种制造服务，实现制造资源与服务的开放协作、社会资源高度共享

各种模式有着各自的特点，相似点和不同点分别如下。

（1）相似点。

第一，这些先进的生产方式都强调人、技术和组织的集成，都强调发挥员工的主动性和创造性，这是现代企业管理的人本管理重要之处，也是企业赖以生存的核心。第二，采用的管理方法相似，都应用计算机辅助技术和各种支撑技术，都强调整个产品生命周期中各环节的简化、合理化及应用组成、相似性等。第三，都建立在网络计算机、机器人、加工中心、柔性制造系统等先进制造技术和计算机网络等支撑环境技术上。第四，目标相同，且与企业的传统目标无较大区别，都追求最少投入、最高产出、最简单过程、最高质量、最少浪费、最低成本、最具竞争力、最高用户满意度等。

（2）不同点。

它们的差别主要体现在适应的范围、提法和侧重点上。例如，MRP Ⅱ 承认企业制造期量参数，根据预测及订单去安排计划，保证企业生产有计划、有秩序、按比例进行；JIT 是一种以客户订单为驱动的生产模式，它追求实现零库存或最少库存，并采用看板系统来实现拉动式生产运作；LP 是 JIT 的改进和发展，强调团队意识，较适合于大批量流水线或大批量重复生产；OPT 把 MRP Ⅱ 和 JIT 的长处结合；AM 强调灵活重组、模块式布置，发挥企业内外部优势；CIMS 更强调集成，生产过程的全自动封闭完成；FM 注重企业生产的灵活性和应变能力，强调企业的空间、时间布置满足市场的需求；VMT 注重产品的前瞻性和方案的优化，企业间能力的协作与调用；CE 更关注产品生产、销售的周期性；SCM 对制造业中各种流进行协调、控制，减少库存，适时供料；绿色制造则更强调与自然的和谐性，重视企业的社会责任[5]。

以下为几种先进制造模式的具体分析比较[6]。

（1）并行工程、柔性制造、成组制造和精益生产。

这四类制造模式，是一类基础的制造方法，也可以说是制造的一种准则，所应遵循的一种基础的标准。无论绿色制造、智能制造、生物制造，还是敏捷制造、网络化制造、云制造，都必须遵循这种方法。通过它们可以节省时间，降低成本，节约资源。

（2）快速原型制造和虚拟制造。

快速原型和快速制模的结合和发展，形成了快速制造；虚拟原型与虚拟生产和虚拟企业的结合，形成了虚拟制造。快速原型和虚拟原型各有特点，相辅相成。

快速原型可以将可视的虚拟原型变成实际的物理零件或产品；而虚拟原型则为零件和产品提供更为快捷经济的设计制造方法，为产品设计提供了性能评价和可制造性分析等功能。它们均以 CAD 技术为基础，达到同一个目的——缩短产品开发周期，提高产品设计品质和一次设计制造的成功率。

（3）智能制造、生物制造和绿色制造。

生物制造是从生命现象和生命科学出发来物化生命现象，其更关注设备和技术的柔性及智能化；智能制造的特征主要是智能化，智能化体现的是自动化的深度。

智能制造和生物制造有一定的共同点，无论物化生命还是人工智能，都体现了智能化，都将生命现象融入制造之中。

绿色制造强调产品在设计、制造、使用及回收过程中对环境的影响最小，其侧重于技术、管理和人的积极作用的发挥。

当前环境对制造业提出了更高的要求，能源紧缺对制造业的制约日益加剧，中国制造业必须增强自主创新能力，以人为本，实现人与自然协调发展，提升产品附加值和国际品牌竞争力，实现由制造大国向制造强国的历史跨越。

而发展绿色制造和智能制造，则是实现该历史跨越的关键所在。同时发展战略性新兴产业，是我国转变发展方式、调整产业结构，抢占新一轮发展制高点的根本途径，而战略性新兴产业离不开绿色制造技术，战略性新兴产业必须绿色化，智能制造又是发展战略性新兴产业的重要支撑。为此，绿色和智能制造成为机械制造业产业结构升级和优化的必由之路。

（4）集成制造、敏捷制造、网络化制造与云制造。

集成制造是随着计算机技术、信息技术、网络技术的发展而产生的，人们开始将技术系统、生产系统和人们的思想理念集成起来，以便优化系统，共享资源，提高总体效益。为了使企业能够应对迅速变化和不可预测的市场需求，以获得长期稳定的经济效益，在集成制造的基础上出现了敏捷制造。

敏捷制造极富创造性地构建了一种企业的动态联盟——虚拟企业，以便能灵活快速地对市场变化做出积极的响应，使整个制造生产系统在技术、管理或人员、组织上都具备充分的柔性，尤其强调了组织的柔性。为了实现敏捷制造，除了做到信息集成和过程集成外，还必须实现企业集成。企业集成就是针对某一特定产品，选择合作伙伴，组建企业动态联盟，充分利用联盟企业所具有的设计资源、制造资源、人力资源等，有效解决联盟内的信息和流程整合问题，将新产品快速推向市场。随着计算机网络技术的飞速发展及其在制造业的广泛应用，使敏捷制造成为可能，而另一种制造模式——网络化制造也就应运而生。

网络化制造的特点，是制造厂和销售服务遍布全世界，企业能够在任何时刻与世界任何一个角落的用户或供应商打交道，通过网络的协调和运作，将遍布世界的制造厂和销售网点连成一体，不仅同合作伙伴甚至同竞争对手都能建立全球范围的生产和经营联盟网络。因此，其柔性范畴扩大到市场经营和供货环节，以完全柔性的制造系统来应对完全不确定的市场环境。其实质是通过计算机网络进行生产经营业务活动各个环节的合作，以实现企业间的资源共享、优化组合和异地制造[7]。网络化制造和服务技术同云计算、云安全、高性能计算、物联网等技术融合形成了云制造。

云制造是一种利用网络和云制造服务平台，按用户需求组织网上制造资源（制造云），为用户提供各类按需制造服务的网络化制造新模式，其核心就是建立共享制造资源的公共服务平台，将巨大的社会制造资源池连接在一起，提供各种制造服务，实现制造资源与服务的开放协作、社会资源高度共享。

在理想情况下，云制造将实现对产品开发、生产、销售、使用等全生命周期的相关资源的整合，提供标准、规范、可共享的制造服务模式。这种制造模式，可以使制造业用户像用水、电、煤气一样便捷地使用各种制造服务。企业用户无须再投入高昂的成本购买加工设备等资源，而是通过云制造平台提出具体的使用请求，云制造平台会对用户请求进行分析、分解，并在制造云里自动寻找最为匹配的云服务，通过调度、优化、组合等一系列操作，向用户返回解决方案。用户无须直接和各个服务节点打交道，也无须了解各服务节点的具体位置和情况。

敏捷制造强调的敏捷化理念，是云制造所追求的目标之一。云制造借鉴云计算等最新的信息技术，为实现敏捷化提供了新的手段。在理念上，云制造综合了敏捷化、绿色化、个性化和服务化等思想，但从应用模式与组织实施角度来说，云制造与敏捷制造相比也有一定的差异。由于云制造也是建立在网络基础之上的，从广义上讲，云制造是网络化制造的一种新的形态，但由于融合并采用了云计算、物联网、服务计算等技术和架构，与传统网络化制造相比，有鲜明的特点和优势。云制造以实现敏捷化、服务化、绿色化和智能化为重要目标，是网络化制造的一种新发展，是面向服务制造理念的具体体现。

5.2.5　先进制造生产模式的发展

工业革命以前，产品以手工作坊式和单件小批量模式生产为主，产品质量主要依赖于工匠的技艺，其成本较高、生产批量小，零部件的质量可控性和兼容性比较差，供不应求成为制造业进一步发展必须解决的问题。工业革命后，新的生产技术和管理思想大量涌现，这一阶段的早期，制造技术的改进重点是规模化大批量生产和提高生产效率，流水线式生产方式使得专业分工和标准化规模生产从技术方法上成为可能，科学组织管理理念等又从组织、结构和方式上保障了流水线式生产的实现，使得大规模制造成为可能。然而，大规模、批量化生产方式的精细化分工和高度标准化形成了一种刚性的资源配置系统，在买方市场下，市场环境瞬息万变，这种生产模式会给企业带来巨大损失，20 世纪 90 年代，随着先进制造理念、先进生产技术以及先进管理方式的不断成熟与发展，各种新的制造理念、先进制造新模式得到了迅猛发展，理论界相继出现了高质量生产、网络化制造、面向服务的制造、智能制造等一系列新概念，各种先进制造模式之间的关系如图 5.8 所示。

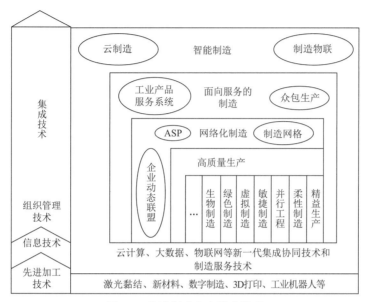

图 5.8　先进制造生产模式关系

1. 高质量生产

并行工程、柔性制造、精益生产这三类制造模式是基础的生产管理方法，是虚拟制造、敏捷制造、现代集成制造的基础技术；虚拟制造是实现敏捷制造的重要手段；生物制造和绿色制造是考虑环境影响和资源利用率的制造模式。

2. 网络化制造

网络化制造是指在产品全生命周期制造活动中，以信息技术和网络技术等为基础，实现快速响应市场需求和提高企业竞争力的制造技术/系统的总称。比较典型的应用模式有制造网格（MGrid）、应用服务提供商（application service provider，ASP）。制造网格是运用网格技术对制造资源进行服务化封装和集成，屏蔽资源的异构性和地理上的分布性，以透明的方式为用户提供服务，从而实现面向产品全生命周期的资源共享、集成和协同工作；ASP 是企业将其部分或全部流程业务委托给服务提供商进行管理的一种外包式服务，以优化资源配置、提高生产和管理效率。企业用户可以直接租用 ASP 平台提供的各类软件进行自己的业务管理，如 PLM、ERP 等，不必购买整个软件和在本地机器上安装该软件，从而节省了 IT 产品技术的购买和运行费用，降低了客户企业的应用成本，特别适用于中小型企业。

3. 面向服务的制造

制造和服务逐渐融合，制造企业越来越倾向于为顾客提供产品服务及应用解决方案。面向服务的制造是一种增值的制造模式，通过产品和服务融合、客户全程参与以及高效协同整合分散的制造资源和核心竞争力，实现高效创新。众包生产和工业产品服务系统是面向服务的制造的典型应用。众包生产通过互联网将工作任务公开分发给大众，聚集大众智慧，生产个性化产品。它突破了传统生产模式，通过整合外部资源实现产品开发任务。众包生产能够灵活、高效、低成本地重新分配和整合资源，满足多样化的个性需求。产品服务系统通过集成产品和服务，实现产品全生命周期内的价值增值和生产与消费的可持续性。它将产品与服务作为一个整体提供给用户，关注产品质量和顾客体验，降低用户成本投入，集中精力关注核心竞争力。

4. 智能制造

基于新一代信息技术和 IBM 智慧地球的研究框架，制造系统的集成协同越来越关注人的发展和周围环境的融合。研究焦点逐渐从过去侧重信息技术和工程科学的集成，转变为技术体系、组织结构、人及环境的深度融合与无缝集成，以实现优势互补与可持续制造。这类制造包括云制造、制造物联、基于信息物理系统（cyber-physics system，CPS）的智能制造甚至智慧制造。德国政府于 2013 年 4 月在汉诺威工业博览会上推出了工业 4.0 战略，其中的智能制造面向产品全生命周期，实现在泛在感知条件下的信息化制造。

智能制造技术是在新一代信息技术、云计算、大数据、物联网技术、纳米技术、传感技术和人工智能等基础上，通过感知、人机交互、决策、执行和反馈，实现产品设计、制造、物流、管理、维护和服务的智能化。它是信息技术与制造技术的集成协同与深度融合。在产品加工过程中，智能制造将传感器和智能诊断决策软件集成到装备中，使装备从程序控制上升到智能控制，能够自适应地反馈加工工件的状况，保证产品精度。基于云计算、物联网、面向服务和智能科学等技术的云制造也是一种智能化的制造模式。它利用网络和云制造服务平台，按需组织网上制造资源（制造云），为用户提供可随时获取的、动态的、敏捷的制造全生命周期服务。与传统的网络化制造相比，云制造具有更好的资源动态性、敏捷性以及产品和服务解决方案的灵活性，同时能更好地解决 ASP 模式的客户端智能性和数据安全性不足的问题，以实现更大范围的推广和应用。制造物联是基于互联网、嵌入式系统、RFID、传感网、智能技术等构建的现代制造物联网络。它以中间件、海量信息融合和系统集成技术为基础，基于物联网系统开发服务平台和应用系统，解决产品设计、制造、维护、管理、服务等过程中的信息感知、可靠传输与智能处理，提高制造的服务化与智能化水平。

智能制造/云制造的进一步发展将会诞生智慧制造（wisdom manufacturing，WM），它将机器智能、普适智能和人的经验、知识与智慧结合在一起，形成以客户需求为中心、以人为本、面向服务、基于知识运用、人机物协同的制造模式。

综上所述，先进制造模式是以所追求的目标和生产开展方式的转变为基础而产生及发展的，体现的是消费者的个性化需求、科学技术发展水平和市场竞争形势，是先进制造哲理、先进组织管理方式、先进制造技术及人的相互融合发展、相互协同作用的产物。这是一个系统灵活性不断增大、组织结构和过程不断优化的进程，将形成人、机、物协同制造系统，使制造资源得到最佳利用、生产效率得到极大提高，能够对市场变化和内部变化作出迅速响应[8]。

5.3　工业互联网

工业互联网，作为数字化时代制造业的重要组成部分，正以其强大的潜力和变革力量引领着制造业的转型升级。它通过将物理世界与数字世界紧密连接，实现设备、系统和人员之间的高效协同和智能化决策，为制造企业带来了前所未有的机遇和挑战。

工业互联网的核心在于通过物联网、云计算、大数据分析和人工智能等技术手段，将生产环节中的各种设备、传感器和系统进行全面连接和集成，实现生产数据的实时采集、分析和应用。这使得企业可以通过数据驱动的方式进行智能决策和精细化管理，从而提高生产效率、优化资源配置、降低成本，并为产品创新和服务升级提供有力的支撑。

5.3.1　物联网通信技术

物联网，简单地说就是通过互联网来实现万物互联，只要你存在，就能被感知。物联网是云计算、大数据、传感、通信、人工智能等技术的融合。随着 5G 时代的到来，物联网也变得异常火爆。物联网可应用的领域非常广，目前在智能城市、智能交通、智能穿戴、智能医疗市场等领域最为可期。物联网系统由软、硬件两种系统组成，其中硬件系统主要包括传感网络、信息服务以及核心承载网络。传感网络中主要是传感节点和末梢网络；核心承载网络则是物联网的一种基础性通信网络构造，能够将接入网与信息服务系统的工作有效地完成；信息服务系统的关键作用就是可以在信息处理上给予支撑。软件系统主要由数据感知系统、网络操作系统、信息管理系统等组成。数据感知系统存在的价值是更好地进行物品识别、物品代码的采集等方面的工作；信息管理系统是在对象名解析服务中，能够强化物品编码的解析能力[9]。

如果说物联网更强调物与物的"连接"，而工业互联网则要实现人、机、物全面互联。工业互联网平台是在传统云平台的基础上叠加物联网、大数据、人工智能等新兴技术。工业互联网与物联网之间既有交集也有差异，但两者都是潜力巨大的发展机遇。

5.3.2　工业互联网的概念与架构模型

工业互联网（industrial internet），也称为工业物联网或 IIoT，是一个开放的、全球化的工业网络，将人、数据和机器进行连接，将工业、技术和互联网深度融合。工业互联网是以工业企业为主体，以工业互联网平台为载体，通过网络技术、大数据、云计算、人工智能等新一代数字技术与工业技术的深度融合，规模化供给智能服务与产品，推动工业企业向数字化、网络化、智能化转型，是建设现代化经济体系、实现高质量发展和塑造全球产业竞争力的核心载体，是第四次工业革命的关键支撑。"网络是基础、平台是核心、安全是保障"被视为工业互联网体系架构中的三大要素，如图 5.9 所示为工业互联网的平台架构。

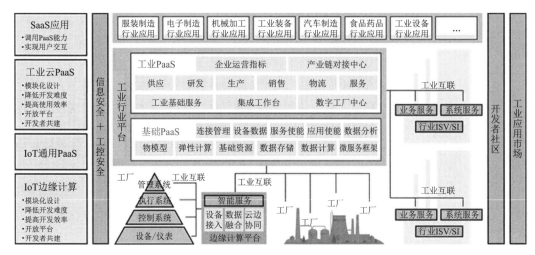

图 5.9　工业互联网架构示意图

工业互联网是四层架构模型，各层次从下至上分别为感知识别层、网络连接层、平台汇聚层和数据分析层。感知识别层是基础，用于智能物体的数据采集；网络连接层是神经，作用是数据传输；平台汇聚层是大脑，负责存储来自感知识别层的数据并提供强大的算力；数据分析层是核心，它利用平台汇聚层提供的计算资源，对感知识别层采集的大量智能物体数据进行分析（主要采用机器学习算法）。

5.3.3　工业互联网生态系统及其构成要素

工业互联网生态系统是指与工业相关领域所有工业要素（工业实体、资源、数据、知识等）相互作用所形成的新工业网络以及在其价值链上的诸多利益相关方，基于数智化技术，按照共融、共生、共赢的原则所形成的动态有机整体[10]。

1. 工业实体

工业实体是工业互联网生态系统的基础，由企业实体和产品实体组成。这些企业实体在市场经济中独立运作，并通过网络相互连接。它们通过生产并按时交付高质量的产品来实现企业价值。产品制造的需求，虽然无形但非常刚性，通过订单的形式驱动整个生产过程，并连接上下游企业，形成了一个实体流。

2. 资源

资源是生态系统中不可或缺的部分，它包括产品、人力、机械、材料、方法、环境和测量等要素。这些要素共同构成了企业的资源网络体系。产品的生产和优化过程，实际上是资源的汇聚和转化过程，这一过程不仅提升了产品的价值，也提升了企业的价值。订单作为驱动力，促使资源在网络中不断流动和变化，形成了资源流。

3. 数据

数据是构成工业互联网生态系统的另一个核心要素。产品在增值过程中产生的数据，与企业实体网络和资源网络进行交互，映射了整个工业实体的运作。这些数据在不同的生命周期阶段和不同层级上，精确地映射、流转和应用，形成了一个数据网络体系，即数智流。

4. 知识

知识是工业互联网生态系统中的第四个核心要素。通过构建机理模型和数据模型，知识帮助人们和机器做出决策，解决特定的问题。知识是数据和信息经过处理和整合后的高级形式，它与数据流共同构成了数智流，穿透了企业实体之间的壁垒，指导着人和机器正确地行动。

5.3.4　工业互联网的应用

工业互联网将物理世界和数字世界通过互联网技术连接起来，实现设备、传感器、系统和人员之间的信息交换和协同工作。在供应链管理、智能制造和服务创新方面，工业互联网的应用带来了许多重要的变革和优势。

1. 供应链管理

工业互联网在供应链管理方面的应用，使得供应链的运作更加高效、智能和灵活。它通过连接供应链中的各个环节，提供实时数据和信息交换，从而优化供应链的运作和管理。以下是一些具体的应用场景。

（1）实时数据监控：工业互联网使得企业能够实时监控供应链中的物流和库存情况。通过传感器和物联网技术，企业可以获取关键数据，例如，货物位置、温度、湿度等，从而能够更精准地控制库存和物流运作。

（2）预测性维护：利用工业互联网，设备和机器可以自动收集运行数据并进行分析。这有助于预测设备故障和维护需求，从而降低停机时间和维修成本，确保供应链的持续稳定运作。

（3）跨企业协作：通过工业互联网平台，不同企业之间可以实现更紧密的合作和信息共享。这有助于优化供应链的协同和响应能力，提高整体效率和透明度。

2. 智能制造

工业互联网在智能制造方面的应用，推动了制造业的数字化转型和智能化发展。它使制造过程更加智能、灵活和高效，提升了生产效率和产品质量。以下是一些智能制造的应用实例。

（1）云制造：工业互联网连接了制造设备和系统，使得制造数据可以上传到云端进行分析和处理。借助大数据和人工智能技术，制造企业能够实现生产过程的优化和预测，从而更好地满足市场需求。

（2）物联网传感器：智能传感器的广泛应用使得制造过程能够实现自动化和实时监控。这些传感器可以收集生产线上的数据，例如温度、压力、速度等，有助于及时发现潜在问题并进行调整，提高生产效率和产品质量。

（3）人机协作：工业互联网推动了人工智能和机器人技术的发展，使得人机协作在制造业中得以实现。人工智能和机器人能够协助人员完成重复性和危险性高的任务，提高工作效率和安全性。

3. 服务创新

工业互联网在服务创新方面的应用，带来了更加智能和个性化的服务模式。它使企业能够更好地满足客户需求，提供更优质的售后服务，并探索新的服务业务模式。以下是一些服务创新的应用场景。

（1）远程监控和维护：通过工业互联网，企业可以远程监控设备的运行状态，并对设备进行远程维护和故障诊断。这有助于提供更及时和高效的技术支持，降低客户的停机时间。

（2）个性化定制：借助工业互联网的数据分析能力，企业可以更好地了解客户需求，并提供个性化定制的产品和服务。这有助于增强客户忠诚度和竞争优势。

（3）服务增值：工业互联网连接了产品和服务，使得企业能够为客户提供增值服务。例如，通过追踪产品的使用情况，企业可以提供定期维护、升级或回收等服务，增加客户满意度和客户生命周期价值。

总体而言，工业互联网在供应链管理、智能制造和服务创新方面的应用，推动了制造业的数字化转型和智能化升级，提升了企业的竞争力和市场适应性。随着技术的不断进步和应用场景的扩展，工业互联网将继续在制造业领域发挥重要的作用。

5.3.5　高速通信技术与工业互联网

工业互联网是在网络化和智能化基础上形成的完善的工业体系，是智能社会的必然发展趋势。而 5G 技术作为新一代移动通信技术，相比先前的通信技术能够更好地支撑工业互联网的应用和发展[11]。因此，"5G+工业互联网"已经成为工业界和学术界共同关注的重点，更是各发达国家的竞争核心之一。

1. 5G 应用于工业互联网的必要性和优势

5G 应用于工业互联网是必然趋势。一方面，工业互联网的发展离不开 5G 的支持。工业互联网对通信技术的高要求是 4G 技术无法满足的。而 5G 的特性能够满足工业互联网连接多样性、性能差异化、通信多样化的需求和工业场景下高速率数据采集、远程控制、稳定可靠的数据传输、业务连续性等要求，助力未来的工业互联网实现数字化、网络化、智能化。图 5.10 为 5G 技术应用于工业互联网的案例示意图。

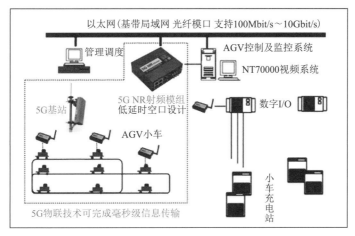

图 5.10　5G 应用于工业互联网示意图

只有 5G 技术才能对其发展予以支持，只有将 5G 移动通信技术和工业互联网进行深度联合，才能使工业互联网的发展更上一层楼。另外，工业互联网是 5G 技术落地的重要应用场景之一，应用于工业互联网才能更好地体现 5G 的价值。

（1）实现实时监测与控制。

借助 5G 技术能够实现对工业现场的实时监测与控制，及时掌握工业现场的情况并反馈，从而提高生产效率和安全性。

（2）增强稳定性。

5G 技术能够改善网络状况，从而有效减少因网络状况不佳而导致工业系统瘫痪等情况的出现，更好地保证工业系统的稳定性。

（3）实现全面互联互通。

应用 5G 技术有利于实现"万物互联"，即人与人、物与物和人与物之间的全面互联互通。一方面，由于 5G 具有广覆盖、大容量、移动性和业务多样性等特点，可使得海量设备接入工业互联网，从而极大地扩展其覆盖范围和规模；另一方面，5G 能够满足高质量、高效率、高速的数据传输，从而使工业互联网中各类型的机器、设备间的即时通信成为可能。

（4）提高远程操控的精准度。

远程操控可用于自动化控制，打破了空间限制，节省了时间和人力。传统通信网络具有一定的延时性，且无法保证工业系统的稳定性，因而无法满足工业生产的精准要求。而应用 5G 技术可以有效提高远程操控的精准度。

（5）推动柔性制造变革。

柔性制造的关键是实现快速自组织生产线的部署。目前大部分工业现场仍采用有线连接，频繁切换线路成本较高且存在安全隐患。5G 作为一种低时延、高带宽、大连接、高可靠性的无线网络技术，能够灵活调整、重组生产线，实现在不同场景中的平滑切换，从而满足柔性制造的需求。

（6）推动智能服务转型。

将 5G 技术应用于工业互联网，可以创造出预测性维护、B2C 定制等新的智能服务模式，推动工业互联网向智能服务转型。预测性维护是指将传感器实时收集的工业现场数据上传到云端平台进行分析，预测设备故障等隐患并提前维护，从而减少损失。B2C定制是指对收集的大量数据进行分析，实时、动态地预测客户的进一步需求，根据预测结果对产品进行个性化优化；另外，利用 5G 技术，还可以让客户参与产品的设计和生产过程中，为客户带来高度个性化的产品和服务体验。

2. "5G + 工业互联网" 融合机理

数字化、网络化和智能化是工业互联网的三大主要发展趋势，与 5G 融合有助于工业互联网的发展。对于数字化，5G 的 D2D 技术有助于数字化系统的互联，5G 的 mMTC 场景能够承载数字化改造带来的海量连接；对于网络化，5G 的 uRLLC 场景能够为工业网络提供高可靠、低时延的支撑，5G 的网络切片技术使工业网络能够根据具体应用需求进行灵活、差异化部署，5G+MEC 拥有接入边缘计算能力，有效降低了核心网的负载，提高了网络的运营质量和效率；对于智能化，5G 能够承载大规模数据传输和计算，从而支撑工业互联网的智能化发展。

3. "5G + 工业互联网" 突破口

（1）数字孪生。

数字孪生是充分利用物理模型、传感器更新、运行历史等数据，集成多学科、多物理量、多尺度、多概率的仿真过程，在虚拟空间中完成映射，从而反映相对应的实体装备的全生命周期过程。数字孪生是一种超越现实的概念，可以被视为一个或多个重要的、彼此依赖的装备系统的数字映射系统。数字孪生能够实现智能制造中物理空间和信息空间之间的数据互联互通，从而促进智能制造和 "5G+工业互联网" 的建设。如图 5.11 所示为数字孪生平台示意图。

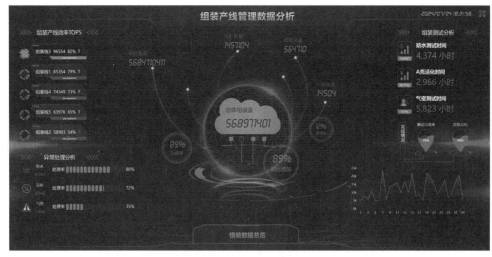

图 5.11　数字孪生平台示意图

（2）TSN（time sensitive network，时间敏感网络）。

"确定性时延" 是未来工业互联网发展的关键技术需求之一。"确定性时延" 不单指时延要足够小，还要求时延抖动的大小控制在可接受的范围，另外，它还包含了多数据流间时延协同等方面。

TSN 是一种传输时延有界、低传输抖动和低丢包率的确定性实时传输技术，是确定性时延的主要标准成果，是由 IEEE 802.1 标准构成的以太网数据链路层标准，它在传统以太网的基础上增加了包括时钟同步、低时延、预留带宽等功能，从而可提供确定性服务，满足实时通信需求。

5G TSN 是当前的研究热点，包含对 5G 无线网和核心网进行优化，从而实现 5G TSN 性能，以及如何融合工业以太网 TSN 和 5G TSN，以提供端到端 TSN 的性能保证。

另外，随着时间敏感网络技术的不断完善和产业的逐渐成熟，在工业领域实际应用全面铺开的过程中，时间敏感网络将与 OPC UA、边缘计算等技术融合部署，为工业互联网时代工业网络的创新重构提供强大的技术支撑。

（3）MEC（multi-acess edge computing，多接入边缘计算）。

5G+MEC 相比其他网络组合方式（如 5G+公有云、4G+公有云等）在带宽、时延等方面具有显著优势，它能在很大程度上促进工业企业的互联网化和智能化改造。

5G+MEC 和工业的融合催生了许多工业互联网的典型应用场景，这些应用场景均对低时延、大带宽、高可靠性和数据的安全隐私性有较高要求，如远程驾驶、远程控制、AR 远程协助、预测性维护、机器视觉质检等。

未来，5G+MEC 要与 TSN、DetNet 等技术相结合，为工业场景提供更高质量、更强确定性的网络。同时，"5G+MEC+行业智能化应用"的新技术和新网络模式也将融入各个行业和企业的发展过程，带来真正的价值提升。

（4）大数据。

移动大数据包括用户产生的数据和运营商产生的数据。5G 的应用使全球移动数据流量呈倍速增长，对移动大数据进行分析可以对 5G 网络的发展起到优化和强化作用，如优化网络体系架构设计、提升运维效率、提升服务体验等。

总之，"5G+工业互联网"是未来的发展趋势和各国之间的竞争核心，已经在全世界引起了高度重视。目前，"5G+工业互联网"的发展势头良好，成效初现，但不可否认的是，它仍处于起步阶段，仍有许多问题需要解决。本书分析了若干"5G+工业互联网"必须要解决的问题，并总结了一些有利于其进一步发展和应用的推动策略和关键技术[12,13]。

5.3.6　高速通信技术下的工业互联网安全分析

在监测 5G 网络技术使用环境的过程中，发现工业互联网中存在很多安全问题。在 5G 网络技术支持下，在工业行业的生产和管理过程中，由于工业互联网具有敞开性，极易发生被黑客攻击、侵入网络病毒、恶意代码、非法的网络访问等问题，从而破坏相关数据文件。表 5.3 为某电机厂对工业互联网安全事件的总结。

表 5.3　某电机厂对工业互联网安全事件的数据统计

安全事件类型	安全事件次数
非法 Web 登录申请	298
非法数据库查询	182
数据库恶意攻击	93
非法系统修改尝试	49
非法网页程序访问	32
非法文件访问	22
Web 恶意攻击	15
My SQL 恶意篡改	7

1. 安全问题分析

（1）数据安全分析。

工业互联网应用 5G 网络技术，因为数据文件传授效率的提高，在同一个时间段中相关数据的处理数量得到明显增加。数据和数据之间通过 5G 网络技术可以快速进行双向传输、交叉传输和多维传输等，这就增加了数据安全保护工作的难度。庞大繁杂的工业数据，因为类型等存在较大差异性，普通的网络保护措施已经很难有针对性地对某些数据进行保护。特别是延时情况下的边缘计算操作，工业数据无法到达数据处理中心，只是跟随数据传输完成了表面的处理，这个过程中，工业互联网为执行边缘计算命令，数据系统的安全保护程序作用就会弱化，而且这种操作部署必然会导致工业互联网受到安全攻击。

（2）控制安全分析。

工业生产过程中生产体系的控制要求极为严格，针对工业生产的对应流程，为了能够将工业互联网的对应资源集中使用于生产工作的各个流程中，就需要削弱对应的网络控制性能，例如，在一些特定信息的传输过程中需要降低网络安全协议的网络传输带宽数据，减少网络数据加密程序的宽带使用占比等，当然这些数据被缩减后也将对工业互联网的安全使用情况造成直接影响。工业企业的生产环节中对于控制操作的工作极为多见，那么借助 5G 网络的切片技术对生产环节中各个数据进行深度分析，并进行精确的划分，这样的情况下能够在不同的工业互联网切片中自动构成一种相互隔离的地带，这样的设定在某种意义上而言的确可以减少风险因素的危害或者影响力度，例如，一旦遇到某恶意程序针对工业互联网环境进行无端破坏或者恶意入侵时，只能够对其中的一个网络切片产生危害或者对应的影响，而不会危害其他切片。但是在实际的工业互联网检测管理工作中发现某些恶意攻击程序针对某个网络切片的攻击过程中会将这个切片作为入侵中心并且会对其他的切片发起再次的入侵指令，造成工业互联网环境被大面积损坏，造成整个工业互联网控制体系不能顺利运行。

（3）应用安全分析。

5G 网络技术具有强大的数据服务功能，能够较好地兼容工业互联网所使用的相关软件系统。这就要求 5G 网络技术具备较好的开放性，但是这就给工业互联网安全埋下了隐患。5G 网络技术的网络敞口中，在为工业数据提供较为快速便捷的传输通道的同时，端口开放过程中也会遭受到外部网络带来的干扰。5G 网络技术把访问权限开放给工业行业相关部门后，在外界网络同工业互联网的连接过程中，无法避免地会接触到网络风险因素，如非法程序等。

　　5G 网络技术的端口传输协议如果不够严谨，某些非法程序就会侵入工业互联网中。这种 5G 网络技术的安全漏洞问题，会导致工业互联网遭受入侵，篡改工业经验管理成效，同时还会泄露工业行业的相关敏感信息，致使其无法正常工业作业，工业行业就会遭受巨大损失。

　　2. 有效应对措施

　　（1）完善现有工业用户的安全使用机制。

　　在工业互联网实际安全管理工作的完善过程中，应综合考虑工业用户的核心地位，完善 5G 网络的安全管理机制和相应的安全管理体系。在开放的 5G 网络环境下，考虑到数据传输等要求，网络环境的开放性是不可避免的。工业互联网的安全管理机制可以利用用户身份认证途径，在 5G 网络环境中设定相应的验证程度。5G 网络技术能够实现身份验证管理和网络系统管理程序的无缝结合与兼容，在工业生产和管理中，对数据进行传输或访问时，系统首先对用户身份进行分析和验证。如果验证后发现用户的身份验证参数与数据不匹配，即用户无访问权限，工业互联网将拒绝该用户的相关指令并阻隔无法认证用户身份的数据。安全管理系统明确规定只有工业企业授权的互联网管理人员具备权限，对阻隔的数据信息进行审核。对于无意中发出的无害指令，将其归为常规数据；对于具备访问条件但未获得相应权限的人员，可以进行人工授权流程以获取权限；而对于未经授权的系统数据入侵指令，将被划入风险档案中进行安全处理。

　　（2）完善现有 5G 网络部署的安全机制建设。

　　工业互联网是一个具备综合特性的大型网络环境。针对不同职能和工作性质，需要给予相应的授权管理工作，并综合分析工业互联网的容量和兼容性能。如图 5.12 所示为 5G 网络的部署及架构[14]。为确保各环节正常运行，工业互联网需扩充网络站点以

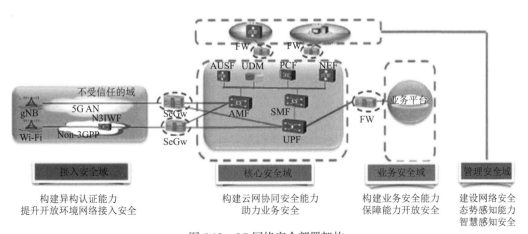

图 5.12　5G 网络安全部署架构

满足发展需求，并确保不同网络系统互相兼容和及时沟通。5G 网络技术性能强大，满足不同应用需求，并在安全建立阶段发挥优势。不同网络系统兼容的端口可通过加密技术提升网络安全管理效果，数据传输必须经过网络敞口，以规避和预防网络使用中的数据窃取或篡改等危险事件。

（3）强化网络安全协议认证监管工作。

5G 网络技术在工业互联网中的应用过程中，必须提升对于网络安全协议的认证监管力度，这样可提升工业网络环境的规范化管理效果。针对特殊需求的工业个体，网络运营商有协助义务为其提供所需的安全协议内容，帮助工业个体能够更加完善和全面地监管和管控自身的网络体系。当然，国家在发展的过程中也必须重视 5G 网络安全监管服务，以针对整个互联网环境进行有效的控制和净化，并且以高科技技术手段作为依托提升网络信息的辨识度，在网络安全协议认证体系的监管下保障工业互联网安全有序建设。

综上所述，5G 网络凭借自身高传输性能这一特殊优势为工业领域的发展注入新鲜血液，带来新的发展契机。工业互联网在使用 5G 网络技术的过程中必须考虑和重视其中可能出现的安全问题，提升对于 5G 网络的安全管理工作并借鉴近年来出现的 5G 网络危险事件的处理经验，积极有效地开展并且构建全面化的、可靠的 5G 安全管理体系，维护工业互联网安全运行模式成为 5G 网络技术提出的必然要求[15]。

5.3.7 高速通信技术在工业互联网中的应用

1. 在工业传感器中的应用

在工业领域中，传感器就像人的感觉器官一样，通常可以按照内部和外部进行划分。一般情况下，传感器主要包括 3 个部分——敏感元件、转换元件、基本转换电路。对于一台机器人而言，其传感器主要由视觉传感器、听觉传感器、触觉传感器、超声波传感器以及力传感器等各种传感器集成，以此对整个生产过程中的每一个参数进行监控。

将 5G 技术应用到工业传感器中，可以进一步提升传感器对环境感知的精确度，以非常低的延时性实现生产参数的准确获取，并将获取的参数以更快的速度传递给系统中的执行器件，以此实现对工业生产作业的高精度控制，全面提升整个生产过程中的可靠性，保障整个工业生产过程的安全性和高效性，使传统工业传感器数据传递过程中由网络延时导致的一系列问题得到解决。同时，在进行工业生产的过程中，不同场景中可能会存在非常多的传感器以及执行器，而 5G 技术的应用也可以为其海量连接提供足够的技术支撑。

2. 在云 AR/VR 中的应用

在工业生产领域的智能化发展过程中，为了实现工业生产效率的进一步提升以及安全隐患的进一步减少，就需要对 AR/VR 技术加以科学应用。例如，在工业领域进行智能制造的过程中，工业维护、工业装配以及虚拟形式的员工培训等，都需要设计师借助 VR 技术设计图纸，并将设计图纸转化成 VR 工厂形式，以此来实现虚拟化的维护、装配与培训。作为一种辅助设施，AR 需要具有轻便性以及灵活性，从而才可以保障维修工作效率。这就需要将所有对设备信息进行处理的功能都传递到云端，而在此过程中，AR 可以起到有效的显示以及连接作用，借助无线网络将 AR 设备以及云端连接在一起，就可以有效降低硬件成本。

在这样的情况下，只有保障无线网络双向传输过程中的延时不超过 10ms 才可以有效满足虚拟维修、装配以及培训等的实时性需求，但是传统的 LTE（long term evolution，长期演进）网络并不能有效地满足这一需求。此时将 5G 技术和 VR/AR 技术进行结合，就可以进一步提升交互性，有效拓展其沉浸式体验。凭借此优势，5G 技术已被广泛应用在各个领域。图 5.13 为 5G 云 VR 发展领域图。

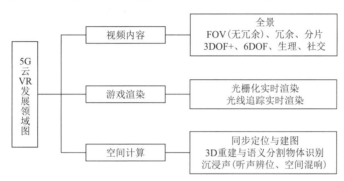

图 5.13　5G 云 VR 发展领域图

3. 在云端机器人中的应用

目前，以 5G 技术为基础的智能机器人都有云端大脑，在云技术的支撑下，计算机资源可以在云端进行部署，并借助 5G 技术实现机器人与云端"大脑"之间的连接与共享，这样就可以将机器人作为一个执行器进行使用，如图 5.14 为云端机器人系统结构与应用[16]。之所以需要将"大脑"上传到云端，是因为在机器人的设计过程中需要非常强大的处理能力，所以也就需要进行很多的处理器设置，例如，一个简单的阿尔法狗在云端"大脑"处理能力的设计过程中就需要用到 1202 个 CPU 以及 176 个 GPU，如果将这些处理器都安装在一个机器人身上就非常不现实。所以，需要借助 5G 网络进行相应的架构建设，以提升机器人的控制效率。

借助 5G 网络技术可以将机器人在外部获取的信息数据实时向云端发送，同时也可以将来自云端计算机中的相关结果及时反馈给机器人。这样的情况对于网络传输延时有着非常高的要求，一定要保障网络延时足够低才能让智能机器人能够像人类一样来执行"大脑"发出的控制指令。通过相关研究发现，人的反应延时在 100 ms 左右，也就是说，要想让智能机器人的反应速度达到人类的级别，其云端处理以及网络传输的总时间应该控制在 100 ms 以内。同时，智能机器人对于带宽的需求也非常高，在具体的应用过程中，智能机器人至少需要两个高清摄像头来达到 3D 形式的视觉效果，因此需要足够高的带宽（至少 10 Gbit/s），而通过前面内容的阐述可知，5G 技术刚好可以有效满足智能机器人的实际应用需求。

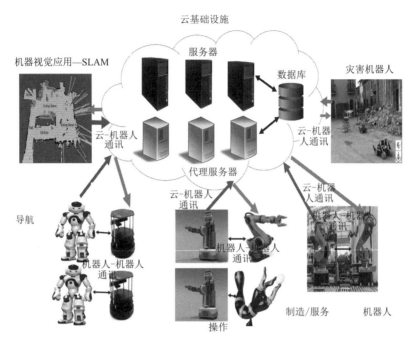

图 5.14　云端机器人系统结构与应用

4. 在远程控制中的应用

在进行工业生产的过程中，如果涉及一些危险品，为避免操作人员受到伤害，就需要借助自动化控制技术以及智能技术进行远程控制，也就是借助网络技术将前端工作设备面对的工作场景实时上传给后端，以此实现大型工业生产装备以及机械设备的远程操作和远程管理。

在此过程中，借助 5G 网络技术所具备的高可靠性以及低延时性特征，就可以实现工业生产现场各个设备参数的准确传输，同时也可以对危险处理机器人实现更加精准的控制，以此来提升危险抢修效果，尽可能地降低危险隐患所造成的不利影响。另外，借助 5G 技术，也可以让工业生产中的各个管线阀门得到精确的远程控制，保障开度控制的精细度，达到提升工业生产效率的目的。

综上所述，从目前的工业生产领域来看，工业互联网技术的应用可以为工业生产的自动化与智能化发展提供技术支撑，让工业生产更加符合当今时代的发展需求，在提升工业生产质量与效率的基础上保障其安全性。尤其是 5G 技术的应用，不仅能够降低工业互联网的网络延时，还能有效提升传输的速度、稳定性和安全性，以此来促进工业互联网以及工业生产领域的良好发展。因此，在应用互联网的过程中，技术人员一定要注重 5G 技术的合理应用，使其在工业传感器、云 AR/VR、云端机器人以及远程控制等方面充分发挥自身的技术优势，进一步促进工业领域的自动化与智能化[17]。

参 考 文 献

[1] 黎小平, 张应语. 制造业生产模式的概念、内涵及其结构特性分析[J]. 成组技术与生产现代化,

2005, 22(4): 1-5, 33.

[2] 崔建双, 李铁克, 张文新. 先进制造模式研究综述[J]. 中国管理信息化, 2009, 12(15): 91-94.

[3] 郑晓霞, 畅俊. 制造生产模式的演变与敏捷制造[J]. 科学之友, 2009(11): 102-103.

[4] 丁大勇, 张琳. 精益生产管理模式在智能制造时代的应用展望[J]. 管理观察, 2017(33): 17-18.

[5] 高光锐, 樊立亮. 制造业先进生产模式的应用探讨[J]. 工业技术经济, 2006, 25(11): 81-85.

[6] 赵磊, 胡小梅, 俞涛. 先进制造技术研究综述[J]. 装备制造技术, 2011(11): 75-80.

[7] 刘丽文. 先进制造技术与系统管理技术[J]. 清华大学学报(哲学社会科学版), 1996(2): 70-74.

[8] 周佳军, 姚锡凡. 先进制造技术与新工业革命[J]. 计算机集成制造系统, 2015, 21(8): 1963-1978.

[9] 焦金涛. 物联网通信技术的发展现状及趋势研究[J]. 通讯世界, 2018(1): 102-103.

[10] 赵敏, 刘俊艳, 朱铎先. 工业互联网生态系统模型研究与应用[J]. 中国工程科学, 2022, 24(4): 53-61.

[11] 许艳. 5G 无线通信技术与发展趋向[J]. 数字技术与应用, 2018, 36(1): 41, 43.

[12] 贾丽. 2022 世界 5G 大会热词: 元宇宙、6G、工业互联网[N]. 证券日报, 2022-08-11.

[13] 刘佳乐. 5G+工业互联网综述[J]. 物联网技术, 2021, 11(12): 53-58.

[14] 高枫, 马铮, 张曼君, 等. 5G 网安全部署探讨[J]. 邮电设计技术, 2019(4): 45-48.

[15] 廖远来. 5G 网络中工业互联网安全问题探析[J]. 网络安全技术与应用, 2022(9): 79-80.

[16] Saha O, Dasgupta P. A comprehensive survey of recent trends in cloud robotics architectures and applications[J]. Robotics, 2018, 7(3): 47.

[17] 于阳. 5G 应用于工业互联网的必要性研究[J]. 信息与电脑(理论版), 2021, 33(1): 200-201.

第6章 先进制造技术下的智能制造

智能制造是中国制造强国战略的重要议题之一，已经成为未来制造业发展的核心内容。由于智能制造具有学科交叉、行业融合的特点，需要较高的知识广度和深度，其学习过程具有一定的难度，因此有必要形成完整的智能制造体系。本章以智能制造为主线，系统性地总结和归纳了智能制造的总体框架，全面阐述了智能制造的核心思想与关键技术。

6.1 引　　言

人类对工具的需求淋漓尽致地展现在对工业自动化的追求上。伴随着人们对自动化机器或装置的追求，从 20 世纪 40 年代开始，自动控制理论发展迅速。20 世纪 30 年代左右，美国开始采用 PID 调节器。其后，从维纳滤波到卡尔曼滤波，从经典控制理论到现代控制理论、最优控制理论、随机控制等不一而足。但后来人们发现，这些理论的实际应用局限性很大，并不如当初人们所期望的那样[1]。

长期以来，自动化机器或装置的主要作用是替代人的体力。那么，人的脑力能不能被部分取代呢？人类能不能以人造系统来减轻人的脑力活动乃至扩展人的智能呢？现代数字化、网络化技术其实极大地减轻了人的脑力活动强度，而人们更希望某些技术能够"替代"某些脑力活动。企业的自动化程度越来越高，生产线和生产设备内部的信息流量增加；市场的个性化需求越来越强烈，产品所包含的设计信息和工艺信息量猛增；对市场的快速响应导致制造过程和管理工作的信息量也随之剧增，诸多因素使企业的关注点转向了提高制造系统对于爆炸性增长的信息处理能力、效率及规模。这不仅需要自动化、数字化、网络化技术，还需要智能化技术。

6.1.1 世界主要国家的智能制造发展战略与实践

2012 年，美国提出"先进制造业国家战略计划"，提出中小企业、劳动力、伙伴关系、联邦投资以及研发投资等五大发展目标和具体实施建议；2019 年提出未来工业发展规划，将人工智能、先进的制造业技术、量子信息科学和 5G 技术列为"推动美国繁荣和保护国家安全"的 4 项关键技术；另外，美国通用电气（GE）公司于 2012 年提出"工业互联网"计划，其基本思想是"打破智慧与机器的边界（pushing the boundaries of minds and machines）"，旨在通过提高机器设备的利用率并降低成本，取得经济的效益，引发新的革命。GE 为此投入巨额资金，并进行了有益的实践；其后，GE 又联合了 IBM、思科（Cisco）、英特尔（Intel）、AT&T 等，成立了世界上推广工业互联网的最大组织——工业互联网联盟（Industrial Internet Consortium, IIC），以期打破技术壁垒。目前，该联盟的成员已经超过 200 个[2]。

在 2013 年 4 月的汉诺威工业博览会上，德国政府宣布启动"工业 4.0"国家级战略规划，意图在新一轮工业革命中抢占先机，奠定德国工业在国际上的领先地位。工业 4.0 在国际上，尤其在中国，引起极大关注。2014 年李克强总理访问德国期间，中德双方发表了《中德合作行动纲要：共塑创新》，宣布两国将开展"工业 4.0"合作。一般的理解，工业 1.0 对应蒸汽机时代，工业 2.0 对应电气化时代，工业 3.0 对应信息化时代，工业 4.0 则是利用信息化、智能化技术促进产业变革的时代，也就是对应智能化时代[3]。

"工业 4.0"的基本思想是数字和物理世界的融合，主要特征是互联。利用信息物理系统（CPS，也称"赛博物理系统"）的理念，把企业的各种信息与自动化设备等整合在一起，打造智能工厂。智能工厂中，通过数据的无缝对接实现设备与设备、设备与人、设备与工厂、各工厂之间的连接，实时监测分散在各地的生产系统，使其实行分布自治的控制。工业 4.0 需要很多前沿技术的支撑，如物联网、大数据、增强现实、增材制造、仿真、云计算、人工智能等。德国于 2019 年又提出"国家工业战略 2030"，明确提出在某些领域德国需要拥有国家及欧洲范围的旗舰企业。

2014 年日本发布《2014 年制造业白皮书》，提出重点发展机器人、下一代清洁能源汽车、再生医疗以及 3D 打印技术；《日本制造业白皮书》（2018）中指出：在生产一线的数字化方面，应充分利用人工智能的发展成果，加快技术传承和节省劳动力；2016 年 1 月，日本政府发布《第五期科学技术基本计划》，首次提出"社会 5.0"概念[4]。在老龄化负面影响正在凸显的日本，为实现人人都能快乐生活，系统化及系统之间联合协调的举措不能只限于制造业领域，还须扩展至其他各个领域，将其与建设经济增长、健康长寿的社会乃至社会变革联系在一起。

上述的战略计划并未冠以"智能制造"，但实际上都包含智能制造的内容。我国为实现制造强国的战略目标，在 2015 年由国务院发布了《中国制造 2025》战略规划，智能制造成为其主攻方向。紧接着，工业和信息化部、财政部发布《智能制造发展规划（2016—2020 年）》[5]，近几年，一批企业的发展推动智能制造的进步，产生了很好的效果。这些企业的应用示范项目各有侧重，如数字化工厂/智能工厂（包括离散制造和流程制造），智能装备（产品），以个性化定制、网络协同开发、电子商务为代表的智能制造新业态新模式，以物流管理、能源管理智慧化为方向的智能化管理，以在线监测、远程诊断与云服务为代表的智能服务等。

值得注意的是，中国明确提出智能制造只是近几年的事情，但与智能制造紧密相关的数字化、网络化工作的探索于 20 世纪 80 年代末期便已开始。一批大学、研究院所和企业共同致力于机器人和企业数字化应用软件[如 CAD（计算机辅助设计）、CAPP（计算机辅助工艺规划）、PDM/PLM（产品数据管理/产品生命周期管理）、ERP（企业资源计划）、MES（制造执行系统）、SCM（供应链管理）、CRM（客户关系管理）]的研发及应用，为企业的数字化和网络化发展奠定了坚实的基础。某种意义上，数字化、网络化是智能制造的必要条件，也可视为智能制造的早期阶段。也正因如此，如今中国的一批制造企业能够开始尝试智能制造。

6.1.2　智能制造的基本概念

制造是把原材料变成适用产品的过程，然而需要特别注意的是，这里制造的含义不仅限于加工和生产。对于一个制造企业而言，其制造活动包含一切"把原材料变成适用的产品"的相关活动，如产品研发、工艺设计、设备运维、采购、销售等。

对智能制造最通俗的理解莫过于"把智能技术用于制造中"。然而什么是智能？什么是人工智能？尽管从人工智能概念的提出到现在已经过了半个多世纪，但是关于人工智能的定义却依然存在争议。一般认为，目前人工智能的研究方向主要集中在自然语言处理、机器学习、计算机视觉、自动推理、知识表示和机器人学六大方向上。但显然人们并不认为，企业实施智能制造就一定要应用上述所有技术[6]。

关于智能制造的定义有很多，美国怀特（Wright）和布恩（Bourne）在其《制造智能》（智能制造研究领域的首本专著）中将智能制造定义为"通过集成知识工程、制造软件系统、机器人视觉和机器人控制来对制造技工们的技能与专家知识进行建模，以使智能机器能够在没有人工干预的情况下进行小批量生产"。今天能够用于制造活动的智能技术不只是上述定义中所列举的，此外智能制造显然也不仅限于小批量生产。但人们没有任何理由因为此定义的局限性而轻视其意义，在当时（20世纪80年代）相关技术发展尚不成熟的时期提出智能制造的概念无疑是富有远见和开创性的工作。

路甬祥曾对智能制造给出定义："一种由智能机器和人类专家共同组成的人机一体化智能系统，它在制造过程中能进行智能活动，如分析、推理、判断、构思和决策等。通过人与智能机器的合作共事，去扩大、延伸和部分地取代人类专家在制造过程中的脑力劳动。它把制造自动化的概念更新、扩展到柔性化、智能化和高度集成化。"[7]其中强调的人机一体化，乃深刻洞见。

在中国《智能制造科技发展"十二五"专项规划》中，定义智能制造是"面向产品全生命周期，实现泛在感知条件下的信息化制造，是在现代传感技术、网络技术、自动化技术、拟人化智能技术等先进技术的基础上，通过智能化的感知、人机交互、决策和执行技术，实现设计过程智能化、制造过程智能化和制造装备智能化等"。此说法中实现设计过程、制造过程和制造装备的智能化，只是智能制造的现象。或者说，智能化设计、装备等只是制造的手段，而非目标。

本书给出智能制造及系统的极简定义，之所以如此，恰恰是因为智能制造还在飞速发展中。简单的定义可能包罗更广的功能和技术要素，无论已有的，还是未来的。简单的定义可能也包罗更深的含义：无论表象的，还是内在的；无论显性的，还是隐性的。

智能制造：把机器智能融合于制造的各种活动中，以满足企业相应的目标。

机器智能包括计算、感知、识别、存储、记忆、呈现、仿真、学习、推理等，既包括传统智能技术[如传感、基于知识的系统（knowledge based system，KBS）等]，也包括新一代人工智能技术（如基于大数据的深度学习）。一般来说，人工智能分为计算智能、感知智能和认知智能三个阶段。第一阶段为计算智能，即快速计算和记忆存储能力。第二阶段为感知智能，即视觉、听觉、触觉等感知能力。第三阶段为认知智能，即能理解、会思考。认知智能是目前机器与人差距最大的领域，让机器学会推理和决策异常艰难。

虽然机器智能是人开发的，但很多单元智能（如计算、记忆等）的强度远超人的能力。将机器智能融合于各种制造活动，实现智能制造，通常有如下好处[8]。

（1）智能机器的计算智能高于人类，在一些有固定数学优化模型、需要大量计算但无须进行知识推理的领域，例如，设计结果的工程分析、高级计划排产、模式识别等，与根据人的经验来判断相比，机器能更快地给出更优的方案。因此，智能优化技术有助于提高设计与生产效率、降低成本，并提高能源利用率。

（2）智能机器对制造工况的主动感知和自动控制能力高于人类。以数控加工过程为例，"机床/工件/刀具"系统的振动、温度变化对产品质量有重要影响，需要自适应调整工艺参数，但人类显然难以及时感知和分析这些变化。因此，应用智能传感与控制技术，实现"感知-分析-决策-执行"的闭环控制，能显著提高制造质量。同样，一个企业的制造过程中，存在很多动态的、变化的环境，制造系统中的某些要素（设备、检测机构、物料输送和存储系统等）必须能动态地、自动地响应系统变化，这也依赖于制造系统的自主智能决策。

（3）制造企业拥有的产品全生命周期数据可能是海量的，工业互联网和大数据分析等技术的发展为企业带来更快的响应速度、更高的效率和更深远的洞察力。这是传统凭借人的经验和直觉判断的方法所无可比拟的。

机器智能是人类智慧的凝结、延伸和扩展，总体上并未超越人类的智慧，但某些单元智能强度远超人的能力。

企业的制造活动包括研发、设计、加工、装配、设备运维、采购、销售、财务等；融合意味着并非完全颠覆以前的制造方式，通过融入机器智能，进一步提高制造的效能。定义中指出了智能制造的目的是满足企业相应的目标。虽未指明具体目标，但读者容易明白，提高效率、降低成本、绿色等均隐含其中。

智能制造系统：把机器智能融入包括人和资源形成的系统中，使制造活动能动态地适应需求和制造环境的变化，从而满足系统的优化目标。

除了智能制造中的关键词外，这里的关键词还有系统、人、资源、需求、环境变化、动态适应、优化目标。资源包括原材料、能源、设备、工具、数据等。需求可以是外部的（不仅考虑客户的，而且还应考虑社会的），也可以是企业内部的；环境包括设备工作环境、车间环境、市场环境等。此定义中，系统是一个相对的概念，即系统可以是一个加工单元或生产线，一个车间，一个企业，一个由企业及其供应商和客户组成的企业生态系统；动态适应意味着对环境变化（如温度变化、刀具磨损、市场波动等）能够实时响应优化目标涉及企业运营的目标，如效率、成本、节能降耗等。

特别需要注意的是，上述定义隐含：智能制造系统并非要求机器智能完全取代人，即使未来高度智能化的制造系统也需要人机共生。

韩国学者 Kang 等[9]指出，智能制造不能仅仅着眼于增效降本的经济性指标，还应该能够持久地对社会创造新的价值。缺乏对人和社会问题的考虑可能会引发一些问题。不能把智能制造仅仅简单地视为 IT 前沿技术的应用，它应该是基于面向人和社会"可持续发展"哲学的、能够导致持续增长的制造发动机。

6.1.3　现代制造的基本概念

最近几十年出现了一些关于制造模式的概念，如精益生产、柔性制造、敏捷制造、集成制造、绿色制造、并行工程、大批量定制、虚拟制造、网络化制造等。有人做过不完全统计，有 30 余种之多。智能制造既然融合了人类智慧与机器智能，其技术当然能够适用于各种制造模式。换言之，智能制造也应该融合各种制造模式的理念。尽管各种模式的理念均有其特点，但未必是制造真正核心的、基本的理念。这里仅介绍核心的基本的理念。

1. 可持续发展

可持续发展的理念在于：保护环境、人的生成和发展。可见，可持续发展是一个社会的综合问题，它需要政府、教育、科技、工业、法律、社会等各方面组织和人士的共同努力。对于与人们生活和社会发展紧密相关的制造业，在可持续发展中的作用自然也是举足轻重的。

2. 以客户为中心

以客户为中心，已成为广大制造企业的核心理念，既是企业赢得市场的需要，同时也是企业面向人和社会的表现。以客户为中心的制造理念，首先反映在产品开发上。现代产品开发的理念强调设计-制造-使用一体化考虑，随着大数据、互联网平台等技术的发展，企业更容易与用户深度交互，广泛征集需求。在生产端，柔性自动化、智能调度排产、传感互联、大数据等技术的成熟应用，使企业在保持规模生产的同时针对客户个性化需求进行敏捷柔性的生产。

3. 精益生产

精益生产的概念是由美国麻省理工学院组织世界上 17 个国家的专家、学者，以汽车工业这一开创大批量生产方式和 JIT 的典型工业为例，总结并理论化而形成的。精益生产包含的要素很多，主要有追求零库存、强调拉式生产、保持生产中的物流平衡。对于每一道工序来说，保证对后一工序供应的准时化，或者说其生产由后一道工序拉动（传统为推式）；追求快速反应（开发出了单元生产、固定变动生产等布局及生产编程方法）；强调把企业的内部活动和外部市场（顾客）需求和谐地统一于企业的发展目标；强调人本主义，把员工的智能和创造力视为企业的宝贵财富和未来发展的驱动力。

6.2　智能制造功能系统

广义的产品制造主要包含设计、制造、供销、服务等环节。因此，智能制造的主要功能系统包括智能设计、制造过程控制优化、智能供应链、智能服务等。

6.2.1　智能设计

智能设计是指将智能优化方法应用到产品设计中，利用计算机模拟人的思维活动进行辅助决策，以建立支持产品设计的智能设计系统，从而使计算机能够更多、更好地承担设计过程中的各种复杂任务，成为设计人员的重要辅助工具。制造领域常见的智能设计包括以下几种。

1. 创新设计

创新设计（innovation design）是指建立在数字化制造条件下的、基于协议与规则的、用户深度参与产品生成过程的设计方法。衍生式设计由设计师给出一个大致的设计空间（包含结构、体积、形态元素），计算机通过数据的计算可以高效地生成大量的设计方案，然后基于用户的限定，筛选出符合设计要求且高质量的方案。衍生式设计不但在方案数量上有优势，而且还能产生很多有创新的设计，构造设计师难以想象的复杂形态，激发设计师的灵感。衍生设计模型要满足以下两个条件：

（1）每个模型必须包含可以被设计评估的度量标准，由于计算机没有评判设计好坏的直觉，设计师要向计算机明确什么设计是好的，什么设计是不好的；

（2）计算机需要有能够改变控制变量的算法，并且能够从变量中得到反馈，发掘所有的设计可能性。

2. 拓扑优化设计

拓扑优化设计（topology optimization design）以设计域内的孔洞有无、数量和位置等拓扑信息为研究对象，其基本思想是利用有限元技术、数值计算和优化算法，在给定的设计空间内，寻求满足各种约束条件（如应力、位移、频率和重量等），使目标函数（刚度、重量等）达到最优的孔洞连通形式或材料布局，即最优结构拓扑。

3. 仿真设计

当所研究的系统造价昂贵、实验的危险性大或需要很长的时间才能了解系统参数变化所引起的后果时，仿真是一种特别有效的研究手段。仿真设计（simulation design）是通过使用计算机仿真软件辅助设计的方法。仿真软件的种类很多，在工程领域有机构动力学分析、控制力学分析、结构分析、热分析、加工仿真等仿真软件系统。

4. 可靠性优化设计

可靠性优化设计是指在保证产品安全性能的前提下，借助优化技术实现结构造价或产品某些性能（如刚度、强度等）的最优设计。可靠性优化设计将可靠性分析理论和确定性优化设计相结合，考虑载荷、材料特性、制造误差等不确定性因素的不确定性对确定性约束的影响，确保所有约束都处于安全区域。其中不确定性分析通常假设不确定性参数服从某种特定的概率分布。

5. 多学科设计优化

多学科设计优化是解决大规模复杂工程系统设计过程中多个学科耦合和权衡问题

的一种新的设计方法。它充分探索和利用工程系统中相互作用的协同机制，考虑各个学科之间的相互作用，从整个系统的角度优化设计复杂的工程系统。美国国家航空航天局对多学科设计优化的定义是：通过充分探索和利用系统中相互作用的协同机制来设计复杂系统和子系统的方法论。

6.2.2 制造过程控制优化

制造过程包括加工过程、装配过程、工厂运行等部分。制造过程控制优化是指将大数据与人工智能技术融入制造过程中，使制造过程实现自感知、自决策、自执行，主要包括加工过程控制优化、装配过程控制优化、工厂运行控制优化等。

1. 加工过程控制优化

制造装备是加工过程的基础。智能制造装备是指通过融入传感、人工智能等技术，使装备能对本体和加工过程进行自感知，对装备、加工状态、工件和环境有关的信息进行自分析，根据零件的设计要求与实时动态信息进行自决策，依据决策指令进行自执行，实现加工过程的"感知—分析—决策—执行—反馈"的大闭环，保证产品的高效、高品质及安全可靠加工。

加工过程控制优化包括工况在线检测、工艺知识在线学习、制造过程自主决策与装备自律执行等关键功能。

（1）工况在线检测。

在线检测零件加工过程中的切削力、夹持力，切削区的温度，刀具热变形、磨损、主轴振动等一系列物理量，以及刀具-工件-夹具之间热力行为产生的应力应变，为工艺知识在线学习与制造过程自主决策提供了支撑。

（2）工艺知识在线学习。

分析加工工况、界面耦合行为与加工质量/效率之间的映射关系，建立描述工况、耦合行为和加工质量/效率映射关系的知识模板，通过工艺知识的自主学习理论，实现基于模板的知识积累和工艺模型的自适应进化，为制造过程自主决策提供支撑。

①制造过程自主决策。

将工艺知识融入装备控制系统决策单元，根据在线检测识别加工状态，由工艺知识对参数进行在线优化并驱动生成制造过程控制决策指令。

②装备自律执行。

智能装备的控制系统能根据专家系统的决策指令对主轴转速及进给速度等工艺参数进行实时调控，使装备工作在最佳状态。

2. 装配过程控制优化

装配过程控制优化是指通过大数据、人工智能等方法，结合智能机器人、人机协同等新兴技术，实现装配过程的自动化与智能化，从而提升装配系统运作效率，为企业创造新的价值。

装配过程控制优化的主要核心技术包括智能装配规划系统、装配机器人、人机协同技术等。

（1）智能装配规划系统。

该系统是智能规划等理论方法和技术与装配规划问题相结合产生的一项综合技术，不仅能够提供一系列符合要求的装配工艺，同时能够按照可装配性、可维护性、可用的装配资源以及整个装配成本的高低要求，对装配方案的优劣进行分析。智能装配规划通过产品的 CAD 模型，利用计算机、AR/VR 等技术，创建虚拟环境，以便对产品的装配过程进行模拟与分析，在产品的研制过程中及时对装配方案进行快速评价，预估方案的装配性能，及早发现潜在的装配序列冲突与缺陷，并将这些装配信息反馈给设计人员，从而及时修改，不断优化产品装配过程。

（2）装配机器人。

装配机器人是实现智能装配的重要保障，是实现柔性自动化装配系统的核心设备，由机器人操作机、控制器、末端执行器和传感系统组成。常用的装配机器人主要有可编程通用装配机械手和平面双关节型机器人两种类型。与一般工业机器人相比，装配机器人具有精度高、柔顺性好、工作范围小、能与其他系统配套使用等特点，可以有效降低人工装配造成的不确定性影响，有助于提升产品一致性，大幅提高装配效率。

（3）人机协同技术。

装配过程中，存在大量复杂的装配工艺，智能机器人无法独立完成，需要通过人机协同技术，在操作员的远程遥控或协同交互下完成。人机协同技术通过人机交互实现人类智慧与人工智能的结合，是混合智能以及人脑机理揭示相关研究的高级应用，也是智能装配发展的必然趋势。此外，人机协同的过程，也是机器模仿和学习人类装配的过程，通过使用人类智慧形成的数据训练机器实现既定的目标，从而可有效地提高装配的智能化程度。除此之外，人机协同技术还可以避免装配人员直接暴露在危险性较高的生产环境（如辐射、高温高湿等）。

3. 工厂运行控制优化

工厂运行控制优化是指利用智能传感、大数据、人工智能等技术，实现工厂运行过程的自动化和智能化，基本目标是实现生产资源的最优配置、生产任务的实时调度、生产过程的精细管理等。其主要功能架构包括智能设备层、智能传感层、智能执行层、智能决策层。智能设备层主要包括各种类型的智能制造和辅助装备，如智能机床、智能机器人、AGV/RGV、自动检测设备等智能传感层，主要实现工厂各种运行数据的采集和指令下达，包括工厂内有线/无线网络、各种采集传感器及系统、智能产线分布式控制系统等；智能执行层主要包括三维虚拟车间建模与仿真、智能工艺规划、智能调度、制造执行系统等功能和模块；智能决策层主要包括大数据分析、人工智能方法等决策分析平台。

工厂运行控制优化的主要关键技术包括制造系统的适应性技术、智能动态调度技术等。

（1）制造系统的适应性技术。

制造企业面临的环境越来越复杂，例如，产品品种与批量的多样性、设计结果频繁变更需求波动大、供应链合作伙伴经常变化等，这些因素会对制造成本和效率造成很不利的影响。智能工厂必须具备可通过快速的结构调整和资源重组，以及柔性工艺、混流生产规划与控制、动态计划与调度等途径来主动适应这种变化的能力，因此，适应性是制造工厂智能特征的重要体现。

（2）智能动态调度技术。

车间调度作为智能生产的核心之一，是对将要进入加工的零件在工艺、资源与环境约束下进行调度优化，是生产准备和具体实施的纽带。然而，实际车间生产过程是一个永恒的动态过程，会不断发生各类动态事件，如订单数量/优先级变化、工艺变化、资源变化（如机器维护/故障）等。动态事件的发生会导致生产过程不同程度的瘫痪，极大地影响生产效率。因此，如何对车间动态事件进行快速准确处理，保证调度计划的平稳执行，是提升生产效率的关键。

车间动态调度是指在动态事件发生时，充分考虑已有调度计划以及系统当前的资源与环境状态，及时优化并给出合理的新调度计划，以保证生产的高效运行。动态调度在静态调度已有特性（如非线性、多目标、多约束、解空间复杂等）的基础上增加了动态随机性、不确定性等，导致建模和优化更为困难，是典型的 NP-hard 问题。当前，主要动态调度方法有两种，即重调度和逆调度。重调度是根据动态事件修改已有的调度计划；逆调度是通过调整可控参数和资源来处理动态事件。两者均是以已有调度计划为基础，重调度修改计划不修改参数，逆调度修改参数而不修改计划，两者各有优缺点。

6.2.3 智能供应链

智能供应链是指通过泛在感知、系统集成、互联互通、信息融合等信息技术手段，将工业大数据分析和人工智能技术应用于产品的供销环节，实现科学的决策，提升运作效率，并为企业创造新价值。与传统的供应链不同，数字化制造背景下的智能供应链更强调信息的感知、交互与反馈，从而实现资源的最优配比。其主要功能包括自动化物流、全球供销过程集成与协同、供销过程管理智能决策、客户关系管理等，如图 6.1 所示。

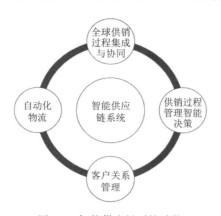

图 6.1　智能供应链系统功能

1. 自动化物流

自动化、可视化的物流技术以物联网广泛应用为基础，利用先进的信息采集、信息传递、信息处理和信息管理技术，通过信息集成技术基础和物流业务的集成，建立物流信息化系统，配置自动化、柔性化和网络化的物流设施和设备，例如，立体仓库、AGV（自动导引小车）、可实时定位的运输车辆等，并采用 RFID 技术等物联网技术，实现物品流动的定位、跟踪、控制，实现物流全过程优化以及资源优化，完成运输、仓储、配送、包装、装卸等多项物流活动，确保各项物流活动高效运行。

2. 全球供销过程集成与协同

通过工业互联网、大数据等技术，推动整个供销过程中客户、供销商直接全面的互联互通。利用智能工具监控整个供销过程，从而通过持续改进，有效地对供销资源进行监督和配置。建立全球协同的供销网络，优化资源配比，建立供销集成式的共享平台，最大化地降低供销成本，实现客户和供销商的双赢。

3. 供销过程管理智能决策

在供销过程中，通过大数据分析等技术，帮助用户和供销商更好地分析潜在的风险和制约因素，从而对供销方案进行有效的筛选和评估，从各种备选供销方案中选择最合适的方案。并依托人工智能技术，通过历史案例学习，实现供销方案的自动化制定和决策，从而提高决策响应速度，降低人工干预程度。

4. 客户关系管理

客户关系管理是指以客户为核心，企业和客户之间在品牌推广、销售产品或提供服务等场景下所产生的各种关系的处理过程，其最终目标就是吸引新客户关注并转化为企业付费用户、提高老客户留存率并帮助介绍新用户，以此来增加企业的市场份额及利润，增强企业的竞争力。

6.2.4　智能服务

智能服务包括以用户为中心的产品全生命周期的各种服务。服务智能化将显著促进个性化定制等生产方式的发展，延伸发展服务型制造业和生产型服务业，促进生产模式和产业形态的深度变革。通过持续改进，建立高效、安全的智能服务系统，实现服务和产品的实时有效、智能化互动，为企业创造新价值。智能服务关键技术包括云服务平台技术、预测性维护技术、个性化生产服务技术以及增值服务技术。

1. 云服务平台技术

云服务平台技术是实现智能服务的重要保障，是实现用户与制造商信息交互的核心技术。云服务平台具有多通道并行接入能力，可以通过传感器等对产品的制造过程，装备的运行状态，用户的使用习惯、需求信息等数据进行采集和处理。一方面，通过用户需求分析，引导制造商生产满足用户需求的个性化产品；另一方面，通过对装备运行状态、用户使用习惯进行分析，为用户提供有效的增值服务，进而提升产品附加值和企业收益。

2. 预测性维护技术

预测性维护是以产品状态为依据而提供的维护或者保养建议，从而避免产品失效而造成的不良后果，同时还可以有效提升产品附加价值。传统的预测性维护针对的是制造中的生产设备，但是广义的预测性维护针对的是与产品相关的全部生产因素。在产品使用过程中，针对主要部位进行定期（或连续）的状态监测，从而确认产品所处的运行状态。预测性维护是智能制造未来的发展趋势，依据产品的状态发展趋势和可能的故障模式，制订预测性维修计划，确定产品应该维修的时间、内容、方式和必需的技术及物资支持等。预测性维修集状态监测、故障诊断、故障（状态）预测、维修决策支持和维修活动于一体，是一种新兴的维护方式。

3. 个性化生产服务技术

个性化生产服务是智能制造的未来发展方向之一。通过将个性化的服务融入产品，提升产品附加值，可以为企业创造新的价值。个性化生产服务通过云服务平台收集客户个性化需求，按照顾客需求进行生产，以满足顾客的个性化需求。由于消费者的个性化需求差异性大，加上消费者的需求量少，因此企业实行定制化生产必须在管理、供应、生产和配送各个环节上，都适应这种多品种、小批量、多式样和多规格产品的生产和销售变化。

4. 增值服务技术

增值服务技术主要体现在产品销售后，以服务应用软件为创新载体，通过大数据分析、人工智能等新兴技术，结合最新的 5G 通信手段，自动生成产品运行与应用状态报告，并推送至用户端，从而为用户提供在线监测、故障预测与诊断、健康状态评估等增值服务。与此同时，利用云服务平台收集用户在产品使用过程中的行为信息等数据，针对不同客户的习惯提供个性化的升级服务，从而有效地增加产品附加值，为企业创造新的价值。

6.3　智能制造核心技术

数据获取与处理、数字孪生、建模与仿真、智能控制等技术是推动现代制造业智能化升级的核心动力。这些技术使得生产过程更加清晰、生产调控更加精确、生产模式更加智能，从而提高产品制造全生命周期的信息化、网络化和智能化水平，满足现代制造业的生产需要和发展需求。本节将重点围绕数据获取与处理、数字孪生、建模与仿真、智能控制等核心技术进行梳理和阐述。

6.3.1　数据获取与处理

数据分析是智能制造的核心技术之一，数据的获取与处理可以为准确、高速、可靠的数据分析提供保障。传统的分析和优化过程基于模型，而数据分析可以弥补模型精度的不足。

制造业数据是在工业领域中，围绕典型智能制造模式，从客户需求到销售、订单、计划、研发、设计、工艺、制造、采购、供应、库存、发货和交付、售后服务、运维、报废或回收再制造等整个产品全生命周期各个环节所产生的各类数据及相关技术和应用的总称，制造业数据的来源主要包括 3 个方面：企业内部信息系统、物联网信息、企业外部信息。

企业内部信息系统是指企业运营管理相关的业务数据，包括企业资源计划、产品生命周期管理、供应链管理、客户关系管理和能源管理系统等。这些系统中包含企业生产、研发、物流、客户服务等数据，存在于企业或者产业链内部。物联网信息包含制造过程中的数据，主要是指工业生产过程中装备、物料及产品加工过程的工况状态参数、环境参数等生产情况的数据，通过制造执行系统实时传递。企业外部信息则是指产品售出之后的使用、运营情况的数据，同时还包括大量客户名单、供应商名单、外部的互联网等数据。其中产品运营数据也可来自物联网系统。

1. 数据获取技术

数据的采集是获得有效数据的重要途径，同时也是工业大数据分析和应用的基础。数据采集与治理的目标是从企业内部和外部等数据源获取各种类型的数据，并围绕数据的使用，建立数据标准规范和管理机制流程，保证数据质量，提高数据管控水平。在智能制造中，数据分析往往需要更精细化的数据，因此对数据采集能力有着较高的要求。例如，高速旋转设备的故障诊断需要分析高达每秒千次采样的数据，要求无损全时采集数据。通过故障容错和高可用架构，即使在部分网络、机器出现故障的情况下，仍能保证数据的完整性，杜绝数据丢失。同时还需要在数据采集过程中自动进行数据实时处理，例如，校验数据类型和格式，异常数据分类隔离、提取和预警等。

常用的数据获取技术以传感器为主，结合 RFID、条码扫描器、生产和监测设备、个人数字助手、人机交互、智能终端等手段实现生产过程中的信息获取，并通过互联网或现场总线等技术实现原始数据的实时准确传输。

传感器属于一种被动检测装置，可以将检测到的信息按照一定规律改成电信号或者其他形式的信息输出，从而满足信息传输、处理、存储和控制等需求，主要包括光电、热敏、气敏、力敏、磁敏、声敏、湿敏等不同类别的传感器。例如，在制糖过程中，需要把糖浆浓缩到一定的过饱和度，从而析出糖晶体，最终将其变成糖膏，其中的关键在于控制熬制过程中母液的过饱和度。影响过饱和度的四大因素包括真空度、空气压力、母液浓度以及蒸煮温度。通过真空度传感器、空气压力传感器等一系列传感器即可采集上述数据，从而实现熬制过程中母液过饱和度的监控。

RFID 是一种自动识别技术，通过无线射频方式进行非接触双向数据通信，利用无线射频方式对记录媒体（电子标签或射频卡）进行读写，从而达到识别目标和数据交换的目的，RFID 技术具有适用性广、稳定性强、安全性高、使用成本低等特点，在产品的生产和流通过程中有着广泛的应用。物流仓储是 RFID 技术最有潜力的应用领域之一，UPS、DHL、FedEx 等国际物流巨头都在利用 RFID 技术实现物流过程中的货物追踪、信息自动采集、仓储管理应用、港口应用、邮政包裹、快递等。

条码扫描器也被称为条码扫描枪/阅读器，是用于读取条码所包含信息的设备。由光源发出的光线经过光学系统照射到条码符号上面，并反射到扫码枪等光学仪器上，通过光电转换，经译码器解释为计算机可以直接接收的数字信号。条码技术具有准确性高、速度快、标识制作成本低等优点，因此在智能制造中有着广泛的应用前景。例如，在汽车生产过程中，通过条码技术可以记录汽车生产全过程的自然情况，从而实现了整车档案数据全面记录，为汽车的销售、维护以及信息追溯提供了依据。

2. 数据处理技术

数据处理是智能制造的关键技术之一，其目的是从大量的、杂乱无章、难以理解的数据中抽取并推导出对于某些特定的人来说是有价值、有意义的数据。常见的数据处理流程主要包括数据清洗、数据融合、数据分析以及数据存储，如图 6.2 所示。

图 6.2　数据处理流程

（1）数据清洗。

数据清洗也称数据预处理，是指对所收集数据进行分析前的审核、筛选等必要的处理，并对存在问题的数据进行处理，从而将原始的低质量数据转化为方便分析的高质量数据，确保数据的完整性、一致性、唯一性和合理性。考虑到制造业数据具有的高噪声特性，原始数据往往难以直接用于分析，无法为智能制造提供决策依据。因此，数据清洗是实现智能制造、智能分析的重要环节之一。

数据清洗主要包含 3 部分内容：数据清理、数据变换以及数据归约。

①数据清理指通过人工或者某些特定的规则对数据中存在的缺失值、噪声、异常值等影响数据质量的因素进行筛选，并通过一系列方法对数据进行修补，从而提高数据质量。

②数据变换指通过平滑聚集、数据概化、规范化等方式将数据转换成适用于数据挖掘的形式。制造业数据种类繁多，来源多样，来自不同系统、不同类别的数据往往具备不同的表达形式，通过数据变换可以将所有的数据统一成标准化、规范化、适合数据挖掘的表达形式。

③数据归约指在尽可能保持数据原貌的前提下，最大限度地精简数据量。制造业数据具有海量特性，显著增加了数据分析和存储的成本。通过数据归约可以有效地降低数据体量，减少运算和存储成本，同时提高数据分析效率。

（2）数据融合。

数据融合是指将各种传感器在空间和时间上的互补与冗余信息依据某种优化准则或算法组合，来产生对观测对象的一致性解释和描述。其目标是基于各传感器检测信息分解人工观测信息，通过对信息的优化组合来导出更多的有效信息。制造业数据存在多源特性，同一观测对象在不同传感器、不同系统下，存在着多种观测数据。通过数据融合可以有效地形成各个维度之间的互补，从而获得更有价值的信息。常用的数据融合方法可以分为数据层融合、特征层融合以及决策层融合。这里需要明确，数据归约是针对单一维度进行的数据约简，而数据融合则是针对不同维度之间的数据进行的。

（3）数据分析。

数据分析是指用适当的统计分析方法对收集来的大量数据进行分析，将它们加以汇总和理解并消化，以求最大化地开发数据的功能，发挥数据的作用。数据分析是为了提取有用信息和形成结论而对数据加以详细研究和概括总结的过程，是智能制造中的重要环节之一。与其他领域的数据分析不同，制造业数据分析需要融合生产过程中的机理模型，以"数据驱动+机理驱动"的双驱动模式进行数据分析，从而建立高精度、高可靠性的模型来真正解决实际的工业问题。

现有的数据分析技术依据分析目的可以分为探索性数据分析和定性数据分析，根据实时性可以划分为离线数据分析和在线数据分析。

探索性数据分析是指通过作图、造表、用各种形式的方程拟合，计算某些特征量等手段探索规律性的可能形式，从而寻找和揭示隐含在数据中的规律。定性数据分析则是在探索性数据分析的基础上提出一类或几类可能的模型，然后通过进一步的分析从中挑选一定的模型。

离线数据分析用于计算复杂度较高、时效性要求较低的应用场景，分析结果具有一定的滞后性。

在线数据分析则是直接对数据进行在线处理，实时性相对较高，并且能够随时根据数据变化修改分析结果。

常见的数据分析方法包括列表法、作图法、时间序列分析、聚类分析、回归分析等。

①列表法：将数据按一定规律用列表方式表达出来，是记录和处理最常用的方法。表格的设计要求对应关系清楚，简单明了，有利于发现相关量之间的相关关系。此外，还要求在标题栏中注明各个量的名称、符号、数量级和单位等。根据需要还可以列出除原始数据以外的计算栏目和统计栏目等。

②作图法：可以醒目地表达各个数据之间的变化关系。从图线上可以简便求出需要的某些结果，还可以把某些复杂的函数关系通过一定的变换用图形表示出来。

③时间序列分析：可以用来描述某一对象随着时间发展而变化的规律，并根据有限长度的观察数据，建立能够比较精确地反映序列中所包含的动态依存关系的数学模型，并借以对系统的未来进行预报。例如，通过对数控机床电压的时间序列数据进行分析，可以实现机床的运行状态预测，从而实现预防性维护。常用的时间序列分析方法有平滑法、趋势拟合法、AR（autoregressive model）模型、MA（moving average model）模型、ARMA（autoregressive moving average model）模型以及 ARIMA（autoregressive integrated moving average model）模型等。

④聚类分析：指将物理或抽象对象的集合分组为由类似的对象组成的多个类的分析过程，其目标是在相似的基础上收集数据来分类。聚类分析在产品的全生命周期有着广泛的应用，例如，通过聚类分析可以提高各个零部件之间的一致性，从而提高产品的稳定性。常见的聚类分析方法包括基于划分的聚类方法（如 *K*-means、*K*-medoids）、基于层次的聚类方法[如 DIANA（divisive analysis）]以及基于密度的聚类方法[如谱聚类、

DBSCAN（density-based spatial clustering of applications with noise）]等。

⑤回归分析：指通过定量分析确定两种或两种以上变量之间的相互依赖关系。回归分析按照涉及的变量的多少，分为一元回归分析和多元回归分析；按照因变量的多少，可分为简单回归分析和多重回归分析；按照自变量和因变量之间的关系类型，可分为线性回归分析和非线性回归分析。常用的回归分析方法主要包括线性回归、逻辑回归、多项式回归、逐步回归、岭回归以及 Lasso 回归（least absolute shrinkage and selection operator regression）等。

近年来，随着人工智能的飞速发展，除了上述方法外，以深度学习为代表的神经网络以及以支持向量机为代表的统计学习开始逐渐受到关注。

（4）数据存储。

数据存储是指将数据以某种格式记录在计算机内部或外部存储介质上进行保存，其存储对象包括数据流在加工过程中产生的临时文件或加工过程中需要查找的信息。在数据存储中，数据流反映了系统中流动的数据，表现出动态数据的特征；数据存储反映系统中静止的数据，表现出静态数据的特征。制造业数据具有体量大、关联复杂、时效要求高等特点，对数据存储技术提出了很高的要求。数据存储管理系统可以分为单机式存储和分布式存储两类。单机式数据存储较为传统，一般采用关系数据库与本地文件系统结合的存储方式，无法为大规模数据提供高效存储和快速计算的支持。分布式数据存储工作节点多，能够提供大量的存储空间，同时能够与互联网技术结合，数据请求及处理速度较快，近年来受到越来越多的关注。

6.3.2　数字孪生

当前，以物联网、大数据、人工智能等新技术为代表的数字浪潮席卷全球，物理世界和与之对应的数字世界正形成两大体系平行发展、相互作用。数字世界为了服务物理世界而存在，物理世界因为数字世界而变得高效有序。在这种背景下，数字孪生（又称数字双胞胎、数字化双胞胎等）技术应运而生。

数字孪生是以数字化方式创建物理实体的虚拟模型，借助数据模拟物理实体在现实环境中的行为，通过虚实交互反馈、数据融合分析、决策迭代优化等手段，为物理实体增加或扩展新的能力。作为一种充分利用的模型、数据、智能并集成多学科的技术，数字孪生面向产品全生命周期过程，发挥连接物理世界和数字世界的桥梁和纽带的作用，提供更加实时、高效、智能的服务。

基于数字孪生的定义，图 6.3 给出了数字孪生的五维概念模型。

数字孪生的五维概念模型首先是一个通用的参考架构，能适用不同领域的不同应用对象。其次，它的五维结构能与物联网、大数据、人工智能等新信息技术集成与融合，满足信息物理系统集成、信息物理数据融合、虚实双向连接与交互等需求。最后，孪生数据集成融合了信息数据与物理数据，满足信息空间与物理空间的一致性与同步性需求，能提供更加准确、全面的全要素/全流程/全业务数据支持。服务对数字孪生应用过程中面向不同领域、不同层次用户、不同业务所需的各类数据、模型、算法、仿真、结果等进行服务化封装，并以应用软件或移动端 APP 的形式提供给用户，实现对服务的便捷与按需使用。连接实现物理实体、虚拟实体、服务及孪生数据之间的普适工业互联，从而支持虚实实时互联与融合。虚拟实体从多维度、多空间尺度及多时间尺度对物理实体进行刻画和描述。

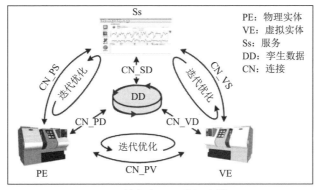

图 6.3　数字孪生五维概念模型

1. 数字孪生的系统架构

基于数字孪生的概念模型，并参考《物联网 参考体系结构》（GB/T 33474—2016）和 ISO/IEC30141:2018 两个物联网参考架构标准以及 ISO23247（面向制造的数字孪生系统框架）标准草案，图 6.4 给出了数字孪生系统的通用参考架构。一个典型的数字孪生系统包括用户域、数字孪生体、测量与控制实体、现实物理域和跨域功能实体共 5 个层次。

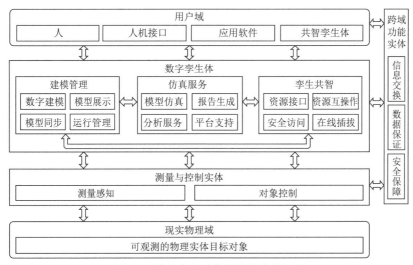

图 6.4　数字孪生系统的通用参考架构

第 1 层（最上层）是使用数字孪生体的用户域，包括人、人机接口、应用软件，以及其他相关数字孪生体。第 2 层是与物理实体目标对象对应的数字孪生体。它是反映物理对象某一视角特征的数字模型，并提供建模管理、仿真服务和孪生共智 3 类功能。第 3 层是处于测量控制域、连接数字孪生体和物理实体的测量与控制实体，实现物理对象的状态感知和控制功能。第 4 层是与数字孪生对应的物理实体目标对象所处的现实物理域，测量与控制实体和现实物理域之间有测量数据流和控制信息流的传递。第 5 层是跨域功能实体。测量与控制实体、数字孪生体以及用户域之间的数据流和信息流动传递，需要信息交换、数据保证、安全保障等跨域功能实体的支持。

2. 数字孪生的成熟度模型

数字孪生不仅是物理世界的镜像，也要接收物理世界的实时信息，更要反过来实时驱动物理世界，而且进化为物理世界的先知、先觉甚至超体。这个演变过程称为成熟度进化，即数字孪生的生长发育将经历数化、互动、先知、先觉和共智等几个过程。

（1）数化。

"数化"是对物理世界数字化的过程。这个过程需要将物理对象表达为计算机和网络所能识别的数字模型。建模技术是数字化的核心技术之一，例如，测绘扫描、几何建模、网格建模、系统建模、流程建模、组织建模等技术。物联网是"数化"的另一项核心技术，将物理世界本身的状态变为可以被计算机和网络所感知、识别和分析。

（2）互动。

"互动"主要是指数字对象及其物理对象之间的实时动态互动。物联网是实现虚实之间互动的核心技术。数字世界的责任之一是预测和优化，同时根据优化结果干预物理世界，所以需要将指令传递到物理世界。物理世界的新状态需要实时传导到数字世界，作为数字世界的新初始值和新边界条件。另外，这种互动包括数字对象之间的互动，依靠数字线程来实现。

（3）先知。

"先知"是指利用仿真技术对物理世界的动态预测。这需要数字对象不仅表达物理世界的几何形状，更需要在数字模型中融入物理规律和机理。仿真技术不仅建立物理对象的数字化模型，还要根据当前状态，通过物理学规律和机理来计算、分析和预测物理对象的未来状态。

（4）先觉。

如果说"先知"是依据物理对象的确定规律和完整机理来预测数字孪生的未来，那"先觉"就是依据不完整的信息和不明确的机理，通过工业大数据和机器学习技术来预感未来。如果要求数字孪生越来越智能和智慧，就不应局限于人类对物理世界的确定性知识，因为人类本身就不是完全依赖确定性知识而领悟世界的。

（5）共智。

"共智"是通过云计算技术实现不同数字孪生之间的智慧交换和共享，其隐含的前提是，单个数字孪生内部各构件的智慧首先是共享的。所谓"单个"数字孪生体是人为定义的范围，多个数字孪生单体可以通过"共智"形成更大和更高层次的数字孪生体，这个数量和层次可以是无限的。

6.3.3　建模与仿真技术

经过近 60 年的发展历程，建模与仿真技术已逐渐成为人类认识世界、改造世界，并进行科学研究、生产制造等活动的一种重要的科学化、技术化手段。

建模与仿真技术在当今高度信息化、集成化、网络化、智能化的时代，已被广泛应用于各行各业，包括智能制造、金融分析、气象预测、军事模拟、车间调度、能源管理等方面。随着制造业从数字化制造、数字化网络化制造过渡到数字化网络化智能化制造的历史进程，建模与仿真技术也经历了不断的技术升级与演变，既保留了数字化制造的特点，也发展并结合了信息化和物联网时代的新元素。

1. 建模与仿真技术的定义

建模与仿真技术从严格意义上说，是两个技术的复合名词，即建模技术与仿真技术。建模是仿真的基础，建模是为了能够进行仿真。仿真是建模的延续，是研究和分析对象的技术手段。

广义上说，建模技术是结合物理、化学、生物等基础学科知识，并利用计算机技术，结合数学的几何、逻辑与符号化语言，针对研究对象进行的一种行为表达与模拟，所建立的模型应该能够反映研究对象的特点和行为表现。一般而言，对于一些不感兴趣、不重要的成分，在建模过程中可以忽略，以简化模型。

具体到智能制造中，建模技术是指针对制造中的载体（如数控加工机床、机器人等）、制造过程（如加工过程中的力、热、液等问题）和被加工对象（如被制造的汽车、飞机、零部件），甚至是智能车间、智能调度过程中一切需要研究的对象（实体对象或非实体化的生产过程等问题），应用机械、物理、力学、计算机和数学等学科知识，对研究对象的一种近似表达。

仿真技术是在建模完成后，结合计算机图形学等计算机科学手段，对模型进行图像化、数值化、程序化等的表达。借助仿真，可以看到被建模对象的虚拟形态，例如，看到数控机床的加工过程，看到机器人的运动路径，甚至可以对加工过程中的热与力等看不见的物理过程进行虚拟再现。因此，仿真技术还让模型的分析过程变得可量化和可控化，即依托建模与仿真技术，可以得到可视化与可量化的模型，利用量化的模型数据，进行分析，进行虚拟加载和虚拟模型调控，对认识和改造智能制造中的研究对象是一种极为有效的科学手段。

2. 建模与仿真技术的特点

先了解建模与仿真技术的必要性，有助于更好地理解其特点和功能。产生建模与仿真技术这一需求的原因可分为两类，即根本性原因和非根本性原因。

根本性原因一：针对实际被研究对象、被研究的过程进行实物研究，成本较高。例如，飞机高空高速飞行试验等，进行一次实物试验花费和代价都很大，不利于研究本身。

根本性原因二：实际被研究对象、被研究过程往往极其复杂，表现出非线性、强耦合性和不确定性等特点。由于需要研究的目标往往比较单一，或目标比较明确，因此会在建模中忽略一些次要因素或不感兴趣的因素。但也正因为这种忽略次要因素的建模过程，对建模人员的要求极高，考验建模人员对实际物理、化学过程的认知深度，关乎研究结果的可信度。

非根本性原因：建模与仿真技术的可视化、可量化、可对照、可控性等特点，都极有利于科学研究的发展。例如，在智能制造中采用建模与仿真技术对智能车间进行调度优化和产线布置等。

综上，从需求本身出发，建模与仿真技术表现出以下特点。

（1）虚拟化。虚拟化是建模与仿真技术的最本质特点，利用建模与仿真技术可得到被研究对象的虚拟镜像。例如，对机器人进行运动学建模，可得到用齐次变换矩阵描述的机器人实体模型。这种齐次变换矩阵可刻画出机器人的运动形式，即可以说它是机器人运动过程的虚拟化。

（2）数值化。数值化是建模与仿真技术的必要特点，是仿真、计算、优化的前提。仍以上述机器人运动学建模为例，这种代表机器人运动学特征的齐次变换矩阵本身就是一种数值的刻画形式。利用该数值化的矩阵，代入机器人的具体关节角度和 DH 参数（Denavit Hartenberg parameters），可得到机器人在笛卡儿空间中的正运动学坐标，也可以根据笛卡儿空间的坐标求解关节空间下逆运动学的关节角度。正是有了这种数值化特点，才可以方便地开展一切计算类的研究活动。

（3）可视化。可视化是建模与仿真技术的直观特点，是建模与仿真技术人机交互与友好性的体现。在智能制造中，可视化几乎是一切建模与仿真技术所共有的特点和属性。可视化可以帮助科研人员直观地分析被研究对象的动态行为，也可以帮助车间技术人员快速掌握加工过程或加工对象的实时状态。例如，基于 MATLAB 软件的机器人仿真工具箱，可将用运动学的齐次变换矩阵所描述的虚拟化机器人可视化，实现对实体机器人的等效虚拟和可视化再现。

（4）可控化。可控化是建模与仿真技术通往终极目标的必要手段。建模与仿真技术的目的是对被研究对象进行分析和优化。只有在建模与仿真技术中做到可控化，才可以进行科学化的对照实验、优化实验等。例如，基于智能优化算法对机器人动力学激励轨迹进行优化，以使回归矩阵的条件数最优。

建模与仿真技术的特点随着制造业的发展而不断更新。

另外，随着制造业的转型升级，从传统制造到数字制造，从数字制造到数字化网络化制造，再到数字化网络化智能化制造，建模与仿真技术又表现出一些新的特点。

（1）集成化。智能制造发展的初级阶段，即数字制造，制造对象或制造主体（机床或机器人等）主要表现出单元化的制造特点。到了智能制造发展的第 2 阶段，即数字化网络化制造，制造对象或制造主体又表现出在互联网下的多边互联特点。再到数字化网络化智能化的第 3 阶段，依托 5G、物联网、云计算、云存储等技术，实现各制造对象或制造主体之间的互联互通，人-机-物的有机融合，建模与仿真技术也从原来的单一化过渡到多机协同的集成化模式。例如，在智能制造中，通过对数控机床、工业机器人、传送带、物流无人车、工件和工具的联合建模与仿真，可实现对智能工厂的模拟。

（2）模块化。模块化似乎是与集成化相悖的一个概念和特点，但其实不然。数字化制造过程中，由于加工对象单一，加工过程单一，建模与仿真技术也表现出模型与实体对象一一对应的特点。但到了智能制造发展的第 3 阶段，由于加工过程更为复杂，加工对象更多，各个对象之间还有紧密的联系，建模与仿真技术也变得更复杂，更有必要在复杂的条件下构建模块化的建模单元与仿真单元，以便不同人员跨地区、跨学科、跨专业、跨时段地进行协同建模与仿真开发。

（3）层次化。HLA（high level architecture，高级体系结构）是智能制造中的一个代表性的开放式、面向对象的技术架构体系。在 HLA 架构体系下，智能车间、智能工厂、智能仓储、智能化嵌入式系统、智能化加工单元等作为智能制造网络化体系结构的下端级，云平台、云存储作为上端级，边缘计算、云计算作为沟通中间的连接驱动和计算资源。针对复杂网络体系下的智能制造，需要更加层次化的建模与仿真，有利于模型的管理、重用、优化升级与快速部署。

（4）网络化。5G 是智能制造时代的高速信息通道，智能制造与 5G 技术的结合，更有利于将人-机-物进行有机融合，各加工制造单元互联互通，模型交互与模型共享，仿真数据共享。

（5）跨学科化。智能制造生产活动中，表现出了多学科和跨学科的特点。建模与仿真技术在集成式发展的过程中，也表现出集机械、电磁、化学、流体等多学科知识，表现出多专家系统模式。典型的如 CAM 软件，既能进行机械的三维实体建模，又能对模型进行有限元分析、流体分析与磁场分析等。

（6）虚实结合化。虚实结合化是智能制造中建模与仿真技术的重要特点，也是前沿方向。典型的如 VR（虚拟现实）、MR（混合现实）、AR（增强现实）等技术，其共同特征都是能让人参与虚拟化的建模与仿真技术，与实体对象进行交互，增强仿真过程中的真实体验。以 VR 技术为例，机器人操作用户戴上 VR 眼镜，就能通过建模仿真平台身临其境地"走"进智能工厂。

（7）计算高速化。随着计算机技术和网络技术的快速发展，能够对制造活动中的对象进行越来越真实的建模与刻画，仿真过程也越来越丰富。虽然模型的计算复杂度大幅提升，但依托于高速计算机、大型服务器、高速总线技术、网络化技术和并行计算模式，建模与仿真也表现出计算高速化的特点。计算高速化的建模仿真，是虚拟化模型与实体制造加工过程进行实时协作的关键技术。高性能计算（high performance computing，HPC）利用并行处理和互联技术将多个计算节点连接起来，从而高效、可靠、快速地运行高级应用程序。基于 HPC 环境的并行分布仿真是提高大规模仿真的运行速度的重要方法。

（8）人工智能化。传统的建模仿真主要有 3 类，即基于物理分析的机理模型、基于实验过程的经验推导模型、基于统计信息的统计模型。智能制造是一个高度复杂和强耦合的体系，传统的模型在一些要求较高的条件下，往往并不能满足需求。而借助人工智能技术，如人工神经网络、核方法、深度学习、强化学习、迁移学习等对非线性强耦合的加工过程和加工对象进行建模，能够得到传统建模方法达不到的精准效果。

（9）数据驱动化。工业大数据是数字智能时代工业的一个伴生名词，指智能制造活动中，加工实体（数控机床、工业机器人等）、加工过程（切削力与切削热等）等一切参与智能制造活动的对象所产生的数据资源。工业大数据背后往往隐藏着巨大的制造活动奥秘，而这些奥秘是传统建模与仿真凭借机理推导、单一数据实验和统计难以发现的。基于工业大数据和机器学习技术，能够为复杂制造对象与过程进行建模，并伴随数据量的逐渐累积，所建立的模型与仿真也更加贴合实际。

6.3.4　智能控制

控制科学自 1932 年奈奎斯特（Nyquist）提出反馈放大器的稳定性论文以来，控制科学的理论和技术得到了迅速的发展。经典的控制理论主要研究单变量常系数系统，且一般是单输入单输出。20 世纪 60 年代以后，由于电子计算机技术的发展和生产发展的需要，现代控制理论得到重大发展。至此，对被控对象的研究转向多输入多输出的多变量系统，分析的数学模型主要采用状态空间描述法。近年来，由于航天航空、机器人、高精度加工等技术的发展，一方面系统的复杂度越来越高，另一方面对控制的要求也日趋多样化和精确化，原有控制理论难以解决复杂系统的控制问题，尤其是面对具有以下特征的被控对象时，传统控制方法往往难以奏效。

（1）模型不确定。实际系统由于存在复杂性、非线性、时变性、不确定性和不完全性等，无法获得精确的数学模型。因此在实际控制中，往往需要进行一些比较苛刻的假设，而这些假设往往与实际系统不符。

（2）非线性程度高。传统控制理论对非线性控制的研究还很不成熟，某些复杂的和包含不确定性的控制过程无法用传统的数学模型来描述，方法复杂，无法得到广泛应用。

（3）任务要求极为复杂。传统控制系统的输入信息比较简单，而现代控制系统的输入信息形式多样，需要对这些信息进行处理和融合。依靠传统的控制方法在面对复杂控制任务（如对机器人、计算机集成制造系统和社会经济管理系统的控制）时，难以取得满意的效果。

综上所述，复杂控制系统往往难以通过数学工具明确地描述其模型，因此，无法用传统控制理论解决。在实际生产中，这类复杂问题可以通过熟练操作人员的经验和控制理论相结合的方式来解决。由此产生了智能控制。智能控制能将控制理论和控制方法与人工智能技术结合起来，适用于解决控制对象、环境、目标和任务不确定且复杂的控制任务。智能控制的发展，一方面，得益于大型复杂系统的控制需要；另一方面，电子计算机技术和人工智能技术的发展也进一步促进了智能控制技术的不断进步。

CPU、GPU、FPGA 等硬件平台的发展极大地提高了计算和数据处理能力，进一步推动了智能控制技术的应用和进步。

1. 智能控制的概念

智能控制是控制理论与人工智能的交叉成果，是经典控制理论在现代的进一步发展，其解决问题的能力和适应性相较于经典控制方法有显著提高。由于智能控制是一门新兴学科，正处于发展阶段，因此尚无统一的定义，存在多种描述形式。美国 IEEE（电气和电子工程师学会）将智能控制归纳为智能控制必须具有模拟人类学习和自适应的能力。我国蔡自兴教授认为智能控制是一类能独立地驱动智能机器实现其目标的自动控制，智能机器是能在各类环境中自主地或交互地执行各种拟人任务的机器。

2. 智能控制的特点

传统控制的控制方法存在以下几点局限性。

（1）缺乏适应性，无法应对大范围的参数调整和结构变化。

（2）需要基于控制对象建立精确的数学模型。

（3）系统输入信息模式单一，信息处理能力不足。

（4）缺乏学习能力。

智能控制能克服传统控制理论的局限性，将控制理论方法和人工智能技术相结合，产生拟人的思维活动。采用智能控制的系统主要有以下几个特点。

（1）智能控制系统能有效利用拟人的控制策略和被控对象及环境信息，实现对复杂系统的有效全局控制，具有较强的容错能力和广泛的适应性。

（2）智能控制系统具有混合控制特点，既包括数学模型，也包含以知识表示的非数学广义模型，实现定性决策与定量控制相结合的多模态控制方式。

（3）智能控制系统具有自适应、自组织、自学习、自诊断和自修复功能，能从系统的功能和整体优化的角度来分析和综合系统，以实现预定的目标。

（4）控制器具有非线性和变结构的特点，能进行多目标优化。

这些特点使智能控制相较于传统控制方法，更适用于解决含不确定性、模糊性、时变性、复杂性和不完全性的系统控制问题。

6.4　下一代智能制造

随着人工智能、5G、大数据、云计算、物联网等技术的进一步发展，同时在新基建推动数字化转型的背景下，下一代智能制造中，机器人与人的关系将由协作转向共融，云机器人会借助云上"大脑"达到感知智能层级，数字工程师将独立处理某些专业领域的工作，并与人进行交流，商业智能也会应用得更加广泛。

6.4.1　人机共融

人机协作诞生后，随着人工智能的发展，人机不再只是单纯的协作关系，可以进一步发展为共融关系。1996 年，美国西北大学的 Colgate 等首次提出了协作机器人的概念[10]。即机器人通过建立虚拟曲面来约束和指导人的操作，与人协作。2009 年，优傲机器人（Universal Robots）公司推出了首款协作机器人，人机协作得到了应用。协作机器人在与人协作的过程中会有一定的精度、速度和协调性，但不会拥有人的学习、思维和推理能力。人工智能的发展，使机器人拥有了较强的感知能力、数据处理能力和自我学习能力，于是人与机器人产生了一种新的关系——共融关系[11]。

人机共融在同一自然空间内，充分利用人和机器人的差异性与互补性，通过人机个体间的融合、人机群体间的融合、人机融合后的共同演进，实现人机共融共生、人机紧密协调，自主完成感知与计算。实现人机共融后，机器人与人的感知过程、思维方式和决策方法将会紧密耦合。

人机共融的发展还处于起步阶段。虽然在人机共融中应用较好的外骨骼机器人可以协助残疾人行走、帮助患者康复、助力工人搬运，但大多数机器人受材料、加工、驱动、控制、能源、计算速度的限制，在柔韧性、轻量化程度、力度与精度、续航能力、灵敏度上未达到理想要求。例如，机器人运动时，为了避免刚性冲击和提高能量利用率，在关节处需添加柔性材料，起到缓冲和储能的效果，但市面上很少见到能同时满足线性度高、行程长、刚度适中、可拉伸又可压缩的材料。虽然增材制造得到了一定的发展，用拓扑优化技术设计出的金属零部件有着质量轻、强度高的特点，但加工成本高，精度很难保证。在机器人领域应用最广的是电机驱动和液压驱动，电机驱动精度高、调速方便，但出力小，往往需要外接减速器进行扭矩放大；液压驱动出力大，但系统成本高、可靠性差，并且还有可能出现漏油现象，污染环境。目前，锂电池是机器人的主要动力源，但它的续航能力不能满足一些机器人的需求，需要反复充电。例如，具有代表性的 ASIMO 双足机器人，电池只能满足半小时左右的行走。氢氧燃电池续航能力强，但生产成本高，安全性无法保证。近几年在人工智能算法和计算机硬件性能上都有所提高，但在某些特定的环境对机器人进行控制时，一些动作需较长时间的计算，影响机器人的灵敏度。因此，大多数机器人不能与人进行全方位、多层次的交互，离人机共融还有一段距离。

所谓人机共融是人与机器人关系的一种抽象概念，它有以下 4 个方面的内涵：

（1）人机智能融合，人与机器人在感知、思考、决策上有着不同层面的互补；

（2）人机协调，人与机器人能够顺畅交流，协调动作；

（3）人机合作，人与机器人可以分工明确，高效地完成同一任务；

（4）人机共进，人与机器人相处后，彼此间的认知更加深刻。

人与机器人的关系也会朝着这 4 个方面发展。

6.4.2　云机器人

传统工业机器人在面对复杂生产环境时该如何解决以下需求：

（1）大量数据存储与处理；

（2）高计算能力；

（3）强学习能力。

传统机器人借助机载电脑，具备一定的计算和数据存储能力，达到计算智能层级。能根据编写的程序完成特定任务，借助人类发出的命令，完成精确指令和任务，在没有对应程序支持的情况下，机器人通常无法对外界突发扰动作出合理反应。传统机器人在执行即时定位和地图构建、物品抓取、定位导航等复杂任务时，大量数据的获取和处理会给机器人本身带来巨大的储存和计算压力，即使能够完成任务，实时性也并不理想[12]。

云机器人借助 5G 网络、云计算与人工智能技术，达到了感知智能层级。其基本特征是由云上的"大脑"进行控制。位于云端数据中心具有强大存储能力和运算能力的"大脑"，利用人工智能算法和其他先进的软件技术，通过 5G 通信网络来控制本地机器人，使云机器人能全面感知环境、相互学习、共享知识，不仅能降低成本，还会帮助机器人提高自学能力、适应能力，推动其更快更大规模地普及。云机器人的这些能力提高了其对复杂环境的适应性，云机器人也必将成为机器人未来的发展趋势。与传统机器人相比，云机器人将带来技术、社会、工业各个层面发生颠覆性的变化，包括新的价值链、新的技术、新的体系结构、新的体验和新的商业模式等。

随着面对的任务与环境日益复杂化，机器人不仅局限于机械执行预置程序的自动化装置，而且用户希望机器人能具备一定的自主能力。这往往意味着机器人需要运行更为复杂的算法，保存更为庞大的数据，与这些需求接踵而至的是机器人所需的更高的能耗、更大的体积和昂贵的价格。如何在各种客观限制条件下提高机器人的自主行为能力，解决资源受限与能力提升之间的矛盾，是机器人研究者和实践者当前所面临的重要挑战之一[13]。

云机器人依靠云端计算机集群的强大运算和存储能力，将机器人与云计算相结合，可以增强单个机器人的能力，执行复杂功能任务和服务，同时，使得分布在世界各地、具有不同能力的机器人通过开展合作、共享信息资源，完成更大、更复杂的任务。这将广泛扩展机器人的应用领域，加速和简化机器人系统的开发过程，有效降低机器人的制造和使用成本。这对于家庭机器人、工业机器人和医疗机器人的大规模应用，具有极其深远的意义。例如，在云端可以建立机器人的"大脑"，包含增强学习、深度学习、视觉识别和语音识别、移动机器人未知环境导航（如街道点云数据 3D 重构、路线导航）、大规模多机器人协作、复杂任务规划等功能。

云机器人在云端管理与多机器人协作、自主运行能力、数据共享与分析方面有极大优势。

1. 云端管理与多机器人协作

在工厂或仓库中使用大量工业机器人时，需要机器人具有多种拓展功能。为保障整个现场各设备的协同运行，需要利用统一的软件平台进行管理，需要与各种自动化设备通信，例如传送带、行吊、机床和扫描仪等。

采用本地方式管理机器人和自动化设备可能需要更多的服务器，而云端技术能够提供更强大的处理能力而不需要在本地部署成本高昂的服务器。在云端面对海量机器人，都能实现数据的处理和调度管理。在工厂生产线上，机器人将与许多自动化设备进行协同工作，那么信息交互和共享将变得极为重要。不同的机器人与云端软件进行通信，云端"大脑"对环境信息进行分析，能更好地将任务分配给正确类型的机器人，系统实时掌握每一个机器人的工作状态，指定距离最近的机器人去执行任务。管理者不需要到现场进行监控，通过云端就可以在远方进行操作和管理，提升了工作效率。

2. 自主运行能力

传统的机器人都是由管理者进行示教后，根据程序完成指定的任务的。但传统机器人在面对具有高数据密度的场景，如语音视觉识别、环境感知与运动规划时，由于搭载的处理器性能较低，无法有效应对复杂任务。因此，在工作过程中可能会遇到障碍而停机，甚至发生事故，破坏生产计划。

结合云端计算能力，机器人将可以在拥有智能和自主性的同时有效降低机器人功耗与硬件要求，使云机器人更轻、更小、更便宜。一个很好的例子就是机器人的导航能力，移动机器人在仓库、物流中心和工厂生产线之间运输货物时，可以避开人员、叉车和其他设备。通过安装在机器人上的激光雷达，可以对周围环境进行扫描，并将大量数据推送到云端进行处理和构建地图，规划线路，然后向下传输给本地机器人进行导航。同时这些地图和信息可以传输给其他机器人，实现多机器人之间的协作，提高货物的搬运效率。

3. 数据共享与分析

大数据分析是云计算赋予机器人的额外能力，机器人在执行任务过程中会收集大量的运行数据，包括环境信息、机器的状态和生产需求等，这些数据经过整理和分析，可以得出最佳的决策方案。

机器人每天可能产生几十 GB 的数据，这些数据需要在云端进行存储和管理，机器人产生的数据存放在云端将非常有价值。因为，通过对历史数据的分析，系统可以预先判断下一步会发生什么，并作出相应的响应处理。

从存储到分析，再到任务的下发，对于机器人整个过程的控制有着巨大的意义。此外，云端可以实现人工智能的服务，包括语音指令，可以进一步拉近人与机器的距离，实现更加便利的控制。

云端的数据服务可以连接到每一个机器人和自动化设备，数据共享让机器之间更有默契。系统可以掌握机器设备的状态，给每个机器人下达不同的任务指令，让机器之间互相协作，高效地完成生产任务。

总的来说，云端技术将让机器人效率更高、性能更好，人与机器之间的交互会更轻松。

6.4.3 数字工程师

传统制造系统包含人和物理系统两大部分，完全通过人对物理系统（即机器）的操作和控制来完成各种工作或任务。传统制造系统中，信息感知、分析决策、操作控制以及认知学习等多方面的任务都依赖于人的能力，对人自身的技能要求较高，从而造成系统的工作效率低下，限制了系统完成复杂工作任务的能力[14]。

与传统制造系统相比，第一代和第二代智能制造系统发生了本质的变化，其将信息系统作为连接人和物理系统的桥梁。信息系统主要处理制造系统中产生的各种信息，不仅代替人完成大部分的感知、分析、决策任务，将人从部分脑力劳动中解放出来，而且代替人直接操作控制物理系统，将人从体力劳动中解放出来[15]。

新一代智能制造系统进一步完善了信息系统的功能，使信息系统具备了认知和学习的能力，形成新一代"人-信息系统-物理系统"。信息系统能够代替人完成部分的认知和学习等脑力劳动，促使人和信息系统的关系发生了根本性的变化。未来的智能制造系统将会逐步摆脱对人的依赖，其信息系统具有更强的知识获取和知识发现能力，能够代替人管理整个或者部分制造领域中的知识。我们将这种具有高度自主决策能力的智能化系统称为数字工程师。

数字工程师是具有知识获取、知识管理、知识分析能力的智能系统，能够处理某些专业领域工程师的工作，并能与人类工程师沟通交流，提供专业咨询等服务。

数字工程师能在新一代智能制造的信息系统中发挥自身的独特优势，具有强大的感知、计算分析与推理能力，同时具有学习提升、自主决策、产生知识的能力。

数字工程师是人机协作时代的一个典型产物，是能够自我学习成长的具有灵敏情感反应的人类工作伙伴。

数字工程师是大数据时代的新型智能系统，其内涵随着人工智能技术的进步不断丰富。智能制造的快速发展离不开对领域知识的获取和利用。数字工程师为制造系统的新一代智能化发展提供重要的知识支撑，将会在智能制造领域发挥重要作用。

数字工程师应用于智能制造中，能增强企业对市场的反应速度，提高企业的生产效率。智能制造领域的数字工程师应具有以下 3 个方面的特点和作用。

1. 知识获取

数字工程师能够从外部获取专业知识，扩充自己的知识库。例如，传统的数字化设计过程需要工程人员利用计算机辅助设计（CAD）、计算机辅助工程（CAE）、计算机辅助工艺规划（CAPP）、计算机辅助制造（CAM）等工程软件完成产品的设计。数字工程师可以将制造、检测、装配、工艺、管理、成本核算等专家经验数字化，并扩充到自己的知识库，为人类工程师提供技术咨询、知识管理等服务。另外，数字工程师还能利用网络技术和信息技术，将不同平台、不同区域的知识集成，利用大数据、云平台实现知识同步或异步共享，为人类工程师的设计、创新等提供全面的知识体系支撑，提升团队的创造力与企业的竞争力。

2. 知识管理

制造系统每时每刻都会产生大量的数据和知识经验，这些知识可能是无序的、重复的、模糊的。数字工程师利用人工智能的原理、方法和技术，设计、构造和维护自身的知识库系统，能够过滤、筛选各种重复的信息，得到最能反映事物本质及自然规律的知识，并以人类工程师可认知、计算机可理解的方式描述事物之间的规律，重新组织相关数据以实现无序知识有序化、隐性知识显性化、泛化知识本体化，使自身知识库向着表达清晰化、数据组织有序化、内容存储本体化的方向发展。数字工程师强大的知识管理能力为自身的知识存储和知识更新提供了有利条件，也为人类工程师使用相关知识提供了方便。

3. 知识分析

海量的制造数据背后蕴涵着广泛的制造规律，这些规律往往能反映问题的本质。数字工程师不仅能够获取数据、管理数据，更重要的是能从原始数据中提炼出有效的、新颖的、潜在的有用知识，挖掘数据背后隐藏的规律和关联关系。其主要内容包括知识的分类和聚类、知识的关联规则分析、知识的顺序发现、知识的辨别以及时间序列分析等。数字工程师对数据的分析过程体现了自身的智能化程度，决定了它不仅能够为人类提供简单的查询、存储等服务，更重要的是能和人类工程师深入交流、提供决策咨询，甚至在某些专业领域完全取代人类工程师完成工作。

数字工程师在智能制造中的作用，取决于对知识的挖掘利用程度。

6.4.4　商业智能

企业在多年的信息化建设中，利用企业资源计划（ERP）、客户关系管理（customer relationship management，CRM）和供应链管理（SCM）等独立的系统积累了庞杂的内部数据。由于部门间业务的区别，数据之间容易产生孤岛，难以共享。另外，企业的数据不再仅限于内部事务性数据，也逐步融入了供应链上下游数据以及外部竞争数据。而智能分析可充分利用这些数据，将其转化为有价值的信息，对企业实现智能化转型起着关键作用。

传统企业信息系统在实际应用中面临以下难题：数据孤岛、数据的多源性和数据的智能分析。

由此，具有自动高效的数据整合、分析和展示功能的商业智能系统应运而生。商业智能系统可以运行于整个企业之中，不再受部门限制，整合企业内部数据资源的同时，能够融入供应链上下游与外部竞争市场的数据，采用人工智能技术等对数据进行智能分析。商业智能可以将历史与最新数据进行综合分析和信息展现，为企业管理者制定决策提供强有力的保障，助力企业实现智能化建设。

商业智能，又称商业智慧或商务智能，其利用现代的数据仓库技术、联机分析处理技术、人工智能技术和数据可视化展示技术进行数据分析和呈现，完成从数据到信息的转化，目标是为决策提供支持。

商业智能的核心是完成数据到信息的转化，为决策提供支撑。

这里的数据指的是记录、识别和描述事物的符号，具有客观性、具体性、未加工性和粗糙性。当数据量较少时，可以通过简单的报表进行整理和决策。但是，随着数据量的快速扩张，决策者难以在有限的时间内从大量的数据中提炼出关键信息。信息强调与所解决问题的相关性，是对数据进行收集、整理和分析后的产物，而数据不一定都能用于解决问题。

从技术的角度，商业智能的执行过程是企业决策人员以企业数据库为基础，通过利用联机分析处理和人工智能技术以及决策相关的专业知识，从数据中提取有价值的信息，然后根据信息作出决策。从应用的角度，商业智能可以协助用户对商业数据进行处理和分析，如客户分类、潜在用户发掘、演化趋势预测等，并以此帮助管理者作出决策。从数据的角度，商业智能将内部事务性数据、供应链上下游数据以及外部竞争数据通过抽取、转换和加载后转移到数据库中，然后通过聚集、切片、分类和人工智能技术等，将数据库中的数据转化为有价值的信息，为决策提供支撑。

商业智能随着数据分析与智能化技术的发展也在不断革新。在商业智能发展的初期，企业会根据自身的业务特点，上线类似于 ERP 的商业智能应用系统。在此阶段，商业智能软件处理的业务较为单一，市场主要被 SAP、Oracle、IBM 等老牌巨头占领，其中用户群体主要集中于大型企业，且相对封闭。随着信息化基础建设的不断完善和可视化技术产品的出现，商业智能进入可视化阶段。在此阶段，国内外商业智能软件行业快速发展，可视化的商业智能产品大量涌入市场，企业中初期的商业智能软件逐步下线。随后，人工智能技术的发展为商业智能进入智能化决策阶段提供了强有力的支持，其中商业智能整合企业外部数据的能力和对非结构化数据的处理能力有较大的提高。如今，云服务技术的快速发展，使得云端部署商业智能系统的方式成为现实，也因此吸引了更多中小企业用户应用商业智能。随着企业信息化建设水平的提高、企业的 IT 部门正逐渐走出幕后，承担更多责任。同时，IT 部门的不断崛起也促使商业智能的价值得到了更多的展现。在企业中，商业智能从传统的业务监测阶段进入业务洞察阶段，为企业提供重大、相关的业绩改善信息。在企业内部，随着入门级商业智能软件工具的推广应用，商业智能的应用层面从高层向下扩散，越来越多的业务管理层和业务执行层等中间层开始使用商业智能。因此，商业智能的未来发展潜力巨大!

商业智能为企业管理人员提供了新的信息获取渠道，这使他们能以更直观的方式去了解和掌握数据，进而帮助他们更迅速地作出有效决策。例如，商业智能平台所统计的收益信息能够助力企业分析营收增长的原因，促使企业进一步发掘新的销售机遇，提升收益率。商业智能借助对生产数据和销售数据的分析，增强企业对库存的控制能力和生产率。商业智能通过提高企业的业务响应速度，帮助企业快速应对市场变化。下面对商业智能的功能进行具体介绍。

1. 数据整合

在企业中，各个部门因业务的不同，积累的业务数据会有所差异，这导致企业系统内部产生数据孤岛，无法对数据进行充分利用。在此情况下，企业可以通过商业智能将不同部门的数据进行整合并统一管理。数据整合是商业智能实现的基础，主要用来将数据提取、转化并存储到信息仓库中。中间需要将不同来源的数据进行结构转化，使其统一，并消除重复数据。整合的数据一般从日常工作中获取，因此，自动高效的数据整合程序有助于商业智能系统的运行。在数据整合功能上，相比操作信息系统，商业智能具有不同的目标。商业智能数据整合的目标是为长期决策提供信息支撑，而操作信息系统是为了处理日常业务。构建完善的数据整合功能是商业智能支撑决策的基础。

2. 数据分析

对于整合的数据要进行组织和管理，并根据相关性进行存放，再根据各种分析需求建立相应的数学模型，进行数据提取和分析，最后将分析结果清晰地展示给决策者。另外，通过对业务分布和发展的数据进行挖掘，可以为企业战略和企业发展等提供重要信息，保障企业的经营效益并帮助企业拓展市场。

3. 辅助决策

企业管理者从数据中发掘商业知识并应对市场变化迅速做出决策的能力是企业保持竞争优势的关键条件。企业的数据不再仅仅来源于内部业务，已经扩展到供应链的上下游以及外部的竞争市场。

商业智能通过对企业内外部数据进行收集、整理和汇总分析，能够为企业提供全面的分析报告，如产品质量评估、销售效果评估、客户满意度评估和市场趋势预测等，使企业管理者掌握行业现状和动态，提高管理者的决策效率和准确率，从而帮助管理者为企业制定有效的生产管理方案和销售策略。

4. 协助管理

随着企业对商业智能功能需求的提高，商业智能逐渐从技术驱动转化为业务驱动。同时，商业智能的结构体系不断地与企业管理理念和管理方法相融合，帮助企业提高业务管理能力。商业智能也可以预估和跟踪管理营销人员对产品的期望，提高企业的绩效管理能力以及综合竞争能力。

5. 客户智能

商业智能利用企业的客户数据，优化企业的客户关系，加深企业市场营销人员对业务的理解，帮助员工正确认识影响市场的各种因素。客户智能与客户、服务、销售和市场数据相关，其支撑范围包括定价、促销、客户服务资源分配等。

6. 运作智能

商业智能可以利用企业的财务、运营、生产和人力资源等数据，帮助企业进行制定预算投资、成本控制、库存控制和人事变动等。

随着市场竞争环境的不断加剧，企业在了解商业智能后，对商业智能的需求不断提高。商业智能要迅速适应市场变化，实时支持决策。同时要能够与企业已有的系统或未来建设的系统无缝集成，减少额外的投资。这些需求促进商业智能不断发展，使商业智能具备以下特点。

（1）敏捷性。针对企业的业务变化，如业务战略的更新，商业智能需要及时为方案制定和管理决策提供相应的信息。

（2）可扩展性。企业在自身发展过程中，可能会增加新的部门或者子公司，商业智能系统要能够随之进行线性扩展。

（3）可靠性。对于应用商业智能的企业，整个商业智能系统是企业运作的核心，商业智能系统需实现全天候运作。

（4）开放性。在企业增加新的应用程序、门户网站和安全系统时，商业智能系统要能够开发接口，与之集成。

（5）可管理性。IT 人员要能够对商业智能系统进行高效管理，使系统保持有效的运行。

参 考 文 献

[1] GE. 工业互联网突破智慧和机器的界限[R/OL]. 工业和信息化部国际经济技术合作中心译.（2013-04-19）[2023-12-12]. http://finance.people.com.cn/n/2013/0419/c70846-21203029.html.

[2] 周济. 智能制造——《中国制造 2025》的主攻方向[C]. 国家制造强国建设战略咨询委员会&中国工程院战略咨询中心. 北京: 电子工业出版社, 2016.

[3] 新全球化智库产业与金融研究院. 我们正在经历第四次工业革命[J]. 企业文化, 2018（8）: 4.

[4] 薛亮. 日本第五期科学技术基本计划推动实现超智能社会"社会 5.0"[J]. 华东科技, 2017（2）: 46-49.

[5] 工业和信息化部, 财政部. 智能制造发展规划（2016—2020 年)[R/OL].（2016-12-08）[2023-12-12]. https://www.gov.cn/winwen/2016-12/08/content_5145162.htm. 2016.

[6] Wright P K, Bourne D A. Manufacturing Intelligence[M]. Reading, Mass.: Addison-Wesley, 1988.

[7] 路甬祥. 从制造到创造[R]. 中国创新论坛之装备制造业振兴专家论坛, 2009.

[8] 国家制造强国建设战略咨询委员会, 中国工程院战略咨询中心. 智能制造[M]. 北京: 电子工业出版社, 2016.

[9] Kang H S, Lee J Y, Choi S, et al. Smart manufacturing: Past research, present findings, and future directions[J]. International Journal of Precision Engineering and Manufacturing-Green Technology, 2016, 3（1）: 111-128.

[10] Colgate J E, Wannasuphoprasit W, Peshkin M A. Cobots: Robots for collaboration with human operators[C]//Dynamic Systems and Control. November 17-22, 1996. Atlanta, Georgia, USA. American Society of Mechanical Engineers, 1996: 433-440.

[11] 於志文, 郭斌. 人机共融智能[J]. 中国计算机学会通讯, 2017, 13（12）: 64-67.

[12] 田国会, 许亚雄. 云机器人: 概念、架构与关键技术研究综述[J]. 山东大学学报（工学版）, 2014, 44（6）: 47-54.

[13] 谭杰夫. 云机器人同步定位与地图构建技术研究[D]. 长沙: 国防科技大学, 2015.

[14] 张映锋, 张党, 任杉. 智能制造及其关键技术研究现状与趋势综述[J]. 机械科学与技术, 2019, 38（3）: 329-338.

[15] 周济, 李培根, 周艳红, 等. 走向新一代智能制造[J]. Engineering, 2018, 4（1）: 28.

第7章 先进制造技术健康发展的环境体系

先进制造技术是集机械工程技术、电子技术、智能（包含自动化）技术、信息技术等多种技术为一体而产生的技术、设备和系统的总称。与人工智能、大数据研究以及智能机器人等前沿技术相结合是当前及未来先进制造技术的主要发展方向。当前，先进制造技术的核心是智能制造技术，其涵盖了制造领域中新的方法、新的工艺、新的设备和新的系统，具有体系开放以及不断创新发展的属性。因此，先进制造技术要保持生机并能够健康发展，就需要有适合其属性的环境体系。

7.1 引 言

先进制造技术环境体系是由一系列基础设施和要素构成的，包括信息共享及信息安全、行业标准及协会、法律规范以及技术能力与制造成熟度评估等方面。这些基础设施和要素能够促进制造技术的创新、提升技术的合作与交流，推动制造业的转型升级和可持续发展，保障先进制造技术的健康发展。

图 7.1 展示了先进制造技术基础设施和要素的内容。信息共享是指在先进制造技术领域中，各个参与方之间分享和交换信息的过程。通过信息共享，不同的企业、研究机构和技术专家可以分享知识、经验和创新成果，从而加速技术的进步和推动行业的发展。然而，随着信息的共享和传输，机密性和保密性的需求变得尤为重要。保护知识产权和敏感信息，防止未经授权的访问和恶意攻击，成为确保信息共享安全的关键任务。制定行业标准有助于统一技术规范和流程，促进不同参与方之间的合作和技术或产品的兼容性。协会和组织可以提供培训、研讨会和资源共享平台，促进技术的传播和推广，推动整个行业向前发展。法律规范在先进制造技术的发展中起到规范和引导的作用，国家层面制定出符合先进制造技术特点及未来发展方向的法律体系，可以保证先进制造技术朝着健康、有序的方向发展。通过评估技术能力和制造成熟度，可以客观地反映出企业或组织在先进制造技术方面的真实能力，以及全面衡量其在技术创新、产品质量和生产效率等方面的层次和水平，为进一步制定未来的发展规划提供依据。本章将围绕先进制造技术基础设施建设进行论述。

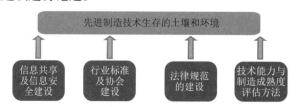

图 7.1 先进制造技术基础设施的构成

7.2 信息共享和安全体系建设

先进制造技术涉及先进材料、先进工艺和自动化领域的技术，旨在提高生产效率、产品质量和技术创新能力。目前正是先进制造技术快速发展的时期，其被广泛应用于各个国家、各个企业、组织和个人的生产过程中。在当前数字化、信息化的背景下，先进制造行业在生产过程中会直接产生大量珍贵的生产数据信息，而且先进制造企业的技术经验和研究成果也会以数据信息的形式保存下来。这些数据包括设备传感器采集的生产参数、产品质量检测结果、工艺参数、生产计划等。通过对这些数据进行分析和挖掘，先进制造企业可以实现实时监控、预测维护、质量控制和过程优化，从而提高生产效率和产品质量。这些数据信息属于高价值的知识产权。因此，建设适应先进制造技术的信息共享和安全体系是发展先进制造技术的客观要求，也是建设先进制造技术基础设施的一项重要内容。

7.2.1 建立先进制造技术共享和安全体系的必要性

从现代制造过程来看，其本身就是一个加工和处理数据的过程。为了使制造过程能够按照设计人员的要求进行，获得满足预期要求的零件或者产品，就需要对加工过程的各种数据进行分析和处理。例如，在加工一个零件的过程中，为了能使加工零件的机床寿命最大限度地延长，同时提高零件的加工制造精度，并降低零件的表面粗糙度，就必须对加工过程的切削力、切削热、切削温度、振动等表征加工过程状态的数据进行分析，采用相应的措施消除这些因素带来的不利影响。因此，制造过程将会产生并处理大量的数据。而进行加工制造的企业或者公司在制造加工时，会获得第一手数据资料，用于指导其生产和经营。数据的开放是指组织或个人将其所掌握的数据进行公开，以使其他组织或个人能够获取这些数据的过程。开放的数据意味着他人可以以信息的形式获取并进行分析和处理，这就是信息共享的过程。

信息共享以促进先进制造技术发展的必要性可以从几个方面来看。首先，获取第一手数据资料的企业、组织和个人是经过长时间的尝试和实验，并耗费了大量的人力、物力、财力获得的，但由于企业的生产经营的侧重点不一样，很多数据信息对于本企业、组织或个人而言使用不够充分甚至是无用的，但是对于其他企业、组织或个人而言则可能具有较高的使用价值，如果不能交流共享，则将造成数据资源的浪费。其次，实现先进制造技术的信息开放与共享，可以使更多的企业、组织和个人更加充分地利用已有的信息资源，而自身则将精力重点放在开发新的应用程序和系统集成上。最后，掌握数据资源的企业、组织和个人可以通过收取费用的方式为其他企业、组织和个人提供数据共享[1]，不仅可以帮助它们减少数据采集的时间与成本，也可以为自身产生额外效益。制造过程产生数据共享，可以充分利用社会化分工的优势，使整个先进制造行业对技术进行深入的分析、完善与优化，将先进制造技术不断地向前推进，从而整体上促进先进制造技术的进步和发展。

当然实现先进制造技术数据的开放与共享有利就会有弊。有利的是先进制造技术数据的开放和共享能充分利用信息资源，极大地推动先进制造技术快速发展，提升先进制造技术的竞争力；弊端是会带来一系列的数据安全问题，其高价值性和集中存放的特点使数据更容易成为被攻击和破坏的目标[2]。先进制造技术的数据信息是一种战略性的科技资源，为了实现共享，往往集中存放，但是共享平台一旦遭受入侵，所产生的危害巨大，波及的范围非常广。因此，建立信息共享的安全体系，其重要性不言而喻。

7.2.2　先进制造技术信息共享和安全体系的建设

1. 建立先进制造技术信息共享体系

为了实现先进制造技术信息的开放与共享，首先要建立一套统一的数据标准，规范数据格式，要求每一个提供数据或信息的用户尽可能采用规定的数据标准。不同的企业、组织和个人在先进制造技术数据的使用目的、数据的采集方法以及数据的提供途径方面存在着很大的差异，提供的数据内容、格式与质量也是千差万别的，将给先进制造技术数据的共享带来极大的困难。甚至在转换数据格式的过程中，可能会导致数据信息丢失或错误的现象，这将对建立信息共享体系带来极大的障碍。因此，建立统一标准的意义是十分重大的。目前，美国、加拿大等国家都有自己的数据标准，而我国也正在抓紧研究制定国家的数据标准。建立数据标准，将对我国先进制造技术的发展产生积极影响。

其次，要建立相应的先进制造技术信息使用管理办法，制定出如信息版权保护、产权保护等法律规定。信息提供者和使用者之间要在法律的框架下，以协议为基础，保护双方的权益，这样才能打破企业、地区间的数据保护，做到真正的信息共享。

最后，要建立先进制造技术信息价值评估体系。要根据先进制造技术数据信息的提供者所提供数据信息的层级、门类、数量以及质量等因素，对其价值进行评估，对不存在价值甚至是有误导和迷惑性的先进制造技术数据信息进行筛查和剔除，防止其被真正需要数据的用户误取误用，造成用户时间、人力物力的损失。没有利用价值的数据信息一旦充斥于先进制造技术数据开放与共享平台，将会给有利用价值的数据信息造成难以弥补的损害，导致人们无法甄别有用数据信息与无用数据信息，对生产活动造成破坏或对社会资源产生极大的浪费，使得先进制造技术数据信息的开放与共享偏离原本意图。

2. 建立先进制造技术信息安全体系

为了保证先进制造技术信息开放共享的良好生态环境，必须建立先进制造技术信息的安全体系。

首先，必须加强先进制造技术信息的法律保障。通过立法的形式，先进制造技术信息的开放与共享有法可依，破坏信息开放与共享平台的行为受到惩罚。

其次，完善先进制造技术信息的安全保障技术。要建立覆盖先进制造技术信息收集、传输、存储、处理、共享、销毁各方面的安全防护体系。综合利用来源验证、传输加密、存储加密、隐私保护等技术，广泛采用网络信息安全技术，建立坚固的防御体系，提升先进制造技术信息平台本身的安全防御能力，加强对平台紧急安全事件的响应能力；要实现从被动防御到主动检测的转变，借助大数据分析、人工智能等技术，识别并攻击危险源，从源头上提升先进制造技术数据信息安全防御水平，提升对未知威胁的防御能力和防御效率。

最后，要时刻对先进制造技术数据信息进行监管，防止先进制造技术信息损毁或丢失、泄露或被不良用户非法使用，确保信息安全。

7.3　先进智能制造技术行业标准、协会机构及法律体系的建设

7.3.1　建立先进智能制造技术的行业标准

标准是衡量事物的准则，标准的高低和优劣直接影响行业的发展水平。因此，适宜的行业标准也是先进制造技术基础设施的重要组成部分。目前，国家层面已经充分意识到先进制造技术行业标准的重要性，在工业和信息化部、国家标准化管理委员会印发的《国家智能制造标准体系建设指南（2021 版）》中，明确了建立智能制造技术行业标准体系的框架，为未来先进制造技术的标准建设与发展提供了纲领性的指导。该指南将智能制造技术行业标准体系结构分为基础共性、关键技术以及行业应用 3 个部分，见图 7.2。

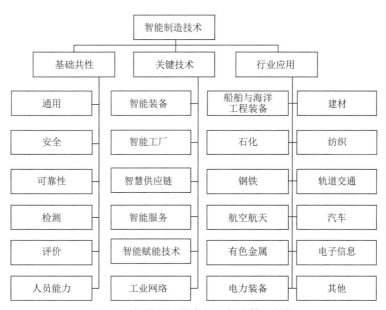

图 7.2　智能制造技术行业标准体系结构

1. 基础共性标准

在基础共性标准中，主要包含通用标准、安全标准、可靠性标准、检测标准、评

价标准以及人员能力标准 6 个方面，这些标准的概念以及所适用范围如下所述。

通用标准：主要包括术语定义、参考模型、元数据与数据字典、标识等 4 个部分。术语定义标准用于统一智能制造相关概念，为其他各部分标准的制定提供支撑，包括术语、词汇、符号、代号等标准。参考模型标准用于帮助各方认识和理解智能制造标准化的对象、边界、各部分的层级关系和内在联系，包括参考模型、系统架构等标准。元数据与数据字典标准用于规定智能制造产品设计、生产、流通等环节涉及的工业产品、制造过程等工业数据的分类、命名规则、描述与表达、注册和管理维护要求以及数据字典建立方法，包括元数据、数据字典等标准。标识标准用于智能制造领域各类对象的标识与解析，包括标识编码、编码传输规则、对象元数据、解析系统等标准。

安全标准：主要包括功能安全、网络安全等 2 个部分。功能安全标准用于保证在危险发生时控制系统正确可靠地执行其安全功能，从而避免因系统失效或安全设施的冲突而导致生产事故，包括面向智能制造的安全协同要求、功能安全系统设计和实施、功能安全测试和评估、功能安全管理和功能安全运维等标准。网络安全标准用于保证智能制造领域相关信息系统的可用性、机密性和完整性，从而确保系统能安全、可靠地运行，包括联网设备安全、控制系统安全、网络（含标识解析系统）安全、工业互联网平台安全、数据安全以及相关安全产品评测、系统安全建设、安全成熟度评估和密码应用等标准。

可靠性标准：主要包括工程管理、技术方法等 2 个部分。工程管理标准主要对智能制造系统的可靠性活动进行规划、组织、协调与监督，包括智能制造系统及其各系统层级对象的可靠性要求、可靠性管理、综合保障管理、寿命周期成本管理等标准。技术方法标准主要用于指导智能制造系统及其各系统层级开展具体的可靠性保证与验证工作，包括可靠性设计、可靠性预计、可靠性试验、可靠性分析、可靠性增长、可靠性评价等标准。

检测标准：主要包括检测要求、检测方法、检测技术等 3 个部分。检测要求标准用于指导智能装备和系统在测试过程中的科学排序和有效管理，包括不同类型的智能装备和系统一致性及互操作、集成和互联互通、系统能效、电磁兼容等测试项目的指标或要求等标准。检测方法标准用于不同类型智能装备和系统的测试，包括试验内容、方式、步骤、过程、计算、分析等内容的标准，以及性能、环境适应性和参数校准等内容的标准。检测技术标准用于规范面向智能制造的检测技术，包括判断性检测、信息性检测、寻因性检测等标准，检测手段不限于软硬件测试、在线监控、仿真测试等。

评价标准：主要包括指标体系、能力成熟度、评价方法、实施指南等 4 个部分。指标体系标准用于智能制造实施的绩效与结果的评估，促进企业不断提升智能制造水平。能力成熟度标准用于企业识别智能制造现状、规划智能制造框架，为企业识别差距、确立目标、实施改进提供依据。评价方法标准用于为相关方提供一致的方法和依据，规范评价过程，指导相关方开展智能制造评价。实施指南标准用于指导企业提升制造能力，为企业开展智能化建设、提高生产力提供参考。

人员能力标准：主要包括智能制造人员能力要求、能力评价等 2 个部分。智能制造从业人员能力要求标准用于规范从业人员能力管理，明确职业分类、能力等级、知识储备、技术能力和实践经验等要求，包括能力要求和人员能力培养等标准。智能制造能力评价标准用于规范不同职业类别人员的能力等级，指导评价智能制造从业人员能力水平，包括从业人员评价、评估师评价等标准。

2. 关键技术标准

除了基础共性的标准，智能制造行业对于其关键技术同样有着严格的技术标准指标，这些关键技术的标准是保证智能制造业维持高水平高竞争力的必要条件，也是维持智能制造业不断发展的关键。

传感器与仪器仪表标准：主要包括特性与分类、可靠性设计、寿命预测、系统及部件全生命周期管理、性能评估等通用技术标准；信息模型、数据接口、现场设备集成、语义互操作、通信协议、协议一致性等接口与通信标准。

自动识别设备标准：主要包括数据编码、性能评估、设备管理等通用技术标准；接口规范、通信协议、信息集成、融合感知与协同信息处理等接口与通信标准。

人机协作系统标准：主要包括虚拟现实/增强现实（VR/AR）、工业智能交互终端等人机协作系统专业图形符号分类和定义、视觉图像获取与识别、虚实融合信息显示等文字图形图像标准，以及人机协作过程中合作模式要求、任务分配要求、人机接口等交互协作标准。

控制系统标准：主要包括控制方法、数据采集及存储、人机界面及可视化、测试等通用技术标准；控制设备信息模型、时钟同步、接口、系统互联、协议一致性等接口与通信标准；工程数据交换、控制逻辑程序、控制程序架构、控制标签和数据流、功能块等编程标准。

工艺装备标准：主要包括铸、锻、焊、热处理、特种加工等应用于流程及离散型制造的工艺装备技术要求等通用技术标准；数据接口、状态监控等接口与监控标准。

检验检测装备标准：主要包括在线检测系统数据格式、性能及环境要求等通用技术标准；检验检测装备与其他生产设备及系统间的互联互通、接口等集成标准；效能状态检测与校准、故障诊断等设备管理标准。

3. 行业应用标准

该标准主要包括船舶与海洋工程装备、建材、石化、纺织、钢铁、轨道交通、航空航天、汽车、有色金属、电子信息、电力装备及其他等 12 个部分。发挥基础共性标准和关键技术标准在行业标准制定中的指导和支撑作用，注重行业标准与国家标准间的协调配套，结合行业特点，重点制定规范、规程和指南类应用标准，进一步推进或完善行业智能制造标准体系；分析轻工、食品行业、农业机械、工程机械、核能、民爆等智能制造标准化重点方向。

船舶与海洋工程装备：针对船舶与海洋工程装备制造多品种、小批量、定制化等特点，考虑 5G 等数字"新基建"应用需求，围绕船舶总装建造，制定编码、数据字典、5G 应用技术要求等规范标准；围绕智能船厂建设，制定信息系统接口、生产线总体规划、产品协同设计等规范或规程标准。

建材：针对建材行业细分领域多、工艺差别明显等特点，围绕水泥、玻璃、陶瓷、玻璃纤维、混凝土、砖瓦、墙体材料、矿山等领域，制定工厂设计、工艺仿真、质量管控、仓储管理等智能工厂规范或规程标准；制定基于 5G 的设备巡检、基于人工智能的缺陷检测、基于工业云的供应链协同、设备远程运维等指南标准。

石化：针对石化行业安全风险高、实控要求高、能源消耗大、环保要求高等特点，制定智能工厂信息模型等工厂设计规范标准；制定工艺预警、现场人员定位、设备健康、操作报警等新技术应用规范或规程标准；制定设备远程运维等应用指南标准。

纺织：针对纺织行业总体离散型、局部流程型制造的特点，围绕纺纱、化纤、织造、非织造、印染、服装及家纺等领域，制定专用装备的互联互通、信息模型、远程运维技术要求等规范或指南标准；制定数字化车间或智能工厂建设过程中的数据、物流仓储、系统集成等规范或规程标准；制定大规模个性定制等新模式应用规范或指南标准。

钢铁：针对钢铁生产流程连续、工艺体系复杂、产品中间态多样化的流程制造业特点，围绕生产场景的智能化技术应用，制定 5G 应用、无人行车、特种机器人应用等规范标准；围绕智能工厂建设，制定工厂设计与数字化交付、数字孪生模型等规范标准；围绕生产智能管理，制定质量、物流、能源、环保、设备、供应链全局优化等规范标准。

轨道交通：针对轨道交通装备行业多品种、小批量、新造与运维并重、个性化定制等特点，围绕焊接、打磨、装配调试、物流等典型业务场景智能工厂建设，制定智能装备检测认证、三维模型应用规范、工业机器人接口及工艺技术要求等关键技术标准；制定智能制造项目实施指南、高速动车组远程运维等应用标准。

航空航天：针对航空航天行业多品种、小批量、基于模型的研制模式、设计制造多方协同等特点，围绕智能工厂、数字化车间建设或升级改造，制定基于模型的数字化设计、基于云的协同设计平台、适用于复杂工艺的生产线虚拟仿真和环境监测方面的规范标准；制定基于工业大数据的生产过程状态预知与优化应用规范标准。

汽车：针对汽车产业技术密集性强、零部件众多、产业链长、细分车型种类较多、生产工艺过程复杂等特点，围绕智能赋能技术在新能源汽车、传统燃油汽车涂装、焊装、总装等工艺过程中的应用，制定基于数字孪生的汽车产品研发设计、试验验证、产线制造及集成等规范标准；制定面向汽车大规模个性化定制的研发、生产、营销、供应链管理等应用指南标准。

有色金属：针对有色金属行业安全要求高、原材料品质差别大、工艺复杂、产品多品种小批量、物流调度频繁等特点，围绕专用智能装备、冶炼和加工工序，制定信息编码、信息交互、运行状态管理等规范标准；制定智能工厂设计、建设及生产工序监测等应用指南标准。

电子信息：针对电子信息制造行业技术复杂性高、产品迭代快、多品种小批量特征明显、产品个性化和定制化需求增长快等特点，围绕电子信息材料、元器件、信息通信产品和系统等领域的生产和加工，制定专用智能装备和系统的信息模型、互联互通要求等标准规范；制定柔性生产线、数字化车间、智能工厂的建设指南标准和系统集成规范；制定个性化定制等新模式应用指南标准。

电力装备：针对电力装备行业产品种类多、个性化定制及运维需求大等显著特点，围绕智能电网用户端及电动机等领域，制定智能工厂建设指南标准和系统集成规范；制定制造过程数字化仿真（加工过程、生产规划及布局、物流仿真）、资源数字化加工、数字化过程控制、数字化协同制造、设备远程运维、个性化定制、先进制造能力评估等实施指南标准。

其他：轻工行业重点面向皮革、原电池、洗涤用品等领域，制定专用工艺装备互联互通、在线检测等标准；面向家用电器、家具等领域，制定大规模个性化定制指南等标准。食品行业重点面向乳品饮料、酿酒、冷冻食品、罐藏食品等领域，制定智能工厂设计、酿造灌装、工艺决策、远程运维、标识解析等标准。农业机械、工程机械行业重点制定大规模个性化设计、智能运维服务监测等标准。印刷行业重点制定印刷柔性化工艺流程设计、系统间信息交互等标准。核能行业重点制定基于数据驱动的智能生产等标准。民爆行业重点制定关键工艺装备状态监控、运维要求相关等标准。

上述智能制造技术行业标准在推进智能制造行业发展中起到了引导性作用，能够指导当前和未来一段时间智能制造行业标准化工作，解决了标准缺失、滞后、交叉重复等问题。通过实施智能制造技术行业标准体系，可以解决传统制造业标准体系建设中存在的诸多问题。基于"理清楚、管起来、持续优化"理念，对智能制造企业标准化流程进行了全面梳理，并整合优化了标准。企业应自觉将智能制造技术行业标准体系纳入经营管理与生产组织中，推动智能制造技术行业标准的实施，同时还需要完善智能制造的标准建设，力争实现标准的创新发展与国际化。

7.3.2　建立先进智能制造技术的协会机构

在我国，技术性质的行业协会或机构一般是企事业单位以及社会团体之间自愿发起成立的非营利性、非官方的技术性、专业性的社会团体。其宗旨一般是促进对话交流，促进行业不断通过科技创新，加快结构调整和产业升级，实现工业文明和现代文明，建设可持续发展的世界经济体系。协会机构的建立，通常是在政府的大力支持下完成的，通常起到政府部门的助手的作用，在政府与企业之间发挥桥梁与纽带作用。因此，积极推动建立先进制造技术的协会机构，也是先进制造技术基础设施建设的重要内容。

1. 我国先进智能制造技术的协会机构的现状

制造业领域的各种协会和机构在早期就已经建立起来，例如，中国制造企业协会和中国机械制造工艺协会等。除了这些全国性的协会和机构外，各地方还成立了许多本地或区域性的协会和机构。然而，与先进制造直接相关的协会和机构直到最近一两年才开始陆续出现。例如，中国工业合作协会先进制造业分会于 2022 年 4 月成立，它是中国工业合作协会领导下的专业分支机构，致力于先进制造领域的行业工作。此外，一些在先进制造技术发展领先的地区也成立了地方性的先进制造协会。例如，深圳市先进制造技术协会于 2021 年 4 月由深圳市亿和精密科技集团有限公司、深圳市申金承实业有限公司、深圳市兴富祥科技有限公司、深圳市固泰科自动化装备有限公司、顺景园精密铸造（深圳）有限公司、深圳市华亚数控机床有限公司、深圳市迪能激光科技有限公司和牧气精密工业（深圳）有限公司等企业发起成立。同年，梅州市也成立了先进制造业产业协会。随着先进制造技术的不断发展和人们对其认识的加深，相信将会有更多类似的协会被建立起来。这些先进制造技术相关的协会和机构的建立对于推动先进制造行业的发展具有重要意义。它们为行业内的企业和专业人士提供了交流、合作和共同发展的平台。通过这些协会和机构，先进制造技术的研究和应用可以得到更好的支持和推动，促进行业的创新和进步。随着时间的推移和先进制造技术的不断演进，我们期待更多的协会和机构的涌现，为先进制造行业的发展做出更大的贡献。

2. 先进智能制造技术的协会机构的作用

在我国，先进制造技术目前处于方兴未艾的阶段，一方面，国内需要不断地消化目前先进制造技术已经取得的成果；另一方面，需要整合各种资源，以创新开拓的精神和态度，不断促进先进制造技术的发展。建立先进制造技术的行业协会或机构，这就为各类与先进制造技术相关的研究单位、生产单位以及服务单位搭建了一个技术性、专业性的平台。首先，借助这个平台可以增进行业间的横向联系和交流，无论消化技术还是创新发展，都能得到信息、技术甚至资金、人才方面的有力支持，借助这个平台也利于整合资源，协调行业的发展，更利于制定出客观、科学的行业标准或规范。其次，协会和机构也是增进和政府的纵向联系以及沟通的有效渠道，常常为政府的决策起到参谋和助手的作用，像制定标准、规范或出台引导性的政策文件等有关先进制造技术发展的重大工作，协会机构都起到了不可替代的作用。

7.3.3 完善先进智能制造技术的法律体系

先进制造技术作为一项新兴技术，其健康发展离不开法律的保护和支持，法律体系也是先进制造技术基础设施中不可或缺的一部分。

1. 先进智能制造技术法律建设的现状

目前为止，除了少数工业先行国家外，先进制造领域的相关法律法规仍很匮乏。因此构建完善的先进制造法律体系，为先进制造的发展保驾护航，是当前使先进制造技术健康发展的重要任务。

就我国现阶段的情况而言，2022 年 1 月 11 日湖南省第十三届人民代表大会常务委员会第二十八次会议审议通过了《湖南省先进制造业促进条例》。这是目前为止针对先进制造业出台的最早的法律法规。该条例指出，要推动和促进先进制造业的发展，应当遵循市场主导、政府引导、创新引领、开放带动、统筹推进、区域协同、重点突破的原则，将先进制造业发展纳入国民经济和社会发展规划，建立健全先进制造业发展统筹推进工作机制，协调解决先进制造业发展中的重大问题。该条例明确要求各级人民政府根据先进制造战略规划制定实施方案，并对在先进制造技术方面取得重大成果的企业和团队给予奖励和补助。毫无疑问，《湖南省先进制造业促进条例》对于促进我国建设先进制造技术的法律体系有着先行引领作用。

2. 积极参与制定和完善先进智能制造技术的相关法律

构建并完善的先进制造技术法律体系是国家层面的行为，法律的制定是国家意志的体现。因此，先进制造技术相关法律的制定应该以政府为主导，行业积极配合。

先进制造行业首先应向法律制定部门建言献策，阐明先进制造技术促进国民经济发展以及社会进步的重要性，引起国家层面的重视。及时主动地发现行业发展中的方向性问题，向法律制定部门反映行业的最新动态，向它们提供行业的各类参考信息和典型范例，使它们掌握先进制造技术的特点以及发展趋势。前面已经谈到了行业协会的重要作用，因此，完成以上的工作应借助行业协会的优势，先在行业内充分论证、实践，然后通过行业协会渠道，为国家制定科学的法律体系提供实践和理论支持。

总之，先进制造技术法律的完善需要整个行业积极推动和参与，只有做好上述工作，才能通过国家层面制定出符合先进制造技术特点及未来发展方向的法律体系，保证先进制造技术朝着健康、有序的方向发展。

7.4　先进智能制造技术能力评估的方法

成熟度是一套管理方法论，可以对某一事件的发展进行精炼的描述，一般把事物的发展描述成若干阶段，每一阶段都有明确的定义、相应的标准，从最低到最高，每一级都是下一个等级的更进一步，也是上一个等级进化的基础。

当前先进制造行业正处于发展阶段，无论从宏观的地区行业，还是具体的单一企业来说，衡量其能力的成熟度都是一项重要的工作。只有准确掌握了从事先进制造对象能力的成熟度级别，才能为其发展制定出正确的策略和规划。因此，科学的评判先进制造能力状况的标准及方法，是先进制造技术基础设施中必不可少的内容之一。本书借用管理学中的一些方法和研究成果，介绍一种易于操作、实用的评价方法[3]。

1. 构建先进智能制造能力域

按照成熟度的管理方法论，并结合先进制造的行业及其发展特点，本书构建了先进制造能力域，该域由指标层以及能力层构成，如图 7.3 所示。其数学表达式为

$$A = \{A_1, A_2, A_3\} \qquad (7.1)$$

先进制造能力域（A）由生产制造基础能力（A_1）、业务管理能力（A_2）以及自我持续改进能力（A_3）三大指标组成。其中生产制造基础能力指标由技术（含设备与方法）、人员、信息化以及财务能力综合来反映；业务管理能力指标由标准以及管理能力来综合反映；自我持续改进能力指标由战略规划、组织架构以及业务流程改进能力来综合反映。该能力域覆盖了体现先进制造能力的指标点，以及影响各个指标的能力要素，能够综合反映先进制造的能力。当然，在应用过程中，根据评价的目的以及实际情况，上述能力域可以根据需要进行灵活的调整。

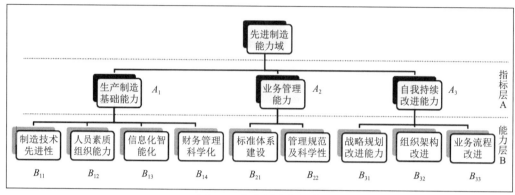

图 7.3　先进制造能力域

2. 先进智能制造能力评估的方法

从图 7.3 可以看出，所有的评估指标都是主观性的，难以定量评价。当前对这类主观多因素目标的评价方法有很多，在评价过程中，选取科学的方法是正确全面反映真实情况的关键。选取的方法应做到不仅可以反映出各个指标独自对先进制造能力的影响，更重要的是要能反映出各指标之间的相关性，可以参考白翱的评估方法[3]。

该评估方法分为两个大的步骤：确定因子权重以及先进制造能力成熟度评估。参照其流程与方法，可以建立先进制造能力成熟度的评估方法，如下所述。

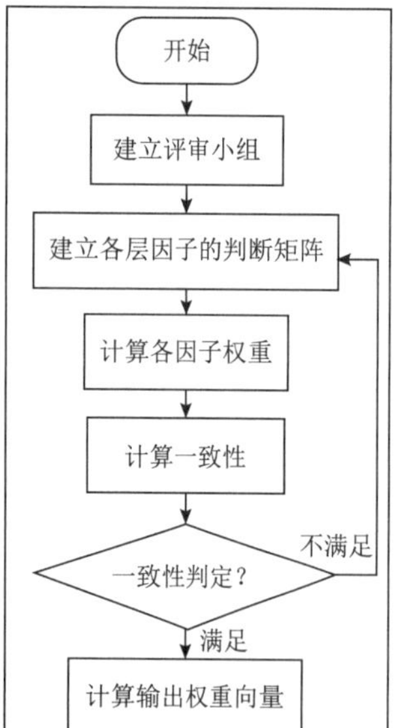

（1）通过层次分析确定先进制造能力的影响因子权重。

确定图 7.3 中先进制造能力域中各因子的权重，可采用层次分析法（analytical hierarchy process，AHP）。有如下主要步骤[4]。

①建立评审小组。组成人员包括高层管理人员、高级技术人员、本行业内学者以及大客户代表。

②建立判断矩阵。每位评审成员建立对同层同类因子的判断矩阵。

③计算因子权重。目前常用的计算方法很多，如求和法、特征根法以及最小二乘法等。

④计算一致性检验结果。

⑤一致性判定。

⑥计算各位评审成员对各因子权重的算术平均值。

⑦输出各层权重向量。

⑧权重向量归一化处理。

上述因子权重的确定过程参见图 7.4。

（2）先进制造能力成熟度评估。

图 7.4　确定因子权重

从图 7.3 可以看出，决定先进制造能力域的因素很多。各个因素对于先进制造整体能力的影响具有不确定性、模糊性的特点。因此，采用模糊综合评估是比较常见的方法，评估过程如下[5,6]所述。

①建立主因子的成熟度赋值集 A 以及先进制造能力成熟度评判集 M。

先进制造能力成熟度赋值集：

$$A = \{A_1, A_2, A_3\} \tag{7.2}$$

先进制造能力成熟度评判集：

$$M = \{M_1, M_2, M_3, M_4, M_5\} \tag{7.3}$$

式中，M_1 表示原始级；M_2 表示起步级；M_3 表示运用级；M_4 表示先进级；M_5 表示集成级。先进制造能力各级的相关说明见表 7.1。

表 7.1　先进制造能力成熟度级别

等级	特征简要描述	推断或结论
原始级	基本没有先进制造技术手段或在生产过程中只有分散、简单化的极少量应用	不具备采用先进制造从事生产活动的基础
起步级	不低于 30%的生产工序运用了先进制造技术手段，同时自身具有与生产活动相匹配的先进制造技术的设备及人员，但是先进制造技术的整体运用不成体系	具备采用先进制造从事生产活动的潜力
运用级	不低于 60%的生产工序运用了先进制造技术手段，同时自身具有与生产活动相匹配的先进制造技术的设备及人员，具有信息化系统的基础	基本具备采用先进制造技术从事生产活动的能力
先进级	不低于 80%的生产工序运用了先进制造技术手段，同时自身具有与生产活动相匹配的先进制造技术的设备及人员，具有较强的信息化能力，业务流程规范化，管理层具有进一步发展先进制造技术的强烈意愿	具备大力发展先进制造技术，实现全面采用先进制造技术从事生产活动的能力
集成级	生产工序全面运用了先进制造技术手段，同时自身具有与生产活动相匹配的先进制造技术的设备及人员，生产技术的历史资料大量积累，形成了自己的知识库，全面整合了业务活动，管理规范化，信息和生产组织高度融合并有智能化发展的趋势	先进制造技术不仅在企业内部全面运用，而且延伸影响外部企业，可实现上下游协同工作

②建立单因子模糊评判矩阵 F。

F 表示从 A 到 M 的一个映射，记为 $F: A \to M$，F 中的元素 f_{ij} 表示成熟度赋值集 A 中的元素 A_i 与成熟度评判集 M 中的元素 M_j 之间的模糊隶属关系估计值。估计值的确定方法有多种，如主观评分法、模糊统计法、例证法、二元对比排序法、指派方法等。

③建立模糊综合矩阵。

设 R 表示成熟度评判集 M 在成熟度赋值集 A 作用下的综合评判结果，则最终可形成归一化的模糊矩阵：

$$R = [r_1, r_2, r_3, r_4, r_5] \tag{7.4}$$

④先进制造能力成熟度级别确定。

设先进制造能力成熟度值为 L_{AMT}，则有

$$L_{AMT} = R \cdot \delta \qquad (7.5)$$

式中，$\delta = \begin{bmatrix} 0.2 & 0.4 & 0.6 & 0.8 & 1.0 \end{bmatrix}^T$。

根据式（7.6）可以确定先进制造能力成熟度等级的结果 L_{AMT}。

$$L_{AMT} = \begin{cases} M_1, & 0 < L_{AMT} \leq 0.2 \\ M_2, & 0.2 < L_{AMT} \leq 0.4 \\ M_3, & 0.4 < L_{AMT} \leq 0.6 \\ M_4, & 0.6 < L_{AMT} \leq 0.8 \\ M_5, & 0.8 < L_{AMT} \leq 1 \end{cases} \qquad (7.6)$$

上述先进制造能力成熟度评估过程参见图 7.5。

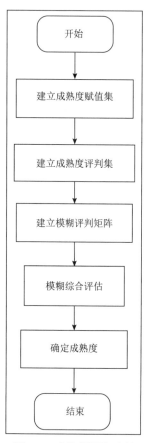

图 7.5　成熟度评估过程

目前，针对先进制造技术的评估方法尚未形成统一的标准，以上评估方法也并不是唯一的。在实际应用中，根据客观情况还可以选取其他评估方法[7,8]。评估方法的选取具有一定的主观性，但是无论如何，选取的评估方法应具有科学性并能在实践中得到合理的验证。

7.5　制造成熟度评估的方法

前面针对先进制造技术成熟度的评估方法做了相应的论述，但是技术需要在生产活动中进行规模应用和推广，从历史上的经验和案例来看，技术的成熟度和社会化的生产制造成熟度并不一定是完全一致的。因此，除了对技术本身的成熟度需要进行评估外，对于制造的成熟度同样需要进行评估。相对于某一特定先进制造技术的成熟度评估，制造成熟度的评估涉及的内容范围更为广泛，评估的角度也更多元化。就范围内容来说，除了需要技术具有相当的成熟度外，还需要将生产资料、生产管理、生产成本以及生产的风险等因素深度纳入加以考虑；从评估的角度而言可以分为面向用户、面向企业以及面向产品等不同的角度。

近些年，在美国国防采购项目中，制造成熟度评估已经得到全面推广应用，是其降低研制费用、缩短研制周期、管控风险的重要手段，在应用中取得了一些效果[9]。在当前制造业激烈竞争的大

环境下，将制造成熟度民用化来作为管理和控制产品制造风险的依据在制造技术产业化的过程中凸显出越来越重要的作用。对制造业而言，当前想要突破生产的同质化、低收益等问题，就必须借助各种先进制造的技术，通过对制造成熟度的有效评估，可以使各种先进制造技术更快速地运用于生产，降低规模生产的风险并实现规模生产的优化，直接体现出技术的价值。

目前，一些学者提出了不同的制造成熟度的评估过程或方法，归纳起来主要由两部分组成：一是成熟度的等级确定（即标准）；二是成熟度的评估方法。

7.5.1　成熟度的等级

成熟度的等级是评价制造能力是否成熟的一种度量手段，是制造成熟度评价的最终评价标准。成熟度的等级制定得科学与否，是决定评价成败的关键。比较有代表性的是 1995 年由 Mankins 撰写的《技术成熟度》白皮书，该白皮书首次对技术成熟度的等级做出了较为详细的说明。其次是我国制定的《装备制造成熟度评价程序》（GJB 8346—2015），该标准根据我国军品生产的实际情况提出了我国的技术成熟度标准。下面介绍《装备制造成熟度评价程序》（GJB 8346—2015）的制造成熟度标准。

如图 7.6 所示，《装备制造成熟度评价程序》（GJB 8346—2015）的制造成熟度标准中，将制造过程划分为技术与工业基础能力、设计、费用与资金、材料、过程能力与控制、质量管理、制造人员、生产设施、制造管理九要素。每个要素成熟度的基本描述如下。

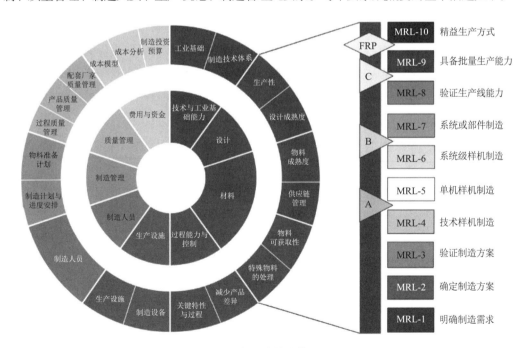

图 7.6　制造成熟度等级

（1）技术与工业基础：技术过渡到生产的制造成熟度、制造技术开发的制造成熟度。

（2）设计：设计可生产性的制造成熟度、设计成熟的制造成熟度。

（3）费用与资金：生产成本模型构造的制造成熟度、成本分析的制造成熟度、制造投资预算的制造成熟度。

（4）材料：材料的制造成熟度、物资可用性的制造成熟度、供应链管理的制造成熟度、物资（保存期限、安全、危险品、存储环境等）的制造成熟度。

（5）过程能力与控制：建模与仿真的制造成熟度、制造过程的制造成熟度、过程成品率与生产速率的制造成熟度。

（6）质量管理：供应商质量管理的制造成熟度。

（7）制造人员：制造人员（技能、知识、经验、可用性）的制造成熟度。

（8）生产设施：生产设施（总承包商、分承包商、供应商、维修公司等）的制造成熟度。

（9）制造管理：工艺装备、专用实验设备、专用检测设备的制造成熟度，制造计划与产品生产进度计划的制造成熟度，材料计划的制造成熟度。

为此，确立每个要素的成熟度为十个等级[10]，每个等级的定义如下所述。

制造成熟度等级 MRL-1：确认了基本的制造需求。

制造成熟度等级 MRL-2：确定了制造方案。

制造成熟度等级 MRL-3：制造方案开始了验证。

制造成熟度等级 MRL-4：获得了在实验室环境中产生技术的能力。

制造成熟度等级 MRL-5：获得了在生产相关环境中制造单机样机的能力。

制造成熟度等级 MRL-6：获得了在生产相关环境中制造系统级样机或分系统级样机的能力。

制造成熟度等级 MRL-7：获得了在生产环境中制造系统、分系统或单机的能力。

制造成熟度等级 MRL-8：试生产线能力已经验证，准备开始小批量试生产。

制造成熟度等级 MRL-9：小批量试生产得到验证，已经具备了批量生产的能力。

制造成熟度等级 MRL-10：全速率生产得到验证，精益生产方式确立。

7.5.2　成熟度的评估方法

成熟度的评估方法首先需要建立科学的评估流程，如图 7.7 所示为制造成熟度评估的一般流程。目前对于评估流程并没有统一的标准，而且制造的情况及背景也会有很大的不同。因此，在应用过程中，可以根据实际情况，对某些步骤做出合理的修订。

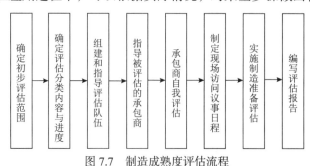

图 7.7　制造成熟度评估流程

当前，从总体上来看，我国对制造成熟度的评价，理论研究偏多，而实际应用中对项目制造成熟度的客观的评价方法偏少。比较具有代表性的应用有：王府对于西南电子设备研究所下属子公司生产线面向机电产品的制造成熟度评估，以及王晓明、赵武、陈领等对于某型号新能源汽车电子水泵的制造成熟度评估。他们采用了基于层次分析法的制造要素评价算法，将对制造要素 F 产生重要影响的因素归纳为面向用户的制造要素 F_1、面向企业的制造要素 F_2、面向产品的制造要素 F_3，以上三者为一级影响因子。

$$F \rightarrow (F_1, F_2, F_3) \tag{7.7}$$

将质量管理 FI_1、成本分析 FI_2、服务 FI_3、生产设备 FI_4、制造人员 FI_5、供应链管理 FI_6、材料 FI_7、设计 FI_8、制造计划 FI_9 等因素作为二级影响因子，这些因子与上述一级影响因子相对应并对其产生干涉。其对应关系如下：

$$F_1 \rightarrow (FI_1, FI_2, FI_3) \tag{7.8}$$

$$F_2 \rightarrow (FI_4, FI_5, FI_6) \tag{7.9}$$

$$F_3 \rightarrow (FI_7, FI_8, FI_9) \tag{7.10}$$

这是一个多属性决策问题，要得到最终解 F，首先需要求得二级影响因子的值及其权重，然后根据二级影响因子求得一级影响因子的值及其权重，最后计算得到 F 的匹配度值 M。

计算各个制造要素权重的主要操作步骤如下所示。

（1）建立制造要素层次结构（见图 7.8）。

建立递阶结构或者从属关系的等级层次结构。

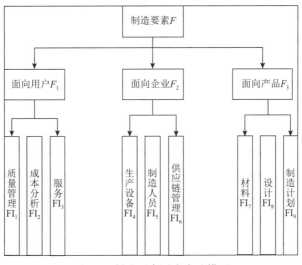

图 7.8　制造要素层次表达模型

（2）构造判断矩阵。

确定第一层制造要素 F 与一级影响因子的判断矩阵，如图 7.9 所示。

M-F	F_1	F_2	F_3
F_1	F_{11}	F_{12}	F_{13}
F_2	F_{21}	F_{22}	F_{23}
F_3	F_{31}	F_{32}	F_{33}

图 7.9　M-F 判断矩阵

类似地可以确定一级影响因子与二级影响因子的相互关系构造的判断矩阵，如图 7.10 所示。

F_1-FI	FI$_1$	FI$_2$	FI$_3$
FI$_1$	x_{11}	x_{12}	x_{13}
FI$_2$	x_{21}	x_{22}	x_{23}
FI$_3$	x_{31}	x_{32}	x_{33}

F_2-FI	FI$_4$	FI$_5$	FI$_6$
FI$_4$	x_{44}	x_{45}	x_{46}
FI$_5$	x_{54}	x_{55}	x_{56}
FI$_6$	x_{64}	x_{65}	x_{66}

F_3-FI	FI$_7$	FI$_8$	FI$_9$
FI$_7$	x_{77}	x_{78}	x_{79}
FI$_8$	x_{87}	x_{88}	x_{89}
FI$_9$	x_{97}	x_{98}	x_{99}

图 7.10　F_1-FI 判断矩阵、F_2-FI 判断矩阵、F_3-FI 判断矩阵

其中，制造要素权重构建的矩阵表示为 $X=(x_{ij})$，x_{ij} 表示制造要素二级子要素 FI$_i$ 和制造要素二级影响因子 FI$_j$ 相对于目标的权重，矩阵 X 具有如下性质：$x_{ij}>0$；$x_{ii}=1$；$x_{ij}=1/x_{ji}$（$i\neq j$）。

（3）一致性检验。

一致性检验可以参见本书在先进制造技术成熟度评估中确定先进制造能力的影响因子权重中所采用的方法。

（4）层次单排序。

层次单排序是指根据判断矩阵 X 计算本层次对于上一层制造要素影响因子的重要性次序的权重，体现本层次对上一层次需求信息的重要度，反映出各个影响因子与制造要素之间的情况。最后要形成量化评估结果，就需要选取合适的评估方法。能够采用的评估方法较多，比较科学的方法有逼近理想解排序法、基于模糊集的方法[11]、模糊综合法等。

参 考 文 献

[1] 孙卫, 罗之兰, 张蔚. 科学数据共享平台的数据管理研究[J]. 科学学与科学技术管理, 2005, 26(12): 32-36.

[2] 李善青, 郑彦宁, 邢晓昭, 等. 科学数据共享的安全管理问题研究[J]. 中国科技资源导刊, 2019, 51(3): 11-17.

[3] 白翱. 离散生产车间中 U-制造运行环境构建、信息提取及其服务方法[D]. 杭州: 浙江大学, 2011.

[4] 王莲芬, 许树柏. 层次分析法引论[M]. 北京: 中国人民大学出版社, 1990.

[5] 肖位枢. 模糊数学基础及应用[M]. 北京: 航空工业出版社, 1992.

[6] 齐二石, 李钢, 宋宁华. 制造业信息化实施能力测评方法的研究与应用[J]. 天津大学学报(社会科学版), 2006, 8(2): 98-102.

[7] 陈守煜. 工程模糊集理论与应用[M]. 北京: 国防工业出版社, 1998.

[8] 李家军, 杨莉. 对隶属函数确定方法的进一步探讨[J]. 贵州工业大学学报(自然科学版), 2004,

33(6): 1-4.

[9]　马艳峰, 王雅林. 制造业企业信息技术能力评价研究[J]. 计算机集成制造系统, 2007, 13(9): 1743-1749.

[10]　刘长平. 制造业企业信息化成熟度评价指标体系研究[J]. 中国市场, 2008(48): 66-67.

[11]　任俊飞, 吴立辉, 鱼鹏飞, 等. 机械制造企业智能制造能力成熟度评价研究[J]. 科技创新与应用, 2020(2): 55-56, 58.